西洋伦理学史

思想文化

〔日〕三浦藤作 著
谢晋青 译

中央编译出版社

出版說明

中國近代史上，各種學術流派思潮錯落，紛呈并起，不僅成就了一批博曉古今、學貫中西的著名學者，還產生了一批具有深遠影響的學術著作。這些豐富的思想文化成果，極大推動了中西文化交流和本土文化繁榮興盛。為進一步推動對近代中國學術研究成果的傳承與保護，助力當代學術研究，特推出『思想文化經典叢書』。

『思想文化經典叢書』精選近代中國出版的文學、史學、哲學等方面的學術佳作，力求呈現著作之全貌，但受限于當時印制技術和書籍保存技術，能夠保存完整無損的作品寥寥無幾。為便于讀者閱讀，提升閱讀體驗，我們采用技術修復等手段盡可能恢復原書原貌，以降低字跡模糊、原書殘缺等對閱讀效果的影響。

出版前，我們進行了大量的資料收集整理工作，并廣泛征求學界意見，由于時間倉促，難免有不妥之處，敬請讀者批評指正。

二〇二一年九月

弁言

我於民國九年正月重到東京時，遇着一位不坐電車背着書包在馬路上且走且看書報的瘦而長的學生後來問了一位友人纔知道他是以販賣書報自給，彙以向各報館投稿自給的謝晉青。那時中國的出版界算是正在發達的時期國內出版物稍有價值的如新青年、新潮、創造……等，在東京都沒有代賣所晉青來商議我教我給他介紹這幾種雜誌於是他便在神田中國青年會中組織一個『東方書報販賣社』又約集一二友人另行組織一個『東方通信社』專向國內報界供給日本方面的有統系的新聞這兩個社不久都被日本警察廳禁止了所存的書報也都被日本政府沒收去了。於是晉青不但白勞並且還虧了許多本錢。

晉青回國將近一年，一方面在徐州自己經營一個助仁木工場，一方面又把徐州中學校組織完成，自己並在師範學校裏兼課。但他除掉這些工作之外還做了一本日本民族性的研究，及以一年的工夫翻譯出來這大本西洋倫理學史；此外更翻譯一本安那其主義。

晉青回國後除常與我通信外並沒有見過一面。此書剛譯成，就得了肺病，到南京去就醫。病中還來信教我替他校正這本書幷叮嚀囑咐的教我替他做一篇序。不料去年暑假中我回南去之後，竟接到他的兄弟來信說晉青死了晉青工作過度我早料到他必傷身體但沒有料到當我沒有校完他這本書之前就去世了。所以我校正這本書時幾幾乎是一字一淚！

晉青因貧而讀書他因貧而誤了讀書。他這部書譯得雖然精心着意，但直譯太過，往往令人看不下去又兼文法上間有錯誤而原著中又有許多地方語欠明瞭。以讀書略觀大義不求甚解的我來校正他這本書真可算是「盲人騎瞎馬，夜半臨深池」了！

這本書我費了整整一個月的工夫纔把他校正完，把晉青的錯處改正了十分之八九；但仍有幾分不妥當處，實在是很難修正了。不過這是晉青一生最後的工作，知晉青者讀他這本書憐他因翻譯是書積勞而死或者亦不忍去過事吹求了！

十三年七月二十四日　高一涵

譯例

這本書是一九二一年七月東京中興館初版發行的當時我正由東京來裝歸國所以到歸國兩三個月後纔得把彼細讀一遍著者三浦先生是倫理學專家；他這部書的內容比他以前著的倫理學大成尤為重要。因此，我就從一九二二年一月起開始翻譯了原定的計畫每日抽出三小時從事翻譯約五個月可竣工不料因教課的忙碌和個人事務的紛繁又兼我中間病了兩次就擱兩個多月一直到一九二二年十二月始把全書譯成這是我翻譯這本書的經過。

本書的內容是把哲學思想和倫理思想混融，而為關聯的敍述的。在著者以爲：歐洲的倫理思想是育成於哲學思想之中的倫理學本是哲學的一部分所以如將哲學思想除外而欲談倫理思想的變遷這是辦不到的事是書著時雖也參考東西洋專門家的著述但著者的學術主張總算是一種獨創之見學術史在今日的中國本甚缺乏而西洋倫理學史，更不多見。依譯者所知北京大學出版部曾有楊昌濟先生用文言譯成的一本然而那本書只是學校講義的記錄並且剛譯到斯賓塞，楊先生就病故了，所以至今仍無完備之本。

本書譯成總算是第一部比較完全的書了；但因直譯過求忠實的原故致其中多有不盡流暢的地方這是譯者自知不免的只好等到再版時再加修正了。

一九二三年一月一日譯者

西洋倫理學史目次

第一篇 古代

第一章 緒論 … 一

第二章 創始時代 … 一
- 第一節 密勒圖斯學派 … 三
- 第二節 塞撓夫耐斯 … 六
- 第三節 赫拉克里托斯 … 七
- 第四節 愛勒亞學派 … 九
- 第五節 庇塔高爾斯和他的學派 … 一三
- 第六節 恩披鐸克黎 … 一六
- 第七節 安那克薩高拉斯 … 一九
- 第八節 元子論 … 二一
- 第九節 創始時代希臘哲學的特色 … 二四

第三章 組成時代 … 二六

第一節　蘇菲斯托……二八
第二節　蘇格拉底……三一
第三節　小蘇格拉底學派……三五
第四節　柏拉圖……三八
第五節　阿可帶米學派……四六
第六節　亞里士多德……四八
第七節　亞里士多德學派……六三
第四章　倫理時代……七三
第一節　司托亞學派……七四
第二節　愛辟克魯斯學派……七八
第三節　懷疑學派……八三
第四節　折衷學派……八五
第五章　宗教時代……九四
第一節　新柏拉圖學派的前驅……九五
第二節　新柏拉圖學派……九八

第二篇 中世

第一章 基督教……………………………………………………………一〇六
第二章 基督教道德………………………………………………………一〇七
第三章 教父哲學…………………………………………………………一一一
　第一節 尼愷亞會議以前的教父哲學…………………………………一一五
　第二節 尼愷亞會議以後的教父哲學…………………………………一一七
　第三節 奧古斯都…………………………………………………………一二〇
　第四節 教父時代的道德…………………………………………………一二三
　第五節 黑暗時代…………………………………………………………一二五
第四章 經院哲學…………………………………………………………一二六
　第一節 發生時代的經院哲學……………………………………………一三四
　第二節 全盛時代的經院哲學……………………………………………一三五
　　一 亞拉伯和猶太的哲學…………………………………………………一四一
　　二 亞里士多德哲學的全盛………………………………………………一四二
　　三 托馬斯・亞基那………………………………………………………一四四
　　　　　　　　　　　　　　　　　　　一四六

四　東斯・司考托……………………………………………………一四八

第三節　衰頹時代的經院哲學……………………………………一五一

一　唯名論………………………………………………………一五一

二　自然研究的傾向……………………………………………一五二

三　神祕主義……………………………………………………一五三

第四節　中世末期的思想界………………………………………一五六

第三篇　近世……………………………………………………………一六三

第一章　過渡時代……………………………………………………一六三

第一節　文藝復興…………………………………………………一六四

第二節　宗教改革…………………………………………………一六八

第三節　法理哲學和國家哲學……………………………………一七五

第四節　自然研究…………………………………………………一七七

第二章　近世哲學的發生……………………………………………一八八

第三章　英國經驗學派………………………………………………一八九

第一節　法郎西斯・倍根…………………………………………一八九

第二節　霍布士……………………………………………………一九一
第三節　霍布士倫理學說的反對者……………………………………一九四
　一　劍橋的柏拉圖學派………………………………………………一九六
　二　克拉克和奧拉斯頓（合宜性說）………………………………一九七
　三　夏富伯里和哈提孫（道德官說）………………………………一九八
　四　坡托拉（良心論）………………………………………………二〇二
　五　康樸蘭德（利他主義）…………………………………………二〇三
第四章　法國純理學派…………………………………………………二〇七
第一節　笛卡爾…………………………………………………………二〇七
第二節　笛卡爾學派……………………………………………………二一四
第三節　斯賓挪莎………………………………………………………二一七
第四節　神祕的和懷疑的傾向…………………………………………二二二
第五章　英國經驗學派的發達…………………………………………二二七
第一節　羅克……………………………………………………………二二七
第二節　牛頓……………………………………………………………二三一

西洋倫理學史

第三節 巴克勒……………………………………………………二三二
第四節 休謨…………………………………………………………二三四
第五節 亞丹・史密斯………………………………………………二四〇
第六節 聯想學派……………………………………………………二四一
第七節 鮑雷士………………………………………………………二四三
第八節 蘇格蘭的常識哲學派………………………………………二四四
第六章 啓蒙時代的法國哲學………………………………………二五二
第一節 感覺論和唯物論的勃興……………………………………二五二
第二節 盧梭…………………………………………………………二六〇
第七章 德國純理學派的發達………………………………………二六五
第一節 拉比尼都……………………………………………………二六五
第二節 瓦爾夫和其學派……………………………………………二七三
第八章 啓蒙時代的德國哲學………………………………………二七五
第九章 康德…………………………………………………………二八一
第十章 康德以後的德國哲學………………………………………三〇一

目次

第一節 唯心論派 ……………………………… 三○四
一 非希的 ……………………………… 三○四
二 西爾來爾和羅曼提克派 ……………………………… 三○六
三 謝林格 ……………………………… 三○七
四 休蕾愛爾馬赫 ……………………………… 三一一
五 赫格爾 ……………………………… 三一四
六 叔本華 ……………………………… 三二一
第二節 實在論派（海爾巴脫） ……………………………… 三二五
第三節 心理學派 ……………………………… 三二九
第十一章 十九世紀的德國哲學和倫理學
第一節 赫格爾學派的分裂 ……………………………… 三四一
第二節 唯物論的勃興 ……………………………… 三四五
第三節 新康德學派 ……………………………… 三四八
第四節 實證論和意識一元論 ……………………………… 三五三
第五節 新哲學的組織 ……………………………… 三五六

一 多蘭地侖保……三五六
二 費西耐……三五八
三 羅齋……三五九
四 赫脫曼……三六一
五 文德……三六三
第六節 新羅曼提克派……三六八
第十二章 十九世紀的法國哲學和倫理學……三七〇
第一節 啟蒙思潮的反動……三七〇
第二節 柯謨托……三七一
第十三章 十九世紀的英國哲學和倫理學……三七五
第一節 蘇格蘭的常識哲學派……三七五
第二節 功利說的發達……三七七
一 邊沁……三七八
二 介姆士·米爾……三八〇
三 蔣·斯圖·米爾……三八二

四 細鳩維克……三八四

第三節 進化論的倫理說……三八六

一 進化論……三八六

二 斯賓塞……三八八

第四節 英國新康德學派……三九二

一 古林……三九三

二 開特和保拉多爾……三九五

第十四章 十九世紀的美國哲學……三九六

第一節 美國哲學的發達……三九六

第二節 實用主義……三九八

附錄

年表（甲）

年表（乙）

西洋倫理學史

第一篇 古代

第一章 緒論

歐洲的哲學是發源於希臘，而流傳於羅馬的。雖然羅馬的思想，實不過是希臘思想的補充或通俗化，所以歐洲古代哲學史差不多就是希臘的哲學史。

在希臘哲學發生成了學問的系統不能不以紀元前六百年的密勒圖斯（Miletos）學派為嚆矢。然而哲學的思想早已在神話或詩中表現過了。在未開化的人類間有荒唐無稽的神話和傳說的流布這是東西同軌的事實。在擁抱著明媚的風光長於優美的性情和豐富的想像的希臘民族中間神話和傳說早已普及於民間而為一般詩人所歌詠至今還是殘留著如荷馬（Homeros，約850 B. C.）的依里阿（Illias），奧德塞（Odysseys）如赫斯奧德（Hesiodos 紀元前八世紀時）的『諸神發生論』（Theogouy）『工作與曆』（Works and Days）如道奧尼索（Dionysos）奧爾菲斯（Orpheus）的神祕如妥格尼斯（Theognis 前七世紀時）的『哀歌』（Elegy）

教都是特別著名的而在這些詩中，哲學思想與倫理思想的萌芽都已表現得很鮮明。在荷馬的依里阿上關於希臘民族的運命和神的思想尊自由重秩序富於共同心及寶貴現世活動的倫理思想的特色很能表示出來至於奧德塞更是富於道德思想的。奧德塞的性格也算是希臘四主德即節制・智慧・勇氣・正義的象徵的學者。

荷馬的詩中關於神的說話雖然很多但於世界的起原，還沒有系統的說明，至赫斯奧德，就從神話進而敍述天地開闢說了。荷馬是以俗間所傳的傳說作爲詩歌的；但赫斯奧德卻不以俗間傳說的原來的樣子爲滿足並要把他組織統合起來依赫斯奧德的天地開闢說在太初有『考沃斯，』（考沃斯原是從『深淵』意味的語源而來爲空漠無限際的空間）由此先產出『迦伊亞』（地）次生出『愛羅斯』（生產力）更漸漸繞有諸神發生自赫斯奧德的天地開闢說出來以後種種學說相繼而起在紀元前六世紀時生出了笫伊勒克德斯的開闢說是最有組織而且是很進步的學說當時的開闢說，都以男女的婚媾出產爲例，說明從某一物發生宇宙萬物的狀態依這類天地開闢說可以顯明看見俗間的傳說漸次將要組成統一的形跡了。

在荷馬與赫斯奧德的詩中，雖包含着不久就要發達的自然哲學的思想的萌芽；然而還不能就稱這個爲哲學。

關於希臘哲學史有種種的區分說：（一）創始時代，（二）組成時代，（三）倫理研究時代，（四）宗教時代四期的；有分爲（一）物質研究時代（二）人事研究時代（三）組織的時代（四）倫理研究時代（五）希臘東邦的時代五期的；有以亞里士多德 (Aristotle) 爲中心而分成前後二期的；有以蘇格拉底 (Socrates) 爲中心而分成

前後二期的。本書從第一說把希臘哲學分爲四期。

第二章 創始時代

從紀元前六世紀密勒圖斯學派起，至第五世紀時稱作希臘哲學的創始時代。這時代的哲學，是以說明天地萬物的現象爲主眼的。在這當中，也可區別爲三派學說就是（一）密勒圖斯學派，（二）愛勒亞學派（三）庇塔高爾斯學派。

第一節 密勒圖斯學派

密勒圖斯學派也稱作埃阿尼亞（Ionia）學派。因爲起於小亞細亞的密勒圖斯市所以才有密勒圖斯學派的名稱又因爲是由埃阿尼亞種族倡導出來的，所以又有埃阿尼亞學派的名稱當時希臘本土雖還在未開化的境界然而在小亞細亞海岸殖民的埃阿尼亞種族因和各國通商而生活比較的富裕所以文化的曙光就先在這埃阿尼亞諸市中從那光彩奪目的密勒圖斯市開始放出光輝密勒圖斯學派指定那爲萬物本原的一物素，就以這物素的變化，說明萬象的生起。起於塔勒斯，經安那克曼德和安那克美奈斯，到赫拉克里托斯大加發展又依愛謨伯特勒斯‧安那克薩高拉斯和羅易克坡斯成就了更大的發展。

塔勒斯（Thales）是紀元前六百年時候的人，他是拿水當作萬物的原質的。爲什麼拿水當作萬物的原質呢？

這是不明白的。亞里士多德說：『諸物的種子和營業全都是含着水氣的，所以塔勒斯就拿水當作萬物原質立說』。又有人以水的變化有流動無極的性質作理由的；然而這也都不過是臆測罷了。塔勒斯究竟以什麼理由拿水當作萬物的原質現在實難確知。塔勒斯也並沒有說明關於由水發生萬物的方法。然而有的學者不把動力放在原質之外祇認定原質自身具有活力。果然那塔勒斯的學說就是物活論（Hylozoismus）了。

塔勒斯雖是希臘哲學的鼻祖他並不是專以哲學家為職業的，對於星學・數學方面造詣亦深在商業・政治上地很活動因而很受世間深厚的尊敬。他在倫理學上也沒有什麼可觀的學說單不過是希臘七大賢人之一，而遺留下來『知己難』『戒人易』『成功最快樂』等格言罷了。

所謂希臘七大賢人就是塔勒斯（Thales）比阿斯（Bias）皮楊考斯（Pittakos）索倫（Solon）派利安特羅斯（Periandoros）夏倫（Chilon）克勒奧鮑羅士（Kleobulos）等七人（對於後三人說法不一有列舉彌遜（Myson）安那夏爾士（Anacharsis）愛皮邁尼岱（Epimenides）三人的。）有些人也不是學者也不是賢人祇是通達世故人情的實務家，遺留下許多精妙的格言。

安那克斯曼德（Anaximandros, 611—547 B. C.），有說他是學於塔勒斯的，可是這話並不確實。他長於天文・地理的知識創始作地圖實在是希臘學術上不可忘記的學者。他曾著一本關於萬物生起原理的書叫作『裴里菲藻斯』可是現在已經失傳了。

安那克斯曼德以萬物的原質為『道・阿妃伊倫』『道・阿妃伊倫』就是無限際的意思原質並不在生萬物

第一篇 古代

時就完了，無論在時間上和空間上，都是無限際的。凡可經驗的物質（例如水）都是有限際的，難說是萬物的原質。無限際的東西（即『道·阿妃伊倫』）乃是萬物的原質。塔勒斯對於『道·阿妃伊倫』究竟是怎麼思考不能明白知道，在學者斯曼德的原質裏更加上空間的無限際的物體這是確然無疑的。中間，也有很多的異說然而他總是充實於空間的物體這是確然無疑的。萬物雖是由『道·阿妃伊倫』發生的，可是關於怎麼樣從這種原質發生萬物的話，並沒有詳細的說明。單說反對的東西是分開的，就是在先寒和暖乾和溼的氣是分離的，他們相互動作就發生萬物，萬物雖是由『道·阿妃伊倫』發生的，可是依着必然的法則，而仍還為『道·阿妃伊倫』這樣往而復還還往循環不已世界才演成毀出沒無窮盡的東西。

安那克美奈斯（Anaximenes）的生死年月不詳大約是生在紀元前五八八年至五二四年中間的人。有人說他是安那克斯曼德的弟子然而並不確實但是受了他的學說影響那是很顯然的。安那克美奈斯是以空氣為萬物原質，空氣是無限際的是容易變化容易流動的。安那克美奈斯承認安那克斯曼德所假定的『道·阿妃伊倫』的要求是可拿那為經驗的物質之空氣來充滿的。安那克美奈斯有句話說：『全世界依着氣息依着空氣保養恰和空氣為吾人的生氣而保養吾人一樣』他好像承認空氣有一種生氣吾人呼吸他可以生存，世界也依賴他而得存在。塔勒斯和安那克斯曼德的物活論，到了安那克美奈斯更覺得明瞭了。

安那克美奈斯把由原質生成萬物的原因說得比較安那克斯曼德更加明瞭他以為萬物的生成是基於空

氣的厚薄而然的空氣稀薄就成火濃厚就成風風更凝而成雲而成雨·水·地石這些單純的物質混合起來就生一切的萬物。

第二節　塞撓夫耐斯

塞撓夫耐斯 (Xenophanes, 570－480, B. C.) 是愛勒亞學派的先驅者生於小亞細亞的柯羅富溫生死年月，有種說法而都不詳明導夫拉斯托說塞撓夫耐斯是安那克斯曼德的弟子可是他的思想和密勒圖斯學派是顯然不同的和庇塔高爾斯大略時代相同似乎是流浪四方吟誦詩歌以餬口在他殘遺的詩裏邊有『二十五歲出故鄉六十七年客他邦』等名句。

密勒圖斯是以萬物的生成歸於唯一的原質的認他這種一元的世界觀為和希臘多神教的宗教絕不相容的就是塞撓夫耐斯是反對當時多神教的而且很痛罵荷馬和赫斯奧德等描寫衆神的喧嘩爭論詐僞盜竊把神當人看的那樣思想神是唯一不類於人類的是由無窮而存在於無窮的常住不動不是在世界之外創造世界的世界就是神他的思想為一神教是屬於萬有神教的密勒圖斯學派之一元的世界觀到了塞撓夫耐斯就和宗教思想相結合了。

塞撓夫耐斯是以唯一不生不滅不變不動為神的特性的以世界為一體而稱他為神的性質如果是不變不動那麽對於現世界的運動變化又當怎麽樣解釋呢他並沒有把這個說得明白後起的赫拉克里托斯不承認常住的實體祇以變化為世界的真相；愛勒亞學派更把世界中一切變化都否定了。

第三節 赫拉克里托斯

赫拉克里托斯（Herakleitos, 535—475, B. C）雖也受密勒圖斯學派的影響，但是年代頗在後邊他出世較晚於後述的庇塔高爾斯並塞撓夫耐斯而生於小亞細亞沿岸埃阿尼亞的一城市他自尊心甚大常痛罵許多學者不止。

赫拉克里托斯是以變化為萬物實相的。他的根本思想可以『萬物流轉不止』一個命題表現出來。密勒圖斯學派是想拿一原質的變動，說明萬物生起的。塞撓夫耐斯以密勒圖斯學派所探求的萬有原質為唯一而不生不滅不變不動的神以唯一本源若是不變不動，那麼又當怎麼樣說明現世界的變動呢？赫拉克里托斯在這裏想把萬物所以變化不止的原由加以說明。他已經不像密勒圖斯學派只是單純的自然研究家，而早入於思辨哲學家的境域的。

流轉是萬物的實相，萬物是新陳代謝而沒有窮盡的東西。看起來好像萬物都有同一不變的自體如同一道流水河一樣時時刻刻有流水存在這是因為變化的時候出去和進來的量都是平均的。所以他說：『再入同一流水已非前水因為新水常常流來的原故』

赫拉克里托斯以為萬物既是這樣的變化不已就因為各物都有反對的傾向常常不息都有相反對相爭鬪的二力對立互相矛盾的兩個規定同時並有。因此就傳留下『爭為萬物之父』的名言。

一切事物都是變化不絕的。然而變化自身是有常住的格律的這格律與理想的認識相對照。赫拉克里托斯

就稱他爲『羅高斯』(Logos)；『羅高斯』是希臘語爲理性的意義在『羅高斯』以外邊全世界是沒有常住的存在的單不過有永遠的流轉能了。波多野博士說：「赫拉克里托斯以反對爲一切生成的眞相」又說：「世界以神的理性發表而爭鬪不調和畢竟是歸於調和的。在這一點上我們就不得不把他當作赫格爾（Hegel）的先驅者了。』（西洋哲學史要一二頁）

凡一切物質中並沒有比火再能明示變化生成的火能把無論什麼東西化爲烟飛去。『世界也不是神造的也不是人造的常常是已經有過的，或常常是將要有的，即是永久活着的火而從一定的量不絕的燃燒又不絕的消滅的』。火失熱就成水水失熱更成地地增熱就成水水增熱更成火火在變化當中也可是下行的地的成水成火，是上行的火不得不爲地地不得不爲水水不得不爲火火在變化當中也可說有這種變化的規律是不變的赫拉克里托斯說以火爲萬物本原的話和安那克美奈斯的空氣意味是不同的。他並未以火作爲存在於變化流轉中的實體總之他是把那爲經驗物質的火當作所謂變化流轉的抽象原理的標號，可是結果把兩者混同起來了。

赫拉克里托斯的人生觀是樂天觀的，他的倫理說是屬於合理說的。他以變化流轉爲事物的眞相以矛盾爭鬪爲一切所以不得不歸於拿現實的世界爲最美的世界之點上史家也有以他爲厭世論者的。）『羅高斯』（卽理性）是存於變化流轉中的恆常的法則，萬物盡受他的支配人類也是被支配於『羅高斯』的法則的，合於『羅高斯』法則的，就是正義從理性的命令便合乎『羅高斯』的法則。所

以所謂正義，就是服從理性命令。惑亂理性的，就是感性。所以赫拉克里托斯說耳目為最惡的證人。為善的赫拉克里托斯的倫理說，就是司托亞派克已說的先驅。在樂天觀和克已說中間，是和司托亞派一樣的陷於自相矛盾。

第四節　愛勒亞學派

愛勒亞學派承受塞撓夫耐斯的思想，經巴邁尼代（Parmenides）至柔諾而發展的。因起於南部義大利的愛勒亞市所以稱他為『愛勒亞派』。塞撓夫耐斯說萬物是一體而不動的。然而沒有把不動的一體和萬物變化的關係說得詳明。赫拉克里托斯以為變化流轉是萬物的真相，說萬物是一而變化的。他說變化的一體和萬物變化他矛盾。然而愛勒亞學派卻不以為這樣他以為萬物的一體並不相合，而變化複雜如果唯一原質變化，而生其他一物，那麼所生的他物乃是具備自己性質而為實在的東西了。原質變成他物，是原質滅而他物發生，他物再度還為原質時，是他物滅，而原質發生。要不過是實有的東西千差萬別的個物互相交代罷了。萬物由原質發生而他物原質若不變化的話，那就不能把何故從一原質發生千差萬別的個物的事解釋出來了。所謂變化差別，不是物的實相。所以愛勒亞學派學說的要點因而愛勒亞學派卻不研究萬物發生的原質是什麼，祗研究實有的東西是什麼。

巴邁尼代（Parmenides）是愛勒亞學派的建設者，為義大利愛勒亞人。生年月日不詳，但有人說是生於紀元前五二〇年的時候的。他的思想受塞撓夫耐斯和庇塔高爾斯學徒的影響。他是為舉世所尊敬的碩學。他使世

界是一體而不動的塞撓夫耐斯的思想發展，而以唯一不變平等的實體為真有，此外一切皆無。

巴邁尼代是以「有」的觀念為出發點「單有『有』沒有『非有』或不能思議」的話，就是他的根本思想。恆常不變的實體是無始無終的現在有無過去無未來單只有現在有不是發生的東西，就不能沒有生這東西了由非有生有的事是不合理的所以生有的就是有。有了有是有不是非有又是有又是有；若是能分割那便不得不有分割不得的東西了。有又是不滅的凡滅的就是非有了。有又是非有又是分割不得的。因絕對獨立所以沒有欲望有是不生不滅，無始無終唯一不二不變不動平等如一的絕對的實體。

巴邁尼代的思想雖然明明是抽象的，但不能叫做純理說他所說的有，並不像赫格爾所說的『純有』乃是從個個物體中把差別相除去了的平等不變的東西又不像安那克斯曼德的『道·阿妃伊倫』那樣無限際的祇是充實於空間的東西他說：『有是從一中心點向八方平均擴展的圓滿的球』然而他又說有是物質的同時也是精神的。怎麼說呢只有有是可以思維的，非有卻是不能思維的所以有和思維是不能區別的。

巴邁尼代把理性和感官嚴為區別，知道唯一平等的有的是理性把幾許變化生滅（即非有）當作有那樣去看的，是感官感官就是謬誤的淵源。

巴邁尼代單以有為恆常不變的實體，以萬物的生滅變化為迷妄而否定經驗世界可是在他的教訓詩第二篇裏，以俗見說明萬物的變化大概是不能把當時學者所盛倡的萬物生成論完全置之度外照他說萬物都是由

「明」「暗」二元而成的，明是暖、輕、稀；暗是寒、重、濃。明是有，暗是非有。人類把明的東西和暗的東西一齊看作有，以生出所謂變化雜多的世界。他又敍述世界構造說謂宇宙是由相重的球層成功的，中央有可以叫做核形的球（這球大概就是我們所住的地球）這球和宇宙外皮的極端球層是由重而無光的暗質的，在這外皮的兩側和這核的外側是有火層圍繞着的。在這兩火層中間有火質和暗質相混的幾層球。（大西博士西洋哲學史六二頁）

柔諾（Zenon, 490—430 B.C.）是巴邁尼代的高弟與他老師同鄉，是愛勒亞人。照柏拉圖的記述，他的年齡較他老師小二十五歲。因為把他的城邑從專政家手中救奪出來就傳下勇敢的名聲。他並沒有把師說的根本思想變更了祇是使他加倍的發展。然而巴邁尼代依直接的說明以主張其說，柔諾卻用間接的證明以打破反對說而補充師說的缺點他假定反對實有的多的存在和空間運動的說明把這個分析研究而使他陷入自相矛盾的境地然後再說破那不合理的事所以亞里士多德稱他是辯證法的發明者；可是辯證法的端緒還應該說是啟於巴邁尼代才對呢。

柔諾的學說分為「問難雜多」和「問難運動」二部。他的問難雜多論是說：（一）有雜多的東西那麼無限小，同時便不能不是無限大所謂無限小是什麼呢？就是相集而成雜多的單元必定要是無分量的合一體。若是有分量而可分那就不是一個而為數個所集合的了。無論怎樣把無分量而不可分的東西積聚起來也不能成為有分量的東西所以雜多是由有無限小那東西成功的所謂無限大是什麼呢？就是在雜多的各部分間不能不有若干

的距離；若是沒有距離各部分就合而為一了，就不能把各部分分開了。然而分開這兩部分中間也不能沒有某種大因為這樣一來，毫無止極故聚集大的東西而成為無限大事物多的時候是必然的無限小同時也不能不是無限大說無限小為無限大這是矛盾的。若集合了多的東西，那麼就所集的數說仍是有限的。然而在物和物的中間常又不能無他物若是沒有他物，那麼物和物就成為一個沒有什麼區別了。而把這物和物分開的其他的物既一同是物，那麼在這物和前二者中間，更不能沒有其他的物所以雜多是包含無限多的個個物的，他的數不能不說是無限的。說有限為無限又是矛盾的雜多雖在數的上面也陷入自相矛盾的境地。

他的問難運動論說：（一）物體要由甲點達到乙點，不能不先達到甲點和乙點的中央點。要達到中央點，更不能不達到甲點和中央點的中央點。這樣一來，就不得不經過無限的中央點，所以物體就不得不由甲點向乙點運動了。（二）若是龜先走一步時雖以亞克來斯（荷馬詩中的勇士）的疾走也是追趕不上的。龜如果先在A點那麼亞克來斯達到A點時龜又到了B點，亞克來斯達到B點時龜又到了C點所以亞克來斯無論到什麼時候也是追趕不到龜的。（三）飛矢是靜止的。因為無論怎樣把靜聚集起來也不能算是動所以飛矢就是不動的。（四）甲物向乙物出動時祇要乙不是靜止而是向甲出動那麼甲就早達到乙了不能說以同速度為同距離的運動是可於同時間達到的。
剎那間而靜止的矢在其次一剎那間也是靜止的了。然而在那一剎那間是靜止的，是在同場所的在那一剎那間而靜止的矢在其次一剎那間也是靜止的以這個為動的去看這是俗眼的幻見罷了。

後世哲學家對於柔諾的辨證，曾加以種種批評。亞里士多德對於第一證明，指摘他把量的無限數混同。第四證明是什麼理由雖然不甚明瞭然而多數史家的解釋以爲這種論法也不過單是把物體運動關係的事指示出來能了。

柔諾又辨難物是存在於虛空的話。說：有是在於虛空當中的，若虛空是有，那就可說虛空也在於虛空之中了。虛空是以虛空爲要而生出無所終極的非理的結果。在有以外便沒有再有虛空的理有以外只可謂之無。

柔諾的說法是疑難時間和空間的實有是不動不分割的一體的。有說排斥時間和空間的分割，就是對於庇塔高爾斯的學說加以攻擊的。巴邁尼代所說的實有是不動不分割的一體的。然而柔諾對於這個就完全沒有說到。

墨利索斯（Melissos, about, 450 B. C.）是薩莫士人，是在埃阿尼亞的愛勒亞派的代表者。他好像巴邁尼代，固執着有的永遠不變然而他卻排斥巴邁尼代的學說而和安那克斯曼德相接近。他說感覺的迷妄凡依感官所認的萬物的變化生成都不是真的存在他這樣見解和其他愛勒亞學派諸家還是一樣的。

第五節　庇塔高爾斯和他的學派

當密勒圖斯學派對於萬物原質而爲醉心於理智的考察時，另有一些人組織一種講社或像教會似的用禮拜儀式企圖宗教信念的振作和道德思想的向上屬於這一派的有庇塔高爾斯，愛皮邁尼岱和阿奴麻克利托等。

從庇塔高爾斯裏後又生出庇塔高爾斯哲學占了希臘思想上很可注目的地位。

庇塔高爾斯（Pythagoras）在紀元前五七〇年乃至八〇年時，生於愛迦海的薩莫士島，父名謨奈薩爾柯紀元前五百三十年時移居南部義大利的克魯頓，在這里結哲學的盟社，一時勢力大振，但他那政治上的貴族主義，和民主思想相衝突，而發現不穩的徵兆，所以以後就避難於墨塔朋地溫托而終歿了。歿的年月不詳，有人說庇塔高爾斯曾以筏伊勒克德斯和安那克斯曼德爲師，這話或不足深信，然而他於密勒圖斯學派有幾分親近，卻是毫無可疑的。從年代上說他和安那克美奈斯大畧是同時的。

庇塔高爾斯當時的博識的聲聞是很高的，但他的功績祇在爲宗教改革家，而給與世人以多大的感化之一點。後出的新庇塔高爾斯派把他當作神聖崇拜，而許多荒誕無稽的傳說也就捏造出了。庇塔高爾斯派的哲學是在學徒們中間發達的，而庇塔高爾斯自己所提倡的是什麼要點，卻不詳明。他在宗教的見解裏最著名的就是『輪迴轉生說』所謂輪迴轉生說，就是說靈魂在肉體間不過爲知覺之具，然若是脫離了肉體的，就能升赴上界而享那至福的生活，若是在現世作過惡，那麼不是再謫降到世上來生活，便要墜入『塌爾太羅斯』（陰府）受刑罰了。

然而這輪迴轉生說並不是他的創見，祇是最早行於希臘人中間的思想整理起來作他宗教說的要點。

所謂庇塔高爾斯學派，就是繼承庇塔高爾斯說而使他發展的一團學徒。庇塔高爾斯在克魯頓所創的盟社，是拿宗教的信念爲中心而守着一定的戒律以過特別的生活爲目的的，一時在政治界上發生了一種很大的勢力。但常常和正在勃興的民主思想相衝突，被反對者把他的會所焚燒掉，而社友也就流散於四方逃至希臘本部（亥爾拉斯）者之中名爲菲勞斯（克魯頓人）和劉伊士（泰拉斯人）諸人。菲勞斯是把向來口傳的學說最初用文

字記載的。他在庇塔高爾斯派的學者中,是最可注目的一個人。大略和恩披鐸克黎(Empedokles)是同年輩,較蘇格拉底還要稍年長些。劉伊士是名將耶巴美農達(Epaminondas)的老師。庇塔高爾斯派後來又以勒格溫爲中心重行把勢力恢復但是不久又形離散。至將軍亞爾球衣泰(泰拉斯人是這派哲學家)歿後頓形衰頹。

庇塔高爾斯派以數爲萬物的本質,如同愛勒亞學派以有爲萬物本質一樣萬物是由數而成的話,是這派的根本思想。庇塔高爾斯學徒多是數學者所以他的數論,就成了哲學上的根本思想彼等所說的數不像今日所說抽象的數,而是有空間大的東西萬物由數成立,數是萬物的原型數有奇數的偶數是有限的奇數是無限的。這奇和偶的反對是貫通萬物的,所以世界以這反對爲根本而生出幾多的對峙他們把那對峙的舉出如下:(一)定和不定(二)奇和偶(三)一和衆(四)左和右(五)男和女(六)靜和動(七)直和曲(八)明和暗(九)善和惡(十)方形和長方形一共十種二元對峙的思想和安那克斯曼德的寒熱安那克美奈斯的厚薄巴邁尼代的明暗恩披鐸克黎的愛憎蕾克浦的原子和虛空等等互相對峙,很有相似之點這派學者,以由一至十的數爲特別重要就中一・二・三・四的數是合而成十的,故尤爲注重他們說點是一線是二平面是三立體是四故由點・線・面・體而成諸種形體。

庇塔高爾斯是應用他的數論來說明諸般現象的他的世界構造論是說:『在世界的太初有太一,「道・阿妮伊倫」(無限際)把這個圍繞着太一把「道・阿妮伊倫」的範圍蠶食了,附與以定形,而生成有形的世界萬

他的天文說是說宇宙爲球形在中央有太一卽中央火，而在中央火的周圍有由西迴東的十個天體（恆星天・五遊星・日・月・地球・對面地球）地球是對中央火而向同一側面（西半面）迴轉的，所以棲息於其他半面的人類，看不見中央火並看不見中央火和地球中間的『對面地球』的。地球和太陽位於反對方角時就是夜月挾在太陽和地球中間時生日蝕；地球挾在月和太陽中間時生月蝕。地球是一日一月是一月太陽是一年在中央火的周圍爲迴轉的，在空中迅速飛行的物體是發音的所以天球也發音而運行他的音是相和而成『天球音曲』的；但是人們從生來就不斷的聽慣了這聲音所以也就不能聽得見這音曲了。庇塔高爾斯學派以爲地球和其他天體一齊都是以中央火爲中心而迴轉着的，在天文學上實爲不朽的卓見。

庇塔高爾斯學派對於所有的事物都適用數論像正義和友情等道德上的概念，也以數關係爲本質。加上彼等又說：『由一至四是形體之數，五是有形體的性質之數，六是生氣之數，七是健康理解之數，八是仁愛友誼智慧，發明之數，九是正義之數，十是保着宇宙調和之數』因彼太過極端應用數論的結果，所以見出顯著的牽強附會之點。

庇塔高爾斯學派的學說，是在彼學徒中間漸次發達的，所以很散漫的，前後缺乏聯絡。然而這個學派曁及顯著的影響於柏拉圖，而在希臘思想上占着很重要的地位。

第六節　恩披鐸克黎

第一篇 古代

愛勒亞學派以有爲恆常不變的實體，否認世界的變化生成以爲迷妄的；然而現世有變化生成，乃是難否認的事實。赫拉克里托斯以變化爲萬物的眞相，而否定常住的實在，可是沒有有而有變化的事這是不易思維出來的。於是就發生愛勒亞學派的有，和赫拉克里托斯的變化的傾向。恩披鐸克黎安那克薩高拉斯和元子論者都是這樣的，而彼等共通的思想就是多元論者，而說明萬物的變化生成的。愛勒亞學派的有是唯一而不運動的所以不易說明萬物的變化。說明萬物的變化最利便的，就是多元論和機械論這一說到了元子論者便更進步了。

恩披鐸克黎 (Empedokles, 495—435 B. C.) 是西細里亞島中一市府亞克拉格斯的人資性沈重志氣偉大巧辯如流因他以爲宗敎家和醫師，故得到市民的崇信但晚年失了人望逃到伯羅奔尼梭 (Peloponnesos) 地方而歿了。他死後遺留下種種奇蹟的逸話他所著的伯里・斐璨斯和坎楒爾毛伊兩篇詩到現在還有一部分存在。

他是承繼愛勒亞學派的思想而以有爲無詞無生有是不可能的；但又不像愛勒亞學派那樣完全否認差別變化。他以爲恆常不變的有和萬物的變化相調和，原質是決沒有生滅變化增減的；但由原質的混合離散萬物總生變化消滅原質是『萬物的根』，沒有性質的變化單是機械的離合，因彼始表現出彼是以元素的數作地・水・火・風四物的元素在混合時是一物體的微小部分入於其他物體的空隙中的，在分離時是空隙中出來的；而並不因離合關係使這個元素變成那個元素的他固守着愛勒亞學派的學說而認定元素是有

十七

永恒不變的性質的。塔勒斯是以水為萬物原質的，因原質變化而說明萬物的生滅，他的原質和恩披鐸克黎的四元素性質完全不同。恩披鐸克黎並沒有詳說四元素離散的動力就是愛憎。是混合諸元素的憎是離散諸元素的，而愛憎並不是非物質的性質他以為使四元素離散的動力，乃是和地水風火四元素一同存在於空間的，以愛憎為二動力。和赫拉克里托斯的思想是不能沒有多少的關係的。然而赫拉克里托斯只說反對傾向的相爭，和那認愛的作用為善認憎的作用為不善的意味也是不同的。恩披鐸克黎把物質混和的狀態叫作『司伐羅』（球）。愛完全支配了物質諸元素一致結合了，那就是司伐羅。

他拿上面所述的根本思想去試作天文・生物・生理・感覺等的說明。他的天文說是說：由憎而離散的物界中央，有愛進入來，引起漩渦，吸引周圍諸物，空氣凝結而生出了外表。最初的粘泥狀態的大地，是因迴轉而將水排出水更將空氣排出日輪是玻璃質的集半球的光輝而反射於四方月是空氣所凝結的水晶質而反映日的光明。月挾在日和地的中間就生出了日蝕。

他論生物說最初由地中生植物再次生動物。在由地中初出時手足等各個部分都是各別的，結合起來繞成為種種生物，所以從前四肢五態的結合的奇異動物說是很多的。因植物生長是由於吸收同類物質的呼吸不單是從咽喉中通行並且從身體全面的竅孔中通行當空氣由皮膚竅孔侵入時血液就由身體表面退入內部當空氣出外時血液就由內部回到表面。

他說知覺是外面的物質在由身體表面竅孔逢着體內同種類物質的時候而生的，視覺是在由外物而來的

微部分達到眼睛時眼中的火和水從那細竅發出到相合時而生出的他和巴邁尼代依反對的物質接觸而說明的感覺是和反的。恩披鐸克黎的知覺說，影響於元子論者和愛碑克魯斯，由此生出物被放出而直接和感官接觸就發生感覺之說。恩披鐸克黎不單對於動物，就是對於植物和其他物，皆認爲多少都有些知覺不過有個程度的差別罷了。

第七節　安那克薩高拉斯

安那克薩高拉斯（Anaxagoras, 500—428 B. C.）是小亞細亞的克拉藻邁那人和恩披鐸克黎大略是同時，並且是致力於同類問題的解釋的。波斯戰爭終了後他來亞典市和派里克萊斯奧易利比戴克第諸名士相交以學術見推於同志間但伯羅奔尼梭戰爭開始時被派里克萊斯的政敵加以迫害逐出亞典市移住瑯堡薩考斷歿時七十二歲他所著的『伯里・斐琭斯』一書的斷片至今還有殘留的。

安那克薩高拉斯也和恩披鐸克黎相同，是從愛勒亞學派的實有論出發以爲世界原質是沒有生滅的單因物質離合，萬物總生變化然而安那克薩高拉斯不像恩披鐸克黎以元素的數爲地・水・火・風四種而認有性質不同的元素存在限定的數爲四種，而這四元素如果要永刼不變那麼萬物的性質就不得出這四種以外了；然而經驗世界的事物性質實在是千狀萬態的。說明經驗世界的事實，而免去矛盾，便不得不承認事物皆有定性物祇要有一定的性質就不能不承認有許多元素的存在爲萬物原質的元素是無數的而安那克薩高拉斯就名這個爲『物』或『種子』『物』無論如何分割或集合他的存在的性質是不變的，無數的『物』他的形色和味是互相差異的，

萬物都不能不是『物』像那髓・肉・骨亦是由『物』而成的。世界初闢，一切的『物』全都是相混合的，到了後來，異種相分同種相集總生出萬物萬物的差別，並不是由異『物』相混合而表現的，卻是由異『物』相分而生的。現存的萬物並不是完全分離的，所以並不是由一種『物』而成的，乃是包含着一些他『物』的，還含有可分離的可能性他遺下一句名言，就是：『一切是包含一切部分於其中的』

發生『物』的運動是『奴司』的力量奴司是精神的意義，絲毫也不和他物混合，是能動於他物的獨自存在就是說：『奴司於一切物中是最精而最純的，對於一切是有一切知識和最大的力量的』奴司是較恩披鐸克黎的愛憎更接近靈智一層並不是全然非物質的。

安那克薩高拉斯以奴司說明天地秩序他說宇宙在最初是『物』的混合狀態，但是奴司一旦起了旋動，就波及於四方以後依機械的作用，形成天地因奴司所起的旋動而『阿伊太爾』（稀薄・乾明・曖輕的物）和空氣（濃厚・溼暗・寒重的物）相分離；前者散於外後者集於中央而排洩水・土・石等物因迴轉而飛去幾多石塊，就入於『阿伊太爾』境內熱熾的叫作日和星以隕石等爲證以知形成天地的物質之相等安那克薩高拉斯關於天體而爲其他種種之說他說大地爲一平的圓柱形靜在於世界中央諸天體在大地的周圍迴轉月是以日光反射而明的月界上有山有谷也有生物棲息着星雖是自己發光但依太陽之光而增加光輝銀河是不被太陽光的星光之反射而在大地挾於月和日的中間時就生出月蝕在月挾於日和大地的中間時就生出日蝕。

動植物是由『阿伊太爾』界和空氣界下落而雜合泥土的『物』，被照於日光而發生的；所以全有靈魂，而能生

第八節　元子論

元子論是蕾克浦提倡起來的，得他的弟子戴毛克里托而蔚為大成；到了現今已被認為自然科學的原理了。

蕾克浦（Leukippos）生年月日不詳。說是生於埃阿尼亞族的殖民地中拓拉凱城的，也有傳說他是密勒圖斯或是愛勒亞人的。大約和安那克薩高拉斯同時代。著書已無殘遺，也有說他是柔諾岱爾的弟子的。

元子論之說，那些是蕾克浦的，那些是戴毛克里托的，沒有人能夠知道許多哲學史裏都是把彼併合敍述的。

蕾克浦所創的元子論的根本思想，比恩披鐸克黎和安那克薩高拉斯更近於愛勒亞學派所和愛勒亞學派不同的，就在承認有和非有一並存在。蕾克浦把有和實，非有和空虛一樣看待。愛勒亞學派是以唯一的有為原質，而排斥萬物的變化和雜多，但不能說明經驗世界的事實。蕾克浦是承認雜多和運動為實在的，在雜多中把有和非有分開，就不能不有非有（即虛空）了。單是充實而無虛空那就不發生運動，所以空虛即非有，也和充實即有是一樣存在的了。

蕾克浦認有為無數單元，他為亞屯（元子）。元子雖無數，但元子中間卻沒有虛空，因而各個元子是分割不得的。分割是實中有虛若實中無虛便不能分割了。元子有充實的性質，而沒有其他性質因而性質上是沒有差別

的。在平等如一而不分割的那一點上和愛勒亞學派的有是同性質的。愛勒亞學派的有是唯一的，然而元子論者的元子就是無數的了。就像把巴邁尼代的有破碎了而散於空間是一樣的。恩披鐸克黎的四種元素（地・水・火・風）和安那克薩高拉斯的『物』是各異其性質的，是可分爲無窮的。和元子論者的元子性質完全不同。這就是所以說他比較恩披鐸克黎和安那克薩高拉斯還要更近於愛勒亞學派的理由了。

蕾克浦是以運動爲物質的根本的屬性的。元子是自動而沒有他動之力的。在這一點上也是和恩披鐸克黎並安那克薩高拉斯不同的。

戴毛克里托（Demokritos, 約 460—360 B. C.）是亞布代拉人年齡較安那克薩高拉斯少四十歲，大約和蘇格拉底是同時代的。曾漫遊埃及和波斯附近五年歸返故鄉之後開創學派當時亞典是希臘文化的中心然而戴毛克里托卻和他相隔離所以他沒有從蘇格拉底和柏拉圖受着思想上的影響。柏拉圖也沒有在書中揭出他的名字。他是可以和蘇格拉底柏拉圖相並列而無遜色的大哲學家・大思想家，對於天文・數理・地理・物理・生理・道德・音樂・繪畫・詩歌・兵法・醫術等都有賅博的知識。他採取溥羅塔高拉的認識論，而大成蕾克浦所發明的元子論建設了唯物論的系統。從他的年代和學識上說他是屬於開明時代的學者，所以文悅爾邦就把戴毛克里托列入組成時代當中以柏拉圖代表唯心論的系統，因而以此派代表唯物論的系統。但本書做通常的例子以他爲元子論者把他的學說敍述於蕾克浦的後邊。

戴毛克里托是以元子論爲形而上學的基礎的。元子的數是無限的。元子小到肉眼不可看見的程度，但是他

形狀之大，卻是千差萬別的。元子自身是有運動力的，沒有一定的方向，祇在空間的上下左右飛行元子因運動而衝突就生出回旋運動漸漸擴張於周圍而生出種種事物元子的性質是平等如一而無差別的，然結集了個物就生出性質上的差別。在個物的性質中有如疏密・輕重・硬軟是依元子怎樣集結而生的；有如色・味・寒・熱等不過是人類對於事物所知覺的主觀的狀態對於性質上的差別用主觀的說明，大概總是受溥羅塔高拉的學說的影響的。

世界是依元子的回旋運動而生的。因渦旋運動而集聚類似的元子，大而重的集於中央，小而輕的寄於周圍，就因而成為世界空間是無限際的因為散布其中的元子也是無數的，所以因元子運動而生的世界也是無數的。世界可以增減伸縮，而最終也有毀滅的時期的。

一切事物都是由元子而成的，人體也是由元子而成的。人體的某某部分，都有種種心情作用的地盤腦是全身的主宰，而為思慮所存的地盤心臟是忿怒性情所存的地盤肝臟是欲心所存的地盤。靈魂是由最細微而最易動的火的元子而成的，因為微而易動，有離散於體外的憂慮所以有依呼吸而把空氣中的靈智吸入體內的必要死是靈魂的元子完全離散睡眠絕氣，是因為靈魂的元子顯然減少以元子說明靈魂說明一切心的現象，就是他所以成為唯物論者的原因

知覺是由接觸外物而生的，能知道隔着空間的某物，就是因為由某物而來的微小部分與感官相觸。知覺止是主觀的狀態不能把事物的真相傳出感官的知覺是朦朧的知至於真知便單是思維即理性的作用思維也和

知覺一樣屬於靈魂元子的運動。然思維是火元子最微細的運動，因而把事物最細微的情狀顯明的映照了出來，所以能夠認識事物的真相，而與知覺純為主觀的狀態卻卻相反。戴毛克里托關於認識論上知覺的價值的學說完全是從溥羅塔高拉的意見上來的。

戴毛克里托在元子論的基礎上敘述他的倫理說他說：感情和欲求，都是元子的運動，而他的運動，是有精粗的區別的。人生的目的是幸福，然依元子運動的精粗而幸福也生出優劣（真假）的區別。真幸福是依火元子微細運動而起的心的靜平；而假幸福卻是依火元子粗笨的運動而起的肉體上的快樂。真幸福是由不論何事都守着節度抑制劣等的欲望避免心的激動而得的抑制劣等的欲望而守着節度是真知的活動，所以知識是幸福唯一的源泉。

戴毛克里托的倫理說，是快樂說。赫拉克里托斯的倫理說，為司托亞學派的先驅，故戴毛克里托的倫理說也為愛辟克魯斯學派的先驅。但是他的快樂說在由真知的活動，而壓抑劣等欲望一點上，是接近於克己主義的。

第九節　創始時代希臘哲學的特色

在創始時代希臘哲學的特色，在客觀的研究。就是以客觀的天地萬物為研究的對象。雖然多少也說到關於知識方面的知覺和思維等但祇是由於對客觀界實相的解釋而生的餘論，不能把他當作論理學看待。創始時代的希臘哲學可分為兩期：（一）自密勒圖斯學派以後至於巴邁尼代的一元說為前期；（二）自巴邁尼代以後至元子論的多元說為後期通創始時代都以自然的研究為主眼但是卻不能總括起來一概加以唯物論之名當時旣

二四

第一篇 古代

已不明心和物的對峙,故還沒有純然的唯物論傾向而最明瞭的,就是元子論。自然的研究,到了元子論時可算發達到了極點。

倫理學說至此還是沒有可觀的。不過在七大賢人的教訓以外僅有庇塔高爾斯,赫拉克里托斯,戴毛克里托等偶然敘述一點罷了。

(附)創始時代的希臘思想(約表)

塔勒斯……以萬物原質為水。

密勒圖斯學派（埃阿尼亞學派）
　安那克斯曼德……以萬物原質為道・阿妮伊倫（無限際）不曾說明由原質生萬物的理,由單說反對的東西是分離。
　安那克美奈斯……萬物的原質是空氣。萬物是由空氣的厚薄而生的。

塞撓夫耐斯（愛勒亞學派的先驅）……世界即神是唯一・不生不滅・不變不動的單述神的性質,而不說明現世界的運動變化。

赫拉克里托斯（密勒圖斯學派系統）
　萬物的實相,是變化流轉的,變化有常住的格律『羅高斯』變化的根本動力就是火。

第三章　組成時代

愛勒亞學派 { 巴邁尼代……恆常不變的實體是『有』。萬物的生滅變化是迷妄（否認經驗世界）。
　　　　　 柔諾……打破巴邁尼代的反對說而為辨證法的元祖。
　　　　　 墨利索斯……『有』是永遠不變的，感覺是迷妄的

庇塔高爾斯學派 { 庇塔高爾斯
　　　　　　　　 菲勞斯　　　萬物本質是數。數是有空間的大的。
　　　　　　　　 劉伊士

恩披鐸克黎（元子論的先驅者）……萬物是由地・水・火・風四元素離合而成離合的動力是愛憎。

安那克薩高拉斯（元子論的先驅者）……萬物原質是無數的『物』由『物』的分割集合而生萬物『物』生運動，是由於『奴司』的力量。

元子論者 { 蕾克浦……萬物的原質是無數的元子。元子是自動的。
　　　　　 戴毛克里托……大成元子論。子是平等如一的沒有性質上的差別，元

埃阿尼亞的自然哲學，至元子論而發達到了極點。關於宇宙原理的新說完全生出，而物理的思索生一頓挫。

自五世紀中葉希臘思想界中又生出種種的新傾向

第一是折衷說發現。創造新說的勇氣漸漸沮喪各學派間的交通漸漸頻繁結果就起了融合種種原理的企圖。前述的愛勒亞學派的墨利索斯說已經就帶着幾分折衷說的意趣了。墨利索斯是祖述巴邁尼代的以實有為不生滅・不變化・平等如一，但雜着安那克斯曼德的道・阿妃伊倫的思想以有為無限際的存在於空間的時間的。亞破羅尼的笛奧該耐斯是旗幟更加鮮明的折衷論者。埃阿尼亞學派的物活說和安那克薩高拉斯的奴司說相攝合以萬物原質為活動的物質即空氣把他當作有知慮當時折衷的思想許多都是從埃阿尼亞學派而來的支流。

第二是專門的研究興盛。從來胚胎於自然哲學的諸學科，都分門別類的獨立如數學・星學・生理學都有顯然可見的進步。亞爾克馬溫（克魯頓）在生理上和解剖上的研究，西鮑克拉太在醫學上的功績等雖在現在看來也是很偉大的。

第三是把學理的研究結果，應用於實際生活，這種傾向也是顯然可見的。因波斯戰爭博得了可驚的勝利所以希臘的社會面目一新而學術・文藝・美術，就呈露出燦然的盛觀政治機關也大大的發達增加許多活氣故史家就稱這時代為開明時代或者是啟蒙時代（Aufgklärungszeit alter）因政治機關發達的結果於政治舞臺上活動是最有名譽的事做政治活動當然有通曉理財・政治和兵事等各種學藝的必要適應這種需要而以教

授學藝爲職業的，也就相繼輩出了。這一派就是哲人派（Sophists），希臘自哲人派以來思想界生出很可注目的轉機在向來自然哲學之外發現出來人事研究的曙光研究組成時代的思想先不可不從哲人派述起。

第一節　蘇菲斯托

哲人派郎蘇菲斯托（Sophist），是學者或是博識家的意思就是對於在開明時代遍歷文化中心地亞泰奈和其附近市府以教授知識‧技能爲職業的一團學徒的總稱。蘇菲斯托並不是傳播新學說的學派祇折衷補綴從來的知識而單敎政治中人以處世立身的道理並講求收攬人心的方法。但當時自然研究的結果是紛亂的，在這種新說沒有產出餘地的時候祇得對於從來諸說發生懷疑他們不單對於自然現象懷疑就是對於習慣法律宗敎等社會現象也一律懷疑懷疑之後只管以破壞爲事故雖到現在還稱他們爲詭辯學派。在蘇菲斯托中最有名的是普魯撻高拉（Protagoras, 480—411 B. C.）高爾迦斯（Gorgias），蒲羅地柯（Prodikos），細疋亞斯（Hippias）等。

普魯撻高拉是亞布代拉人遊歷諸方以後來亞典府下帷敎授大博名譽但因他否定諸神存在的理由而於紀元前四一一年被亞典府放逐當船渡西綱里時遭難溺死。

大有影響於以後哲學的，就是普魯撻高拉的認識論他的認識論是以赫拉克里托斯萬物流轉說爲基礎的認識的客觀的對象和主觀的人類，都是常常流轉不止的知覺雖是對象觸於感官而生的狀態但因知覺者和對象一齊都是變化無極的所以認識祇不過是感官作用的一時關係並不是昭示事物眞相的並不能稱作普徧不

易的真理因觸於感官者為知識，故時異人異知識也不得不異因此便以知識為主觀的，他有幾句名言說：「人是這萬物的尺度。」普魯撻高拉還沒有把這懷疑說應用到道德方面但關於宗教是明明在他著作上說道：「我不能知諸神的真實存在與否。」

高而哀和普魯撻高拉大略是同時代的人生於西細里一市府來溫蒂內，於紀元前四二七年到亞典府他用愛勒亞學派的辯證法比較普魯撻高拉還更徹底的倡導懷疑說他的論證第一說：「什麼東西都是沒有的」者是有什麼東西那就不能不把有或非有及有和非有合併起來然而若是有，那麼便不得不有已生和未生不得不比自己大因為再沒有比無窮無限更大的東西。然而無窮無限的東西，無論何處也是不能有的，不能有一和多未生的東西是無始的，無窮無限的東西那麼到底是由有生的呢？由無生的呢？由無生有，亦是沒有的，因為有是無生滅而不變為他物的東西再有若是一個那就應當是不可多的東西了，不可分便沒有大沒有的。有若是多的，那就不能不是物了，沒有一便沒有可多的理由了。那麼物便或是非有但非有是沒有的東西，因為有和非有同時不能為非有故結果祇得到一個什麼都沒有的結論。

第二論證說：「縱令物是有的吾人也不能知道他。」存在的物和吾人的思想並不是一物若不是別一物那麼吾人所思考的東西都可和實在相契合，而思想就沒有可誤謬的理由了。以和物不同的思想去知物是不可能的。

第三論證說：「縱令能知物，也是不能把他傳授於他人，是不能不依着言語等外面符號的；因為符號和知識是兩個東西所以不能說理會得符號，就是傳得知識傳授知識的事到底是不可能的。蒲羅地柯和細芷亞斯也都是哲人派中最有名的人，細芷亞斯尤其以博識著聞他的顯著的功績就在為數學・天文・物理・歷史・技藝等多方面的教授及使學術成為通俗的事體。

哲人派的倫理說

普魯搋高拉的認識說引起後來哲人派道德上的懷疑說他說：「法律和道德是人為律，並不是恆常不變的，是因時因地而不同的。恆常不變的束西只有自然律」那麼人為律的起原在什麼地方呢？換句話說就是人不是被支配於恆常不變的自然律，而是被支配於人為律的理由怎麼樣關於這種答案各有不同。法律或道德（一）有的說是強者為自己的利益而命令弱者的。（二）有的說是弱者為自衛計而制限強者的權力的。（三）有的說是為使他人的生命財產安全而產生的。但是大家有一個相同之點，就是都以為法律或道德是為制定者的利益而發生的。因而說服從法律和道德都是愚人弱者的事，而強者賢者卻是從心所好而生活的。因為強者是支配弱者的所以從心所好而生活的。而以為邪正善惡的判斷不過是所謂人為的區別的了。總而言之哲人派的倫理說是不承認道德律的普遍安當性的，便宜主義罷了。

到了最後的哲人派，更傾向於破壞的方面把古來的風俗・傳說和其他所有社會上的制度組織都搖動了。當時亞典府已過了全盛時代人心蕩然已表示出腐敗的預兆哲人派的破壞的傾向就是社會的反映而哲人派的思想更助長那時的腐敗。

哲人派的功績　哲人派不單流毒於希臘社會，而彼等的功績，在思想界上，也是不可不承認的。到了元子論者，發達到了極點，在差不多到了極點狀態的自然哲學至哲人派而又一轉其方向，向來學界單是醉心於客觀世界物理的思索，而哲人派卻在主觀的人事研究方面把未開的領域開拓了風靡一世，而道德論和知識論的新研究也相繼與起，更漸開言語‧修辭‧論理‧倫理等學科獨立的端緒，哲人派代表希臘思想的變動期，反對哲人派破壞的傾向，把道德放在確實的根柢之上的，就是其次所敍述的蘇格拉底。

第二節　蘇格拉底

蘇格拉底(Socrates, 469—399 B. C.)是亞典人。他父親蘇富羅尼柯斯是彫刻師，他母親斐娜勒太是產婆。他幼年時的教育，不能詳知。有師事安那克薩高拉斯和亞爾赫勞的話，但是也不能確信。他開始從事他父親的職業，漸長和哲人派相接觸，就把他的知識開發了，然而他嫌惡彼等徒弄詭辯，單事破壞，因決然立志獻身於青年教育，來往於亞典街市，二十年如一日不問何人一聽彼言，略爲問答，即以得意的辯舌，使人悟覺自己無知，並使人因此起了對於眞知的熱望。他以眞理爲生命，以破人迷妄爲無上天職，因不和哲人派一樣，需要報酬，所以赤貧如洗，他那粗衣粗食，實在是常人所難想像的，他的頭腦極明晰而冷靜，無論怎樣激論論理卻一絲不亂任誰也不能屈伏他，因爲他的論法，過於犀利奇警，所以招反對者的嫉妬和誤解，到晩年被邁來安斯、亞尼托和李考以(一)敗壞亞典青年(二)不奉國教而信邪神(三)贊成貴族政治等三理由告他有罪，他如果照當時以錢贖罪的辦法，那就很易了結，但因他固持已說反抗法官滔滔述其非理，所以就受了死刑宣告其間因有三十天的猶豫，所以弟子

都頻頻勸他逃去了。但是他卻決然不動說：『國法是不可犯的，而唯有從神所命。』不怨天不尤人視死如歸，至期從容服毒他並無著述。不過僅從他弟子克賽訥溫的『紀念錄』和柏拉圖的『對話篇』得知道他的事蹟和平素談話。

蘇格拉底的思想是從哲人派而起，想挽救哲人派破壞的傾向，所以有半面與哲人派正相反對他同哲人派一樣，離了自然現象之物理的思索而鑽心於人事的新研究因他得更進一步。他所研究的大部分都是關於倫理道德問題的。於此意味可以說蘇格拉底是道德哲學的鼻祖了。

認識論 蘇格拉底和哲人派相反相信認識是可以不變不易的他因而說認識是觀察事物的本質的所謂事物的本質就是各物之間所共有的不變不易的東西事物的本質是因言語表於概念的所以認識就是確定事物的概念換句話說眞知就是概念的確定然而人原來是沒有這樣眞知的我們有許多是以不知爲知的本想求眞知而祇得到僞知所以不能不承認我們無知了。要想知道眞的必先要知自己蘇格拉底是拿揭在帶爾否伊神殿的『汝知自身』一句話戒他人的他說哲人派是以知者自居我們決不是知者，是愛知者我們是什麽事都不知道的但是比較哲人派所知更多。蘇格拉底雖然承認自己無知可是他的承認無知是向眞理出發的。他確信認識是可能的，所以他決不是懷疑論者。

達到眞知的方法是各人悟到自己無知而協力去探求協力探求那就一定要得到同一的結果，這個成果就是所謂普遍一切的眞理。他以對話問答爲探求眞理的手段他的對話法有二種：第一是暫時承認對手的說法，由

問答而窮追使他陷於自相矛盾而自己覺悟自己無知這就是所謂蘇格拉底的反詰法(The Socratic Irony)。第二是由反詰法而使人自覺無知後再共同努力去開發知識這個方法是可使無論何人都可產出所有眞知的方法所以蘇格拉底就以產婆術來比他眞知是概念的確定概念確定就是定義下定義時必定要把許多事物比較對照觀察出來那不易之點把事物拿來比較對照觀察出普遍不易之點構成概念作下定義到此方才從那裏生出眞正知識蘇格拉底的研究法雖然取歸納法的形式但是沒有像近世論理學者所倡的那樣精密。

倫理說 如前所述，蘇格拉底的哲學大部分都是關於倫理道德問題的。他第一，批評希臘自來的常識倫理說，而以學問的形式第二表示出來合於理性要求的眞道德律而反抗不完全的遺傳的舊道德第三承認道德的判斷含有普遍的妥當性而把那被哲人派所破壞的道德律的權威抬高。在倫理學史上他的功績是很偉大的。

知德相關說 蘇格拉底嘗述知德相關說他說德是「阿來泰」(技能)要修德不可不先認識德是什麼東西。眞知便是眞德，不德是全由無知而來。人類本來是希望善良事件的。沒有人知其爲不善而猶希望他的。不德究竟還是由不知其爲不善而起的。德和知相同是可以教得的，也是可以學得的。

至善論 吾人所求的善事就是善善是一切行爲的標準；故蘇格拉底就揭出善來作爲倫理研究的根本問題。然而他所謂善的內容是很不明瞭的。他答克賽訥溫說：「有實益的就是善」答柏拉圖說：「助理性發達進化的就是善」至於他的弟子，或以「增加快樂」爲善或以「意志」爲善解釋便各有不同好像孔子所說的仁，因

為內容不明所以後來就發生種種不同的解釋。蘇格拉底最顯然易見的就是以善和利看作兩相契合的善是吾人所認為良的行善而不利，是決不會有的。他又把善和美看作相同這就叫做『迦羅迦阿托斯』。他說得到善的就是德使德和善合為一體，而修德者必享幸福故善和福合而為一要之善・美・利・德・福等，是常相交錯而不可分離的思想。

遵守國法的義務　蘇格拉底說明遵守國法的義務哲人派把道德律和法律一齊否認，以為法律依附個人能力和欲望是可以破壞的；蘇格拉底卻不然力說國法可貴的理由因而以自身相殉。

宗敎說　蘇格拉底的宗敎說是極穩健的他不但承認諸神的存在以為因社會的習慣，而禮拜諸神為正當，並且還說神照臨人間而施行着善惡的賞罰他常說從他自己心裏閈得一種特別的神聲這就叫做『達易懋尼穩』達易懋尼穩是什麼呢不能詳知有人說是一種幻覺又有人以為是引導實行的一種感情他被禍的原因之一，是以否定國家的諸神為口實這就是由於他說這達易懋尼穩而來的。

學說的後繼者　蘇格拉底的哲學並不是組織的・系統的學說的研究還有很多粗笨之點他見重於希臘思想史的理由不在建設新學說，祇在把道德上新問題新硏究法提出的那一點所謂新硏究法就是觀察種種事實歸納起來得到普通概念的方法這種硏究法會與後世學界以偉大的影響把他學說上不發的地方補正了，入很不少把哲學的全體看清對於哲人派的懷疑說確立了知識的普遍安當性而建設道德的根據的，就是柏拉圖。柏拉圖是對於蘇格拉底學說的真正繼承者在柏拉圖以外有些人傳其師說的片面或者曲解師說總稱為小

蘇格拉底學派邁加拉學派・基來奈學派・基尼克學派，都是有名的。

第三節 小蘇格拉底學派

邁加拉學派(Megarische Sekte)是蘇格拉底的弟子維克勒戴(Eukledes)於其師歿後在邁加拉故鄉創設的。邁加拉學派的根本思想是把蘇格拉底的學說和愛勒亞學派思想結合起來說事物普遍不易的地方究竟還是愛勒亞學派所謂唯一・不變・平等如一的有；而善也不外是有真知識就是知道有。維克勒戴用柔諾的論法，專攻擊反對說由裏面試行立證邁加拉學派在維克勒戴以外有司提爾鵬(Stilpon)，維布里戴(Eublides)笛奧道羅(Diodoros)等。司提爾鵬的特色點在混合基尼克學派的學說維布里戴因為做亞里士多德哲學中重要的『可能』的思想見稱的。邁加拉學派關於論理的研究多少有點禆益，但其議論常止在同一圈內而循環，遂和哲人派的詭辯一樣倫理學說單以唯一的有為善而以脫離運動和變化的靈魂的狀態為德卑視外物單說自足(Autarkie)。

基尼克學派(Kynisihe Sekte)是蘇格拉底的弟子安笛斯太耐(Antisthenes, 444—369 B. C.)創立的。(安笛斯太耐師事蘇格拉底以前，有就學於高爾迦斯的事)關於『基尼克』名稱的起源，有種種說法有說『基尼克』是由希臘語『犬』字轉來的，因這學派的學者做像犬一般的生活所以就起了這樣的名稱又有說因安笛斯太耐在亞典府基撓薩爾哀斯的『額謨那計溫』(就是羣集的遊戲體操)說教所以就生出『基尼克』的名稱安笛斯太耐生於貧家所以像蘇格拉底的無求於外物力說卑視外物的一點為貧者建設了實踐的倫理；但

關於認識論，他是反對師說的。

禁欲說　安笛斯太耐以蘇格拉底所未說明的善的內容做為理性的生活解釋，而倡禁欲說他以為善是德行，惟德行可使我們享幸福他所謂德行，就是禁抑欲望而脫外界的束縛心若向外單求權勢富貴那就被他束縛，而不能得幸福了。依理性的生活而克制自己欲望以達到絕對自由的境地才能得到真正幸福故說德行就是禁欲。

安笛斯太耐的學說是由幸福說而進入禁欲說的。

這一派學徒以禁欲為幸福(即德)故輕視所謂文化生活，而愛慕素野的自然狀態說順從自然而生活，就是賢者，所謂家庭所謂國家好像水泡一般法律・制度・風俗等都是無用的廢物財產・名譽・學問・美術有什麼用？世界的毀譽褒貶，都不足介意單以順從自然律而行動為好抱着這種思想因捨家而過乞食生涯者在這派學者中實在不少如西挪拜人笛奧該耐斯，就是以不要國家為誇以野獸一般的生活為天然的狀態他在桶中浴日光，和歷山大王問答話的遺事雖至現在，還是膾炙人口的，笛奧該耐斯的弟子克拉代斯也是安於終身乞食生活的，西巴爾克亞雖是良家子弟也和他妻子流浪四方。某尼克學派的禁欲說，就是司托亞學派的前驅。

認識論　安笛斯太耐的認識論是以可感覺的個物為實在同那把概念看作思想的產物的唯名論・感論相類和柏拉圖的『伊代亞』論完全相反凡吾人關於事物的判斷(或立言)除同一的判斷・分析的判斷以外是不可能的所謂同一的判斷，不過是把含於主語的東西分析起來而以客語表現出來要想在事物普遍不易之所立言就不能不說那物的自身若以非那物的自身來表現那物卻是

不可能的。我們能用概念下定義的事物必定是可以分析的對於不能分析的單純一物，是不能構成概念的知識的。安笛斯太耐所說的，是單以吾人的五官所能直接感覺而得的。

基尼克學派注重實行方面不和邁加拉學派一樣努力於論理的研究所以這派學說對於認識論不甚精細。安笛斯太耐自己也說：「吾人的德是實行的，不要很多語言和知識」

基來奈學派 (Kyrenaische Sekte) 的鼻祖，亞里斯提溥 (Aristippos, 455—355 B. C.)，是基來奈人年齡比柏拉圖稍長始就學於溥羅塔高拉後師事蘇格拉底解釋蘇格拉底的至善為快樂而倡快樂說 (Hedonism, Hedonismus)。

快樂說 善是德行，而德行不外是得幸福的道路；因為幸福就是尋求快樂所以德行究竟不過是得到快樂的方法德行自身並沒有價值因為能與我們以快樂所以才有價值求快樂的方法非所問，總要得到極大的快樂亞里斯提溥這類的根本思想是把溥羅塔高拉的認識論假借來而以形而上學的根據提倡那最鮮明的個人的·肉體的·現在的快樂說。在對於五官的外物刺戟以外沒有所謂外物，故在給與五官的外物的圓滑運動（即肉體的快樂）以外，是沒有所謂善的。過去的快樂是不能追回的，未來的快樂是不確實的所可求的，就是現在的快樂現在也有大小的差別，不可不選擇那最大的快樂。知識見解的重要就在能選擇快樂選擇到真正快樂的，是賢者哲學是開發那求得快樂的知識見解的。

學說繼承者 亞里斯提溥的女兒叫亞勒太他的兒子叫亞里斯提溥都是亞里斯提溥的學說繼承者。小亞

里斯提薄研究快樂苦痛發生時的生理上的狀態，想給與快樂說以學理的根據。小亞里斯提薄的弟子笛奧道羅，也是這派的學者安尼凱利斯述肉體的快樂較精神上的快樂為輕是愛辟克魯斯學派的前驅。基來奈學派以快樂為善說凡不為世事所拘而能自由求快樂的就是賢者因而又說凡為國家服務而犧牲生命的，那就是智者所不為的了。這種道德論在非社會的一點上卻和與這派學說完全相反的基尼克學派一樣中，愛里斯學派，是蘇格拉底的弟子斐頓在他故鄉愛里斯所創的一派；而愛勒托利亞學派，就是汲着這派源流的邁耐玳瑞斯（前三五二年至二七八年時代）在愛勒托利亞傳佈的，但是不能具得其詳了。

其他學派，邁加拉、基尼克、基來奈三學派以外愛里斯、愛勒托利亞二學派，也可算入小蘇格拉底學派的諸說，而在哲學史上建一大偉觀的理想哲學大系統。

第四節　柏拉圖

柏拉圖 (Plato, 427－347 B. C.) 是古代希臘的大哲學家。祖述蘇格拉底的哲學咀嚼融合自然哲學家的諸說，而在哲學史上建一大偉觀的理想哲學大系統。

柏拉圖生於亞典貴族家父名亞里斯束柏拉圖始繼承他祖父的名字叫亞里斯托克勒他的幼年事跡不能詳知但是受了與貴族相當的教育這是毫無可疑的。天資聰明酷愛音樂美術耽於詩歌他的著作富於詞藻思想帶着詩的趣味這是因他素養而成的。有人說他少時就克拉泰學習赫拉克里托斯的學說但是沒有確實的證據因他生長名門雖然很容易在政治方面活動但當時他觀察亞典府的日漸衰頹便絕意仕進而專心為哲學的研究。二十歲時入蘇格拉底門下直到師死八年之間未離師傍被師說啟發就連品性也都被感化了師死後和學友

維克勒戴（邁加拉學派開祖）一齊赴邁加拉，在那裏爲辯論的練習再次遊基來奈、埃及、南部義大利和西細里亞等處。在南部義大利時研究庇塔高爾斯派的學說，在西細里亞，赴西拉庫薩朝廷和主權者笛奧尼笛穩相識因而謁見笛奧尼曉陳述政見。但因他的直言，觸了笛奧尼曉的怒，遂交給司巴達的公使，把他賣於阿伊哀那市場爲奴隸倖而又被基來奈人安尼凱利斯購去了。歷遊十餘年後歸亞典，在郊外大學院中聚集同志而講學。這是紀元前三百八十七年時的事。西拉庫薩的笛奧尼曉歿後他的兒子小笛奧尼薩即位他又從友人笛穩的慫恿爲輔佐國政而再渡西細里亞然而事與願違仍舊空回亞典其後又爲調停笛奧尼曉和笛穩間的不和，而赴西細里亞幾乎身陷危地但得庇塔高爾斯學徒的援助得倖而免難其後不願他事專以教人著書爲生於三百四十七年以八十歲的高齡而終。

柏拉圖的遺著是很浩繁的，但有些是否是他的眞作，尙有疑問。依史家考證現在認爲眞作的是「溥羅塔高拉」、「高爾哀」、「地亞太托斯」、「菲亞道魯斯」、「西謨泡計溫」、「菲亞頓」、「國家論」、「蘇菲斯托」、「坡里提高斯」、「巴爾邁尼代」、「克里通」、「菲來鮑斯」、「邁農，」「維地代謨斯」、「克利提亞斯」、「小西匹耶斯」、「維地夫倫」、「李錫斯」、「加爾米太斯」、「撓毛伊」（法律）等可視爲眞作。「耶破魯額」（辯護），「拉凱斯」等是由學徒的手把他的思想描寫出來的對於著作的次序，也有種種說法。

柏拉圖的著作多爲對話體（即問答體）不以一題目爲一篇，而爲順序的敍述知識論、實在論、倫理說等，都

是混在一齊的他的思想幽玄深遠他的文章雄渾莊麗對話的中心就是蘇格拉底；但他對話篇上所表現的蘇格拉底有些地方很難認爲歷史上的事實大有假蘇氏的口吻而敍述自說的形迹。

柏拉圖的哲學很能看出是由（一）辯證法（二）物理說（三）倫理說的三部而成的，然而物理說對於其他部分，還祇占得附屬的地位。

辯證法卽遞亞勒克提克（Dialektik）是得概念的知識（眞知識）的方法。卽觀察事物普遍不變的眞相，構成概念的方法。柏拉圖和蘇格拉底相同都想由眞認識而得到眞道德，所以反對溥羅塔高拉的認識論說概念的認識的可能名概念的對象（卽名常住不變的事物的本質）爲『伊代亞』(Idea 意象）認識的方法用歸納‧演繹兩法遞亞勒克提克是柏拉圖的認識論‧方法論，也就是他的本體論伊代亞論（本體論）是柏拉圖哲學的樞軸而爲自然哲學和人性論的根柢。

認識論　觀察事物普遍不易的眞相（卽概念的認識），是可能的。然而所謂概念的知識，究竟是什麼東西呢？感覺的知識並不是概念的知識感官上的知覺不過指示着在生滅變化世界的假象罷了常住不變的事物本質是不能依感官而知的。依感官的知覺不是眞認識的事，是同溥羅塔高拉所說的一樣但溥羅塔高拉是沒有看到矛盾的兩面的。感覺的認識非眞知識故不能以眞認識爲不可能在感覺以外必定可以得着眞知識的若在感覺以外沒有眞知那麼看見和存在常是同一而知識就是時時刻刻變化的主觀的‧個人的性質了善惡是非的區別不但是全廢而矯正謬誤的標準也失去也就沒有叫作謬誤的東西了還有一件若單以感覺爲知識的要素那麼

也就不能把知覺那東西說明了為什麼呢？因為知覺並不單為五官的感覺，而是包含那決定彼此的關係的作用的。單以感覺說明知識的那一說，是不能成立的。以感覺的知識是不是真知識是不妥當的得真知識的為感覺以上的勤作，即是理知用理知來觀察事物真相而構成概念的方法，必定要把蘇格拉底所用的歸納法和分類法同時並用。歸納法只是把普遍分為特殊的方法，就是演繹法。知識的淵源是普遍的概念所以確實的新知識單只是依演繹法而發見的。歸納法不過是顯明那潛伏而不明瞭的概念的發見的方法罷了。因演繹的思維而得新知識是由概念的經驗而存在的認識，由經驗而表現的。例如真·善·美的價值概念，不是由經驗生出的，乃是先於感覺的經驗而存在的認識，由經驗而表現的。

伊代亞論　柏拉圖名事物常住不變的性質為阿伊道斯，或伊代亞，就是「象」或「形態」的意思。伊代亞是常住不變的實在。非物質的，是不能見的形態是無形體的形體是概念的內容為概念的認識的對象。

明白了伊代亞即為概念的知識辯證法就是討論伊代亞為何物而研究觀察伊代亞的方法的總而言之，柏拉圖的伊代亞論，是把知覺說和赫拉克里托斯的流轉說結合起來，於蘇格拉底的知識論上加以愛勒亞學派實有論，使他們相對立的柏拉圖以附與最初概念的內容以形而上的存在者為伊代亞；凡在下得普通名詞的地方都有伊代亞。但以後單只認有價值的東西（即善美的東西）和自然物，在數學關係上有伊代亞的存在。柏拉圖的伊代亞論就是從論理的而發達為目的論的。

二種世界　柏拉圖是由伊代亞論出發而承認二種世界的存在的。就是實有界和生滅界二種。實有界是伊代亞的世界是常住不變的世界是理性的世界生滅界是現象的世界是變化流轉的世界是感覺的世界生滅界的個物是不含着有伊代亞的單不過是伊代亞的模做罷了。伊代亞是原型而個物是影像。因為個物是伊代亞的影像所以在分有那伊代亞的範圍內把事物的相表現出來。因為伊代亞不能常住所以常住生滅流轉而不止若伊代亞來就相應而現出事相。若伊代亞去就失去事相。伊代亞是個物的目的柏拉圖以生滅界的原因說明實有界和生滅界的關係。

善的伊代亞　柏拉圖把對於實有界和生滅界的關係的目的論的說明，也應用到實有界中；而伊代亞的世界，是由最高而最普遍的伊代亞所支配的統一的體系這最高的伊代亞，就是善的伊代亞。伊代亞支配伊代亞的世界而在一絕對目的之下統括其他特殊目的。柏拉圖叫這個為奴司（世界的理性）或神，但他所說的神，並不是具備人格的。總而言之柏拉圖的最高伊代亞是由倫理的見地說，那麼善的伊代亞，就不是包括一切伊代亞的最高伊代亞怎麼說呢？善的伊代亞和惡的伊代亞相對善的伊代亞便很難包括惡的伊代亞了論理的見地和倫理的見地的中間，免不掉相互的矛盾。如在前面所述的最初柏拉圖純從論理上立論說凡在有普通名詞的地方全有伊代亞但在目的論上一立最高伊代亞，那就很難維持純論理的立脚點了。

想起說　伊代亞不能依感覺而認識祇得由理性方能認識。然則，理性何以能認識伊代亞呢？柏拉圖說：這是

因為吾人的靈魂本來就是具有伊代亞的靈魂是位於感覺世界和超感覺世界的中間的，元來棲息於伊代亞的世界是伊代亞裏的一種實在體但墮落而入於現世界同時又把過去的事忘卻了，所以伊代亞是靈魂所本有的依理性而認識伊代亞就是使他回想本有的伊代亞並不是得着完全的新認識認識畢竟還是想起的。

思慕說　靈魂一旦把忘卻的伊代亞想起時就悟到流浪於影像世界的自身如夢而起了慕戀伊代亞故鄉的深情，這就是柏拉圖的有名的『愛羅斯』說（思慕說）所謂『愛羅斯』就是說思慕之情的使吾人脫離感覺世界而復歸到伊代亞的世界的，就是『愛羅斯』哲學就以這『愛羅斯』為基礎人是有『愛羅斯』的所以進到伊代亞的世界不單是人一切個物也都想慕伊代亞以伊代亞為目的的想朝着這個方面前進關於『愛羅斯』，柏拉圖在其『饗宴篇』內說得很詳細。

自然哲學　若依柏拉圖那麼真認識的對象單只有伊代亞，所以自然界中的真認識是全不可能的，他不認自然哲學為有嚴密意味的學問，在他的對話篇『諦廓易奧斯』當中，曾拿很多譬喻敍述他的臆說。

若照柏拉圖的世界創造說，那麼宇宙就是造物主所作的東西造物主取萬物的模型（伊代亞）和無定相的非有，而最初就創造『世界的靈魂』世界的靈魂位於伊代亞和非有的中間，而為萬物的秩序和條理的根本及運動和生活的泉源靈魂是先造地水火風四元素造天體造所有的萬物。世界的外圍是恆星的天，而五遊星和太陽·月亮都在他底下，一致的迴轉那位於世界中央的球形的地球為秩序和條理的根本的靈魂瀰漫於宇宙中所以世界才能圓滿的迴轉地水火風四元素，都是平面的相重而成的，依其平面的形和大及相重的數而生出四種區

別。他說火是三角形的四面體，地是正方形的六面體，空氣是等邊三角形的八面體，水是等邊三角形的二十面體。庇塔高爾斯學派的影響都很顯著的表現出來了。

倫理說 柏拉圖的倫理學是以**心理學**為基礎的。依他的說法，那麼人間的靈魂元來是在伊代亞世界中，而來到現世的所以常介在想起伊代亞的世界和思慕伊代亞世界的實有界與生滅界的中間。因而靈魂也有類於伊代亞的方面和類於非有的方面的。在類於伊代亞的方面為理性而在類於非有的方面為激性（上）和欲性（下）。柏拉圖的倫理說一總都是胚胎於這心理說和人性論的。

解脫說 靈魂元來是從伊代亞世界來的，就他的本質說本有和伊代亞相類似者，靈魂宿於肉體猶如繫在牢獄一般把這靈魂由牢獄裏解放出來，而使復歸於伊代亞的世界就是人間的職分。柏拉圖在上述的解脫觀與輪迴轉生和善惡報應的宗教觀相結合說積惡業和過醜陋生活者的靈魂到來世必定要宿於更下等的肉體過那更賤的生活；但在現世過善美的生活到來世便脫離肉體的苦惱而得入於神的世界。

柏拉圖的解脫觀帶着神祕的色彩並有厭世的傾向但他的倫理說卻注重在為希臘思想特質的積極方面。就是同時說明脫離吾人肉體的形骸而求伊代亞的方面和不棄肉體而使現出伊代亞於吾人生活的方面現世界是實有世界的影像所以在這世界中的最高善就在明吾人本有的伊代亞既明吾人本有的伊代亞即可使吾人所享得的諸能力完全為調和的發達。

德論 柏拉圖繼承蘇格拉底的思想以為幸福就是依有德的生活而得的。照他說，所謂有德的生活，就是完

全吾人的靈性不是尋求快樂全了靈性就是把心的諸性能引導到知識方面去而得以圓滿的活動。

柏拉圖依他的心理說把人性分為理性、激性、欲性三部分前面已經述過的了；這些性能圓滿活動便生出諸德他說理性的圓滿活動就是知激性的圓滿活動就是勇欲性的圓滿活動就是節制而在這些性能調和的圓滿處生出正義之德所謂希臘四主德即（一）智慧（二）勇氣（三）節制（四）正義。這四種德就是由柏拉圖以心理說為基礎而為系統的說明的這樣的四主德，如同東洋的五常或四德，至後世就把他們作為西洋倫理學的主要德目看待。

人性 ⎰ 理性……（智慧）
　　 ⎱ 激性……（勇氣）⎱（正義）
　　 　 欲性……（節制）

國家論　柏拉圖又以他的心理說為基礎而論及國家。他以為國家也和個人一樣是有靈魂的像個人的靈魂分為三部而國家也和這個相當而分三階級與理性相當的最上階級是治者掌握立法權而統治國家與激性相當的第二階級是文武官吏司法律的實行，而保護國家安寧與欲性相當的第三階級是人民從事生產以供給社會必要的物資以上三種階級各需要特殊的德治者的德是智慧文武官吏的德是勇氣人民的德是節制；而正義算是國民全體的德因治者的德是智慧所以真正治者不可不為哲學家。

國家的目的，是想使組織國家的個人爲有德的生活，欲使個人爲有德的生活，就不能不使國家有德因此便流露出來滿腔的熱誠說那理想的國家當時的希臘，已萌國運衰頹的預兆國家的紀綱廢弛地，不禁發生慷慨的情詞。在柏拉圖的理想國中得爲治者的，必定要是哲學家，而個人單在爲組織國家的分子時總有意味他的自身卻是一點價値都沒有的；所以不但不許財產私有，就連妻子也是不許私有的。在理想的國家中又最注重教育兒童生時卽使離開父母的家，而入國家學校受教育爲使國家得到有用人才故就是婦女的教育也不輕視。

國家 ⎧ 治　　者（與理性相當）……（智慧）
　　 ⎨ 文武官吏（與激性相當）……（勇氣） ⎬（正義）
　　 ⎩ 人　　民（與欲性相當）……（節制）

國家是行極端的貴族政體和極端的共產主義的

第五節　阿可帶米學派（柏拉圖學派）

祖述柏拉圖學說的學者，總稱爲柏拉圖學派，或稱爲阿可帶米學派（Academy, Akademie）。所謂阿可帶米學派，就是因柏拉圖教授弟子領護那計溫的所在地阿可帶麻亞（亞典府郊外）而起的名字。

通常史家，照例都是把阿可帶米學派分成古・中．新的；但也有把中，新併起來而稱新阿可帶米學派，分成古・新二分的。

古阿可帶米學派（The Old Academy）是柏拉圖死後約百年的柏拉圖學派。古柏拉圖學派，單只把柏拉

圖的自然哲學發展了幾分，而對於為柏拉圖哲學的精神的伊代亞論和倫理學說等，僅僅繼承師說毫無更改，或者幾乎把師說忽略了。柏拉圖死後阿可帶米的學長為古阿可帶米學派的中心人物的有柏拉圖的甥司坡細普斯(Spensippos)枯塞訥克拉太(Xenokratas)朴來孟(Polemon)克郎導爾(Krantor)克拉太斯(Krates)等。

至柏拉圖的弟子亞里士多德又別成一大學派。

在以自然哲學研究為思索主要部分的古阿可帶米學派中也發現出兩種不同的潮流。一個以司坡細普斯為代表，一個以枯塞訥克拉太為代表。

司坡細普斯把柏拉圖所說的實有界和生滅界的關係為進步的說明，由完全的東西中生不出不完全的東西，不完全的東西卻能發達而成為完全的東西並不是不完全的原因，而是不完全的成就的極致。

枯塞訥克拉太與司坡細普斯相反以為完全的東西漸次下降而至於不完全。由萬有的靈以至個個物體，這中間有幾多靈的存在。

柏拉圖的自然哲學，和庇塔高爾斯派的學說，依古阿可帶米學派而大行混合，而促着數學和天文學著進步。

中阿可帶米學派的始祖，是次於克拉泰而為阿可帶米學長的亞爾凱士勞(Arkesilaos)為懷疑論的主倡者。迦爾拿岱(Karneades)是更次於此，而倡懷疑論的(參看後邊懷疑學派)。

新阿可帶米學派是臘黎薩的菲倫(Philon)，亞斯迦倫的安提奧柯(Antiochos)主倡的。對於古阿可帶

米學派懷疑論爲反動而復歸於獨斷論又漸次傾向折衷說一說迦爾聶岱是新阿可帶米學派的始祖。

對於中阿可帶米學派，和新阿可帶米學派，俟後再爲詳述。

第六節 亞里士多德

亞里士多德（Aristotle, 384～322 B. C.）是希臘哲學的大成者他的知力發達，他的學術造詣，在人類歷史當中是精神界上稀見的大偉人。

他生於或拉克亞一市府司塔額拉（希臘人殖民地。）他的父親尼古馬克斯，是馬基頓王亞梅因坦斯（腓立波的父親）的侍醫官幼而喪父受教育於他父親的朋友卜魯克塞訥氏十七歲時來亞典入柏拉圖門下師事二十年學識嶄然露頭角師死後爲其他門人所嫉妬因學友赫爾美亞的勸和同窗枯塞訥克拉太一齊移居至赫爾美亞所轄地小亞細亞的阿泰爾訥易但赫爾美亞陷於波斯人詭計而滅亡以後又逃難於米游勒奈而和赫爾美亞的養女匹提亞斯結婚三四二年時被召於馬基頓王腓立波爲太子亞歷山犬（當時年十四）的師傅受太子的尊敬很厚前後凡七年留於馬基頓；但腓立波崩太子卽帝位三三五年卽首途遠征再歸亞典就在瀏開溫的基謨那計溫開設學校他常散步於瀏開溫的樹林間爲講演所以世人稱他的學派爲逍遙學派（卽伯里巴提克學派）。

在亞典十三年專致力於著述和教授但到了三二三年亞歷山大帝死時因他和馬基頓朝廷親密的原故，而招政治上的憎惡所以他就避難於加爾克斯第二年就在那裏逝世了他旣當裕又受馬基頓朝廷的補助所以得到購買書籍和蒐集動植物標本等以供研究的便宜。

亞里士多德的著述很多，而大部可分爲二種。第一種是爲一般讀者，以通俗的對話體寫的，而這種書現在已完全失傳了今日所存的，就是第二種對於學生講演的草稿當中也許有些是他門生所補的但論述的體裁大略一致，而用語也都正確和柏拉圖的對話篇完全異趣而具備科學的著作的面目其他類別蒐集的自然科學・歷史・文學等材料可稱爲類集的也很有些但現在差不多都失傳了。

若把他現存的著作名稱揭出來講論學術研究方法的即論理上的著作有『範疇論』『解釋論』『安那流以提前書』（論三段論法，『安那流以提後書』（論證明法）『論題』（Topic）（論蓋然的論證法）『哲人派駁論法』等後世就把這個合稱爲『思辨法』（Organon）在論實在原理的純理哲學（形而上學）中有『Metaphysica』（形而上學）十四卷現還存在關於自然哲學的，有『物理論』『天體論』『生滅論』『氣象論』等關於生物的，有『動物彙集』和可看作屬於此類的論動物各部分・生殖・行動等。在倫理學書中有『尼柯馬凱亞倫理學』『維代米亞倫理學』『大倫理學』等三種尼柯馬凱亞倫理學是他兒子尼柯馬考斯公布於世的，在這三種書中最有組織的，要算是尼柯馬考倫理學這是史家的定論其他還有關於政治學・心理學・修辭學・詩論等斷片著作殘留於世。

學說的體系　從以上所略記的著作上看來，可知亞里士多德學問的範圍是很廣汎的，於古代所有的學問，都網羅殆盡亞里士多德對於他自己哲學的組織不曾有明確的說明，他把哲學上的問題分爲（一）關於倫理的，（二）關於物理的，（三）關於論理的三種而把一切科學分爲（一）純知上的，（二）行爲上的（三）製作上的三種後

面的分類,是多數學者為說明亞里士多德哲學體系的方便而採用的。所謂純知上的,以眞為對象窮究事物的理,即是窮理學。亞里士多德以為形而上學(第一哲學)、數學、物理學(廣義的物理學包含宇宙論、天文學、氣象學、動植物學、生理學、心理學等)等為屬於這一類所以純理哲學和自然哲學是含在這裏的所謂實踐上的,就是以善或有用為對象的揭出吾人行為的規範卽是實踐哲學他以為倫理學政治學經濟學為屬於這一類;但他又把經濟學和修辭學同附屬於政治學所謂製作上的,就是以美特別是藝術上的製作為對象的詩學、美學等,都包列其中。他不把論理學加入在科學分類之中論理學是論科學研究的方法的,是科學研究的豫備自身並不能稱為科學。這就是他的論理學書所以得「奧爾迦農」(Organon)名稱的理由故可以把論理學加入以上三大部門說是亞里士多德哲學的體系試列表如下:

亞里士多德的哲學體系 ─ 論理學
　　　　　　　　　　　窮理學 ┬ 形而上學
　　　　　　　　　　　　　　 ├ 數　　學 ……(純理哲學)
　　　　　　　　　　　　　　 └ 物 理 學 ┬ 宇宙論
　　　　　　　　　　　　　　　　　　　　├ 天文學
　　　　　　　　　　　　　　　　　　　　├ 氣象學
　　　　　　　　　　　　　　　　　　　　├ 動植物學
　　　　　　　　　　　　　　　　　　　　├ 生理學
　　　　　　　　　　　　　　　　　　　　└ 心理學
　　　　　　　　　　　　　　　　　　　　(自然哲學)

第一篇 古代

論理學 亞里士多德在愛勒亞學派・哲人派・蘇格拉底學徒中間，把已經表現萌芽的辯證法的原理加以整理，把論理學建設起來成為一特殊的學科今日所謂形式論理學就是淵源於亞里士多德所說的主要之點，就是把他的研究原樣繼承下來的。然而也不能把他的論理學和今日的形式論理學同一看待他的論理學不祗是究明思考的形式並且是以學問研究方法的確定為目的；就在論形式的地方的形而上學的論理學中是含着判斷論・推理論・論證論和其他事項的因和形而上學有最密切的關係所以不先通形而上學的大體那就有很多的地方難於理解了。在本書中因不能詳述他的論理學所以只就其中最重要的二三事項為簡單的敍述。

論證 論證是確定這科學研究的方法。論證是為得到學理的知識所謂學理的知識，就是把個物作為學理的說明。所謂學理的說明，就是由普遍性論證個性即是由事物的普遍性去思考，而明件件事情的所以然故學問的根本形式就在論證所謂論證就是由既定的立言（即前提）而推出新立言的。亞里士多德稱這個為「錫爾羅額斯謨」（三段論法）（關於論理的形式的事項從略。

歸納法 論證是以前提爲根據，而演繹出新立言的方法；而在立言之先須先承認前提即原理。是不論證的東西。在普遍性和個性的關係上若謂由普遍性論證個性那麼普遍性就是先於論理上的個性的論證法中的原理即普遍性是不經證明而自確實嗎？不經證明而自確實的普遍原理是如何存在的呢？亞里士多德就把這個歸到由感覺的直觀而生的抽象。作用吾人的知識，是由個物的直觀出發的直觀個個事物而發見普遍性更考索個個事物而確定他的普遍性依經驗而發見普遍性的原理並確定這個原理的方法，就是亞里士多德的歸納法直觀一切事物到底是不是不可能的，所以歸納就是把事物的直觀與一般所推考。但像這樣所得的原理還是沒有絕對的確實性的所以歸納而發見普遍原埋必定要依理性的直觀。亞里士多德以爲理性所認的原理因此便使辯證論與形而上學相結合他承認理性爲人類最高的認識力感覺是認識感覺的事物的，故理性是有認識普遍的原理的性質的，然不依經驗來接觸個物那麼理性就像白紙一般所以依理性而認識普遍的原理一定有直觀實物的必要。亞里士多德把普遍的原理歸於由感覺直觀所發的抽象作用說和爲人類最高認識力的理性作用說結合起來，以調和那認識上的先天說和經驗說。

範疇說 亞里士多德以爲吾人在判斷或立言時皆有必由的根本概念計有（一）實體（二）分量（三）性質（四）關係（五）處所（六）時間（七）位置（八）態度（九）能動（十）受動的十種因稱這個爲「範疇」（Category, Kategorie）例如說「雪是白的」「雪」是實體，「白」是性質說「櫻比梅更美」這「更」字含有比較的意義，就是關係範疇在近世哲學上占着很重要的地位。

形而上學　亞里士多德也和柏拉圖相同，以概念的認識為眞的認識然而柏拉圖以為概念對象的伊代亞完全和個物分離；而亞里士多德卻以為伊代亞就在個物之中。若把伊代亞從現象界分離出去那便不能說明現象這是他對於師說所下的這樣銳利的批評若列舉他的要點就是：(一)柏拉圖以為個物的類似都是由於類似於同一伊代亞然則個物和伊代亞的類似若不能不依第三者而說明了這樣一來，就要推而至於無窮了。(二)柏拉圖雖以個物為伊代亞的類似，但是伊代亞和元來現象界沒有何等關係，所以不能成為現象界中個物的原因(三)若說個物都分有伊代亞，但是個物完全分離的伊代亞便沒有影響於個物的理由了。(四)若以伊代亞為個物分為二重的，就是把在感覺界中所看見的東西引進別世界而決定常住不變的實體不能把個物的本性看作是和個物分離的，故亞里士多德的根本思想就是離開個物而去求實體為不可能。

　實體　亞里士多德的形而上學是以實體（Ousia）的觀念為骨髓的。他是明明白白批評師說的，他說實體離開個物是不存在的，祇存在於個物之中。那麼實體和個物的關係是怎麼樣呢？亞里士多德對於這個有兩種說明：現在一方面就像那以個物為真實體的中世唯名論者的解釋；在他方面又說知覺對象的個物不是實體乃以由概念所思維出來的普遍不易的本質為實體。後者的解釋，大概就是亞里士多德的真意。實體不是現於感覺的個物也不是全然離卻個物的抽象的普遍祇是隱藏概念的普遍的個物換句話說：不是為個物的普遍性的個物為實體的。

亞里士多德以為實體和事物的個性是不相離的，同時和他的生成變化，也不相離，他解釋實體是在個物生成變化中間實現自己的，而個物不過是實體的自己發展罷了。

亞里士多德名個物的生成變化為運動而舉四種運動成立的原因即（一）質料因（Causa materialis），（二）形相因（Causa formalis），（三）動力因（Causa efficiens），（四）目的因或究竟因（Causa finalis）。

試舉彫塑或房屋等的製作物為例：（一）質料如石材・木材之類；（二）形相是製作家腦中所想的可造物的觀念，如設計意匠等；（三）動力如左右資料的手・腕・工具等；（四）目的是把石材・木材製為彫刻或房屋，就是使可能的東西化為實現的東西。然而前列四原因，在思想方面因為是屬於抽象的除去資料因而其他三者實在都是歸於一的建築家在建築的時候，由他腦中所描出的房屋的觀念（形相因）使他神經和筋肉動作（動力因）因而把木材製成房屋（目的因）然則事物的運動，就說是依（一）資料因（二）形相因的二原因而行的，也無不可了。資料向形相進行就是運動。由運動而現出實體故所謂實體的實現，就是個物的資料向形相而進行。

形相和資料　亞里士多德所說的形相和資料，和柏拉圖的伊代亞與非有相當但柏拉圖的伊代亞是離開個物而存在的，而亞里士多德的形相是在個物內的；柏拉圖的非有是絕對虛無的，而亞里士多德的資料卻是未有若依亞里士多德說，那麼個物就是形相和資料的結合雖說是結合也不是把已分離的東西結合起來不過是

對於同一物從兩方面下考察罷了。形相是現狀態的實體，而質料是未開狀態的實體。形相是發展完成的現勢態而質料是將爲形相並且得爲形相的潛勢態就植物說種子對於成長的樹木說是質料成長的樹木對於種子說是形相。

亞里士多德的運動說，是把愛勒亞學派的學說，和赫拉克里托斯的學說精妙的綜合起來拿愛勒亞學派的有放進赫拉克里托斯生成變化的世界之內又欲以實體發展的觀念脫離柏拉圖的伊代亞和非有常住界和生滅界的二元論。但他終沒有脫出二元論。

他以爲形相和質料是不能離開的。不過是把一物從兩方面考察罷了；但形相和質料在個物上有對立的關係，就是一爲能動者而對立的。從人工的製作物看來原料在受動的地位製作家的意匠卻在能動的地位一方必被動於他方而製作品方能生出所以一元的思想是不易成立的

亞里士多德又把形相和質料的關係，適用於一切事物就在個物和個物的中間，也有形相和質料的關係。如此類推下去萬有是由最下者到於最上者爲止漸次成形和質料的關係的順序。最下級的東西對於任何物也爲無形相的純粹質料最高級的東西，對於任何物也不能不爲無質料的純粹形相。亞里士多德就名這純粹質料爲第一資料名這純粹形相爲第一形相。第一資料是純粹可能態的潛勢是純粹可能態的物質當可能態成爲現實的時候必定要享受幾分形相故無形相的純粹質料，總不能成爲現實的事物。第一形相是絲毫不含質料的純粹形相。

亞里士多德想證明純粹形相的存在他說：**「可能的東西當要成爲現實的時候必定要豫想到先此已經有現**

實的某東西存在當萬物的生成變動時必定要像想到有更先有現勢的某東西在萬物的變動之先，而為一切發展原因的純粹形相』在承認純粹形相存在的一點上他的話不能不說是最顯明的二元論。

亞里士多德又稱純粹形相為神因神是最高級的形相所以是一切運動的原因。神為純粹形相所以能動他者因為他是一切事物的思慕希求的純粹形相的是『不動的原動者』。神自己不動所以能動不可不在形相以外而有質料為純粹形相的是『不動的原動者』。神自己不動所以能動不可不在形相以外而有質料的。神是圓滿自足的因為是純粹的形相所以沒有在此以上的因為脫離一切欲求所以一無所為而過着圓滿的幸福的生活總而言之，亞里士多德的神是非物質的，而為物質界的運動原因超越世界而為世界的目的。在這一點上具有柏拉圖伊代亞的特性可是祇有精神的一點不同。然而亞里士多德的神是沒有意志的所以不是人格的神他的哲學所以被中世紀基督教神學的歡迎就因為他以論證法說明神的存在。

宇宙論 亞里士多德對於自然界的敍述說實體以神為究極目的向實現形相而行，所以自然界就是從神的而運動的一團體。運動（機械的運動即狹義的運動）（二）性質的變化（化學的變化）（三）分量的增減（有機體的生成）三種運動為形相與質料的關係而處所的變動在最下位性質的變化較次於此分量的增減在最上位狹義的運動是：（一）圓形運動和（二）直線運動。圓形運動是有連續・無限・齊一性的完全運動而直線運動是缺乏恆常・齊一性的不完全運動。

亞里士多德以爲宇宙地最善體現神的圓滿性的球形，他承認天和地：天是由以太而成的圓形運動的所在，及圓滿恆常的住家；而地是由地·水·火·風四元素而成的直線運動的所在，及不圓滿和無常的境界。他在分開天地兩界的地方是承認庇諸高爾斯和柏拉圖的影響的。地在宇宙的中心，四周有附著於日·月·五遊星·恆星的幾多球層圍著迴轉，恆星所附著的球層在宇宙的外圍是直接依神而活動的。亞里士多德的宇宙論就是說以地球爲中心的幾多球迴轉的球層說。

在地上四元素（地·水·火·風）中，有相反的兩個運動的傾向。地以向地心運動的向心的元素而重火以離地心的遠心的元素而輕水和風在他們的中間，水比較的近於地風比較的近於火所以地是位於世界的最中心的。水·空氣·火都依次圍繞著牠。四元素又依寒暖和乾溼的結合而生出性質上的差別。火是暖而乾氣是暖而溼水是寒而溼地是寒而乾的。個物多是由一切元素的混合而成的，並不是由一元素而成的。

生理說　自然界就是做目的活動的團體目的活動雖在無機物也能現其端緒但在生物，就尤加顯著了。生物所以和無機物不同，就因爲他有靈魂。靈魂感動構成肉體的物質而與以定形和統一的形相。最下等的靈魂是植物的靈魂單有營養和繁殖的作用；其次就是動物的靈魂，在植物靈魂外另增加感覺和欲求的作用；其中有一部分有保留感覺的記憶作用及選擇好惡的意志活動。最高等人類又在動植物靈魂作用以外加以理性。三種靈魂演出形相與質料的關係下等者是高等者的地盤高等者是下等者的目的靈魂完全是非形體的但和他活動之可能體的肉體相結合若離卻形體，就不能自主獨立了。凡無足不能行，故無身體者自不能有欲求

和感覺可以存在亞里士多德定靈魂的所在爲『浦挪義廐』浦挪義廐是以在血液中爲主的，卽爲靈魂之主的器官就是心臟。

心理說　吾人有人類靈魂人類靈魂是吾人身體的形相，是活動身體的動力人類靈魂和動物靈魂並不是種類不同不過是程度不同罷了。動物靈魂的根本作用，就是感覺。感覺是由特殊的感官應特殊的刺戟而知覺特殊的性質而生的把依特殊感官所生的個個感覺統合起來成爲完全知覺而觀察諸感官所共有的事物關係（如數及運動狀態等）的中央器官；亞里士多德稱他爲共通知覺官他的地位在心臟之間。共通知覺官不但知覺外物並能知覺那知覺的活動，或到外物的刺戟去後尙留其痕跡認爲想念（Vorstellung）而保存着想念是槪念構成的基本動物靈魂的根本作用有感覺並有欲求。不快相結合某觀念在適宜於我的目的時就生快感而求他在不適宜於我的目的時就生不快感而避他。如理性加於想念就成知識，加於欲求就成意志。

人類靈魂所特具有的，就是理性。亞里士多德區別理性爲（一）受動的理性（二）能動的理性這二種但能動的理性這個名詞，是後世亞里士多德學徒加上的，在他自身單叫這個爲能動者受動的理性是不能和肉體相離的，就是那有關係於感覺機關的知覺・想念等理論的作用；能動的理性和身體全無關係是由外而來的純粹思維的作用因爲理性是純非物質的而不是結合於肉體的肉體雖死卻有不死的永恆不滅的神性但吾人還沒的理性眞正在漸次開展，所以就不能不肯定質料的存在這就是亞里士多德承認受動的理性和能動的理性是善直觀事物的本質的，而受動的理性單不過是喚起能動理性的直觀的因緣罷了。他因此就以受動的理性

為質料完全脫離肉體的能動的理性是由外來的話，究竟他的意味，是由何處來的呢？徵諸他現在所存的著述，是很不易知的。然而他是以能動的理性為純粹形相或者是純粹思考的，所以能動的理性可看作和神相等而吾人的靈魂可看作一時把這個分有的，照這樣解釋大致倒很妥當。

倫理說 亞里士多德的倫理說是他的形而上學說和心理說的論理的歸結。依他的說法，就是：萬有都是抱有目的而活動的，所以人類的行為也不可沒有目的。人類的行為個個都是有一定目的的，這個個個行為的目的，就依終極的大目的而歸於統一。他的終極目的，即是至善研究這是倫理學的任務。

至善論 亞里士多德是以人生的究竟目的至善為幸福的所謂幸福，是什麼東西呢就是由善的活動而生的滿足。所謂善的活動，就是調和的活動；所謂調和的活動，就是把人性中所具有的能性實現出來乃是人生的究竟目的（即至善），這是從他形而上學說上引出的當然歸結所謂實現人性的能性是怎麼樣的事情呢關於這一點，亞里士多德的話，也覺得不大一定。就是他一方面以人性是具有植物性・動物性・理性的；性和神性的地方存在的，在動物是沒有道德的因為缺乏神性在神也是沒有道德的因為缺乏獸性道德單是人性中特有的發揮人性固有的能性並不是單置重神性而使人類為神的地位使其他諸性能服的擴充在他方面又以為人性中所特有的是理性理性對於其他諸性能當占着指導者的地位。從理性而動作乃是調和的活動含這類意味的調和的運動可以說是合理的活動。至於服從理性而活動，即以理

性的生活為人生目的凡關於這一點，亞里士多德的至善論雖然很接近於解脫觀，但不像柏拉圖那樣求之於理想，祇想居在現世中以解脫現世的。他論快樂時說：『快樂一物並不是目的，是跟著調和的活動的結果而自然發生的。』總而言之，隨從理性使諸性能為適宜的活動和與此相依而來的快樂，就是亞里士多德至善的內容。

德論　依亞里士多德所說人生的究竟目的，在得到幸福；而得到幸福的途程，就是順從理性使人類諸性能得為調和的發揮隨理性的活動而生的習慣亞里士多德就稱他為德。

理性可為兩樣的活動：一是眞理的認識，一是情欲的制御德因此便分為（一）知德（二）行德二種。知德是跟隨理性的正當活動而來的德，更分為（一）實踐的知德（二）窮理的知德二種實踐的知德是關於實行問題的理性的活動窮理的知德（知慧），是跟隨純粹理性活動而來的德。

行德是在制御情欲的地方所生的德。情欲是很易走入極端的理性在正當指導情欲時生出無過不及的中庸習慣卽是行德所以德是中庸是習慣。亞里士多德把德目揭而為勇氣·節制·宏量·客嗇·優雅·溫和·信實·機智等。

勇氣是畏怯和粗暴的中庸節制是過食和禁食的中庸宏量是奢侈和客嗇的中庸優雅是卑劣和傲慢的中庸溫和是性急和無神經的中庸信實是踞傲和偽謙的中庸機智是野鄙和滑稽的中庸。亞里士多德所說的德可列表如左：

一知德｛實踐的知德
　　　｛窮理的知德

亞里士多德把德看作理性活動的習慣，就是以哲人派的主意說來補充蘇格拉底的知行合一說；且在以中庸為德的一點上很和孔子的學說相似。

亞里士多德在德的中間，也認為是有差別的，知德較重於行德，而窮理的知德，更較實踐的知德為重人。他在討論形而上學時說形相和質料的不離同時又說純粹形相的存在；在討論心理說時說靈和肉的不離同時又說離肉體的能動的理性。在討論倫理說時既說神獸兩性的調和的活動，可是又與神性活動以最高的價值（參考哲學大辭書朝永博士說）

德 { 行德 { 勇氣（畏葸和粗暴的中庸）節制（過食和禁食的中庸）宏量（奢侈和吝嗇的中庸）優雅（卑劣和傲慢的中庸）溫和（性急和無神經的中庸）信實（踞傲和偽謙的中庸）機智（野鄙和滑稽的中庸）智慧（窮理的知德）

政治說　人類是社會的動物，先自然造成家族，次村落再次才造成國家。社會之最完全的是國家，而國家自身就是最高善的實現國家的目的，就在訓練國民的道德。亞里士多德和柏拉圖相同都說離開國家而道德就不

存在是把國家看爲倫理的與目的論的而提倡國家主義但不像柏拉圖一樣主張極端的團體本位主義祇在和個人自由活動不相牴觸的範圍內承認團體的權能。柏拉圖所說的是一種理想的國家，他以爲一切國家都可以他的理想國爲準則。但亞里士多德卻把現存的國家拿來比較研究而分國家的政體爲（一）君主政體，（二）貴族政體（三）民主政體三種因風俗·人情·境遇·時代的不同而政體也有適和不適的差別；單有一種國家，是不能適用於一切國一切時及一切事情的一個優秀人物出世時以君主政體爲宜；少數階級比一般國民卓越時以貴族政體爲宜；而國民知識發達時又以民主政體爲宜他說君主政體要是腐敗了，就成專制政治貴族政體要是腐敗了就成寡頭政體共和政體要是腐敗了，就成愚民政治

藝術論 吾人是有模倣性的是見模倣的事件而喜的。美術是由吾人模倣性而生的東西，雖然是不能惹起與味的實物若一成了美術品那就使人歡喜了美術依模倣的方法生出彫刻·繪畫·音樂·詩歌等類：這是亞里士多德的美術論。他又列舉美術的三要素爲（一）適當的大，（二）區域的限定，（三）部分的統一關聯。詩之表現事物的真相比歷史爲優。詩有上品和下品之分別敍事詩和悲劇是上品的，而嘲罵的詩及喜劇是下品的。他論劇詩的目的說喜劇單不過能使觀者嬉笑罷了；可是悲劇却能引起恐怖和同情并能洗滌去那種激烈的情感他爲那有名的淨我說對於後世學者間曾提出美學上的問題。亞里士多德在古代學者中是爲最豐富的美術論的但他所說的還沒有構成美學的體系。

和柏拉圖的比較 在以上已簡單的述了亞里士多德的學說大略，最後再把他和柏拉圖的異同概括的比

亞里士多德師事柏拉圖多年，既繼承師說又同時下嚴密的批評，指摘他的缺點使他自己的學說充量發展。所以他的學說和柏拉圖有共通點同時也有完全相異的部分。

亞里士多德的思想和柏拉圖的思想的類似點第一認定概念的認識的可能；第二以目的論解說世界，而倡發展說和完成說第三揭出至善，而說可以達到至善的道路第四把德解作心理的；第五倡導國家主義。

他兩人的異點第一思想的傾向不同，亞里士多德是學究的反過來柏拉圖是詩人的。第二研究的方法不同，亞里士多德重歸納法而柏拉圖多依演繹法第三學說不同舉其主要的二三點：柏拉圖以為伊代亞完全和個物相離，而亞里士多德以為實體內藏於個物之中柏拉圖區別實有界和生滅界而說明二元的世界，亞里士多德依形相和質料之發展的解釋為一元的說明（實際不能脫二元已如前述）再關於國家主義的提倡他兩人雖然相等，但亞里士多德不像柏拉圖那樣極端傾向團體主義和共產主義卻尚承認個人的自由等等。

第七節　亞里士多德學派

伯里巴提克學派　亞里士多德歿後，在他創設的劉開溫的基謨拿計溫所有繼承或研究師說的學徒名為「伯里巴提克學派」或「劉開溫學派」。伯里巴提克學派（即逍遙學派）的名稱已在前面第六節述過茲不覆述，若列舉屬於這派的有名的學者有條夫臘斯托（Theophrastos）維代謨斯（Eudemos）司托拉頓（Straton）笛凱爾考斯（Dikaiarchos）亞里士多克塞訥（Aristoxenos）等。

條夫臘斯托（About +288 B. C.）對於植物學的研究，維代謨斯對於數學和星學的研究，都有不朽的功績。

亞里士多克塞訥依亞里士多德的歸納法使庇塔高爾斯學派的音樂理論充分發展，笛凱爾考斯排斥能動的理性以爲靈魂總是受動的理性不離肉體，司托拉頓否定超越神的存在既討論沒有完全無資料的純粹形相又同時把他的師說變成徹底的一元論。在前一世紀時安德魯尼柯（Andronikos）已經做過註釋書，所以這學派就以註釋爲唯一的事業，至第二世紀末又出了著名的註釋家亞歷山大（Alexandoros）。

亞里士多德哲學的影響

亞里士多德哲學在世界學術界中有很偉大的影響後世繼承亞里士多德哲學而起的學徒是非常多的從紀元後第九世紀至第十二世紀中間又在謨罕默德教徒和西班牙的猶太人中生出了很多的學徒他承認超越的一神的哲學對於謨罕默德的教理有適合的地方在謨罕默德教徒中的亞里士多德的哲學家有伊本·錫那（Ibn Sina）卽愛威因那（Avicenna, 980-1038）伊本·魯西德（Ibn Roshd）卽愛威盧士（Averroës, 1126-1198）等前者生於鮑克哈拉爲東方亞里士多德學者的代表後者生於高爾杜窪，爲西方亞里士多德學者的代表。在猶太人中亞里士多德學者以毛塞·板·瑪易門（Mosesi Ben Maiman）卽瑪易毛尼代（Maimonides, 1135-1204）爲巨擘。

在第十三世紀以後，就被認爲教會的正統的哲學所以第二期的經院學派（Scholastic）很多是亞里士多德哲學的繼承者，然而彼等強以亞氏爲適合教會教義的學者所以去眞亞里士多德很遠，至再生時代卽文藝復興時代直接研究亞里士多德的著作反對亞里士多德正統的學徒的相繼而出這個對於正統伯里巴提克學派，

而稱爲自由的伯里巴提克學派在自由派當中又分爲愛威盧士的神學的解釋者和亞歷山大的自然論的解釋者二派。前者的代表爲愛錫黎奴(Achillinus)即亞力桑德・愛錫黎尼(Alessandro Achillini, 1463—1512),和亞威古提奴・尼夫斯(Augustinus Niphus)即愛格斯廷・尼甫(Agostino Nifo, 1473—1546)後者的代表爲派托爾・坡那提吳士(Petrus Pomponatius)即皮愛托魯・坡坡那士(Pietor Pomponazzi, 1462—1524)。

還有其他有名的亞里士多德哲學家也很不少。

對於東洋亞里士多德學派,經院哲學家中的亞里士多德學派文藝復興時代的亞里士多德學派,俟在後面再述現爲便於知道亞里士多德思想的影響起見把他的大要揭出來。

附組成時代的希臘思想(約表)

哲人派 {
  溥羅塔高拉……意義…就是學者或博識家…是折衷補綴從來的知識受報酬而教授的一團學徒。認定普遍的認識以人爲萬物的尺度。
  高而哀……懷疑說 {
    1. 任何物皆無。
    2. 雖有物,而吾人也不能知得。
    3. 雖能知物也不能傳於他人。
  }
}

學者 {
  蒲羅地柯
  細廷亞斯
}

西洋倫理學史

```
                            ┌ 1. 末派的學徒遑破壞的傾向。
                    ┌ 弊害 ┤
                    │      └ 2. 墜落道德的權威。
              功罪 ─┤
                    │      ┌ 1. 挽回垂窮的希臘思想。
                    └ 功績 ┤
                           └ 2. 結果引起道德論知識論的研究，而言語、修辭、論理、心理等科，也漸次獨立。

                           ┌ 認識可能論…知自己無知而共同探索…對話法（伊羅尼產婆術）。
              認識論 ──────┤
                           └ 認識方法…從希臘從來常識的倫理說以學問的體系。
蘇
格                         ┌ 1. 給與希臘從來常識的真道德而反抗不完全的習慣道德。
拉    倫理說 ┌ 特色 ───────┤ 2. 示以當從理性要求的真道德率而反抗不完全的習慣道德。
底           │              └ 3. 承認道德的判斷存有普遍妥當性。
             │
             │ 至善論…善是一切行為的標準，因把善統一調整起來（善的內容不明）。
             │ 知德相關說…真知所存處沒有不德，不德是由無知生出的。
             └ 國法…有遵守的義務。

              ┌ 邁加拉學派（維克拉戴）＝研究論理的方面。
              │ 基尼克學派（安笛斯太耐）＝以至善為理性生活而倡禁欲說。
      學派 ──┤ 基來奈學派（亞里斯提溥）＝以至善為快樂而倡快樂說（肉體的快樂現在的快樂）。
```

柏拉圖 {
　愛里斯學派（斐頓）……………………… }詳細不明
　愛勒托利亞學派（邁耐珊斯）……………

辯證法（得概念的知識的方法）{
　認識論…認識 { 感覺的認識（依感官而為認識）非眞認識
　　　　　　　概念的認識（依理知而為認識）眞認識…方法 } 歸納法・分類法
　伊代亞論 {
　　伊代亞…概念的認識（眞知）對象
　　二種世界 { 實有界（伊代亞世界）常住不滅…用理性認識…起念…思慕
　　　　　　　生滅界（感覺世界）變化流轉…用感覺認識
　　目的論的說明 { 世界的目的＝伊代亞
　　　　　　　　　伊代亞的目的＝善的伊代亞（統一的中心）
}

自然哲學（非嚴重意味的學問）{
　世界創造…世界的靈魂（秩序條理的根本）（運動生活的泉源）…四元素（地水火風）…天體萬物
　四元素（平面之相重而成者）{
　　地…正方形的六面體
　　水…等邊三角形的二十面體
　　火…三角形的四面體
　　風…等邊三角形的八面體
　}
}

- 柏拉圖
  - 倫理說
    - 倫理說的基礎
      - 心理說
        - 人性論
          - 靈魂（由伊代亞來的思慕伊代亞而不止）
          - 和肉體結合…理性／激性／欲性
    - 解脫說
      - 意義…以靈魂復歸於伊代亞界
      - 方法…禁絕欲望＝理性的生活
    - 德論
      - 有德生活＝幸福（完全靈性並非是求快樂）＝（引導心的諸性能使他知見而為圓滿的活動）
      - 德
        - 知慧（理性）
        - 勇氣（激性）
        - 節制（欲性）
        - ……正義
    - 國家論＝國家主義（理想的國家）…三階級
      - 治者（理性）………智慧
      - 文武官吏（激性）…勇氣
      - 人民（欲性）………節制
      - ……正義
  - 古阿可帶米學派（繼承師說而發展自然哲學說）
    - 司坡細普斯
    - 枯塞訥克拉太
    - 朴來孟
    - 克鄔導爾
    - 克拉太斯

第一篇 古代

- 學派
  - 中阿可帶米學派（傾向懷疑論）
    - 亞爾凱士勞
    - 迦爾拿岱
  - 新阿可帶米學派（傾向折衷論獨斷論）
    - 斐倫
    - 安提奧柯

- 論理學
  - 論證 =（由普遍論證個性由旣定立言論出新立言）= 錫爾羅額斯謨（三段論法）=（學問根本形式）
  - 歸納 =（依經驗發表普遍的原理且使他確定）=
    1. 由感覺的直觀生出的抽象作用
    2. 為人類最高認識力之理性的作用
    - 結合
  - 範疇 =（在判斷或立言時必當遵由的根本概念）=
    1. 實體
    2. 分量
    3. 性質
    4. 關係
    5. 場所
    6. 時間
    7. 位置
    8. 態度
    9. 能動
    10. 受動

- 形而上學
  - 實體（形而上學的根本思想）= 在個物之中（和柏拉圖之異點）= 兩樣解釋
    1. 個物是實體
    2. 以概念為思維的不易的本質
  - 運動（個物的生成變化）= 四因
    - 質料因……質料
    - 形相因……形相
    - 動力因
    - 究竟因

```
窮理學
├─ 形相和質料
│   ├─ 形相…現勢(愛奈爾迦亞)發展的完成 ─ 如柏拉圖的伊代亞不離個物的非有非絕對的虛無…如柏拉圖發展的解釋 ─ 純粹形相(第一形相)=神(圓滿自足)
│   └─ 質料…潛勢(坎拿米斯)發展的質地 ─ 純粹質料(第一資料)=物質
├─ 數學
└─ 物理學
    ├─ 天文學
    │   ├─ 宇宙論…宇宙=球形(以神的性為體現的)
    │   ├─ 天…以太…球形運動…圓滿恆常
    │   └─ 地…四元素(火風地水)…直線運動…不圓滿無常
    ├─ 氣象學
    ├─ 動植物學
    └─ 生理學…生物=有靈魂(和無機物不同)…三段法
        ├─ 植物靈魂　營養　繁殖
        ├─ 動物靈魂(感覺)(欲求)　此外併有植物靈魂的二作用
        └─ 人類靈魂=理性…此外有動植物靈魂的各作用
```

亞里士多德

- 實踐學
  - 政治學＝國家主義（不似柏拉圖的極端團體本位主義）
    - 國家＝以訓練國民道德為目的（自身是最高善的表現）
    - 政體
      - 君主政體
      - 貴族政體
      - 民主政體
  - 經濟學
  - 倫理學
    - 倫理學的目的＝至善研究
    - 至善＝幸福（隨善良活動而來的滿足）＝
      1. 能性發現
      2. 理性的生活
    - 德（隨理性而生的習慣）＝
      - 知德（隨理性動而來的德）＝
        - 實踐的知德（關於實行的理性活動）＝無過不及的中庸習慣
        - 窮理的知德（純粹的理性的活動）
      - 行德（理性節制情慾時所生的德）＝理性正當活動

- 心理學＝人類靈魂
  - 營養及繁殖
  - 感覺（特殊感官應特殊刺激而知覺特殊性質）＝總合＝中央器官＝想念＝概念
  - 欲求＝和快不快結合
  - 理性
    - 受動的理性（和肉體不離的）＝能動理性的因緣
    - 能動的理性（和肉體無關係的純粹思維作用）＝直觀事物本性

美術＝依吾人模倣性而生

美的三要素
　1. 適當的大
　2. 區域的限定
　3. 部分的統一

美學　詩
　　上品
　　　1. 敍事詩
　　　2. 悲劇＝引起恐怖和同情而洗滌激情（淨我）
　　下品
　　　1. 嘲罵詩
　　　2. 喜劇＝單使觀者嬉笑

學派
　亞里士多德學派
　　條夫臘斯托
　　司托拉頓
　　笛凱爾考斯
　伯里巴提克學派
　　東方亞里士多德學派……愛威因那
　　西方亞里士多德學派……愛威盧士
　　謨罕默德
　東洋亞里士多德學派
　　猶太派……瑪易毛尼代

第四章 倫理時代

因亞歷山大帝的征討，而希臘市府失卻政治上的獨立，不得不服從馬基頓的權力所以希臘哲學方在達到進步絕頂的亞里士多德時代而希臘的政治已經是傾於衰頹了。政治上的變動，在希臘國民思想上發生很顯著的影響。從來希臘各市民都是以參與政治為最有名譽但一旦失卻政治上的獨立那樣的思想就根本的破壞了，同時感到人生的不足俾去尋求安心立命的境界在哲學上興味的中心也從理論的研究移動到實踐道德問題的方面去了。實踐道德的研究成為哲學的中心稱亞里士多德死後的希臘思想界為倫理時代就因為這時代的思想界多傾向於個人的安心立命方面。

其後羅馬帝國統一同時希臘文物又傳入羅馬因成了歐洲近世文明的淵源。

四方的端緒其後羅馬帝國統一同時希臘文物又傳入羅馬因成了歐洲近世文明的淵源。

在倫理時代的主要學派：（一）是司托亞學派，（二）是愛辟克魯斯學派，（三）是懷疑派此外有繼承柏拉圖的古阿可帶米學派繼承亞里士多德的伯里巴提克學派並有和這些學派相接觸相調和的折衷學派但都沒有代

經院哲學中的亞里士多德學派＝第二期經院哲學家

文藝復興時代的亞里士多德學派 ｛ 神學的解釋派 ── 亞力桑德・愛錫黎尼

自然論的解釋派 … 皮愛托魯・坡那士

愛威古提奴・尼夫斯

七十三

衆思想潮流的勢力。

第一節　司托亞學派

司托亞學派的創立者是柔諾(Zenon, 342—270 B. C.)。柔諾生於居伯羅(Kypros)島的克提溫受敎於基尼克學派的克拉代斯,邁加拉學派的司提爾鵬阿可帶米學派的朴來孟。因他到雅典在司托亞·伯克來(彩色堂意義)開辦學校,所以就稱爲司托亞學派(Stoics)。繼柔諾而主宰此學派的克來安蒂(Kleanthes),在品行堅固的一點上很受時人的尊敬,但在學問上不過是墨守師說罷了。至再次的學長克里西圃(Chrysippos, 281—208, B. C.)時成爲當時學界的一大勢力。其後因帕那導(Panaitios, 185—110 B. C.)和坡斯道紐(Poseidonios, 135—50 B. C.)的力量而司托亞哲學又傳入於羅馬坡斯道紐(基開魯的老師)想把司托亞哲學和柏拉圖及亞里士多德哲學調和起來。到了帝政時代的司托亞哲學旣已通俗化,而同時又變成宗敎的;又有塞內加(Seneca)耶卑克丟(Epiktetos)馬爾克斯·奧威勒劉帝(Marcus Aurelius Antonius)等很多有名的學者相繼而起。若把這個時期區分開,可以分爲(一)以柔諾創始時代爲第一期,(二)以克里西圃以後弘布時代爲第二期,(三)以帕那導以後爲羅馬時代。司托亞哲學是由很多人們在長年月間大成了的,所以其學說往往因人而時而異。

司托亞學徒照當時最廣行的分類,可把該哲學分爲:(一)論理學,(二)物理學,(三)倫理學三科。其中以倫理學爲主眼其他二科可以作爲倫理學的基礎看待。司托亞學徒不過以知識爲幸福的手段並不是以他爲目的。

第一篇 古代

論理學 司托亞學派的認識論，在大體上是經驗說和感覺說而和柏拉圖的認識論完全異趣。他說：吾人的知識是由感官知覺個物而成立的。生於吾人心中的不過都是外物的印象感官的知覺遺留下來便爲記憶爲經驗；至以經驗爲基而行推論纔有遍通的觀念成立。在這種觀念當中一切人都必具有本然的概念，本然的概念是知識上尤其是道德上所不可動的根據總而言之吾人的知識是依外界的印象而成的所以觀念是真是妄就像光的自明，不待其他證明的，即真理的究竟標準是主觀的自明的。

物理學 司托亞學派的物理論是心物不分的一元論實在一方面爲物質同時一方面又爲精神他說：『實在就是物體所謂人類的靈魂事物的性質都沒有不是同一的物體自身是沒有性質的然而物體的性質是由動於其中的力而生的。而世界上所有一切的力，都是淵源於唯一理性的原力「羅高斯」的』因而司托亞學派便以這種理性的原力爲神，而從唯物的原理主張神的物質性汲赫拉克里托斯之流而以火充之火是根本的物質又是根本的精神是有靈妙的活動生成萬物支配萬物的道是世界的靈魂是理性世界有秩序·目的·調和，就是由於火的活動萬物是由火而成的終亦成火而滅這就是所謂萬有神敎。羅加斯說：『司托亞學派的精神（即神靈）給元氣於物質使在物質內起那非物質所固有的運動所以神和無形物質同存在於上下反對的兩極端而成爲事物終極的根柢。司托亞學派是想除去有神論和唯物論中間的矛盾主張所謂神的存在物存在於物質各份子的中間而採用一種汎神論』（見

七十五

（倫理學小史）

倫理學　司托亞學派的倫理學說，是根據他的物理論的。依司托亞學派的說法，萬物是由火（和神或理性相同）而成的人類也是這樣的。人類的靈魂是宇宙神火的一部分。所謂生成和支配宇宙的神的理法觀念就是司托亞哲學的根本思想。

自然的生活　司托亞學派揭出『順從自然而生活』為人生的目的，就是以自然的生活為至善自然是什麼東西呢？就是神就是理性是充滿宇宙的道同時又是含在吾人性中的法則。從性就是理性就是從那充滿於宇宙的道在率性的一點上不得不認為和中庸所謂『天命之謂性，率性之謂道修道之謂教』的意味相同又在以理性生活為至善的合理主義上又和基尼克學派同屬於一系統但基尼克派在禁欲的・消極的方面誇張反之司托亞學派在敍述積極的方面即嚴肅生活的結果的福跡。

解脫觀　司托亞學派認物欲的存在使他與理性相對立提倡以理性制物欲之說物欲是反乎人性的自然，是使人敢於為惡的心病若是物欲心一動理性就不得不把他壓伏下依理性的力量來脫離物欲的煩惱的狀態就叫作『阿普太亞』使理性和物欲對峙的二元論，是很難和物理學上的一元論相調和的。若理性是通於一切的道那麼萬物就應當盡服從理性了因而吾人的性也應當自己順從理性了。為什麼又承認和理性不相容的物欲存在呢這豈不是很難索解嗎？這派以順從理性脫離情欲達到『阿普太亞』狀態者為賢者賢者就是司托亞學派的理想的人物。

德和不德　從理性而生活，乃所以實現人生的目的，乃是人類的義務以義務的感覺而為理性的生活，就是德（善）反之就是不德（惡）。在善惡和德不德的中間，是沒有階級的非善就是惡非德就是不德既不是善又不是惡的東西就是善惡不分的「亞地奧夫拉」（無記的）例如那富貴・貧賤・快樂・痛苦・生老・病死等都算是「亞地奧夫拉」但後世學徒因為過於注意又在「亞地奧夫拉」中設下區別即分（一）善行為，（二）受理性擯斥的行為（三）純粹無記的行為三級。司托亞學派又以德的區別為存於內部的心根而非存於表現於外面的動作。

意志自由論　吾人的意志，雖不能絕對的自由，但向天地的大道而進的內心意向，是有一種自由的所謂意志自由和行為自由乃是和司托亞學派的自然哲學相矛盾的依司托亞學派的自然哲學那世界的過程就是神（即理性）的本質必然的發現所以不能拿吾人行為的原因歸於吾人的自身。司托亞學派對於意志自由問題煞費解釋的苦心他說：「從運命的預定與否是人的自由故運命是引導從者而拉去不從者的」

世界主義　司托亞學派由個人主義進而提倡世界主義他說所有人類都同是理性的顯現；被支配於同一法則，而有同一的權利的（個人主義）所以人類為世界的理性的一部，不問人種・血統・貴賤的區別都可經營理性的共同生活（世界主義）在司托亞學徒中多說：「我是世界的公民」而拒絕為某一國的國民和打破家族而說道德的實現的柏拉圖及亞里士多德的國家主義完全相反羅馬帝國標榜着政治上世界主義的理想，而基督

教的宗教的世界主義以破竹之勢普及於羅馬，都是司托亞的世界主義啓發時代思潮的結果。

自殺觀　司托亞哲學的根本思想是不依賴外物而在自己心中尋求安心立命的境界安心立命是由修德而得的，修德就是順從理性存在於意志之內是他人所不能奪去的只有自己的意志可以害他者是不傷害理性人類自然常能安靜即如生死是不足顧的者是沒有存在的理由那就自殺也是正當的自殺是人類最貴重的權利如開祖柔諾和克來安蒂，相傳都是自殺而死其他在這學派中自殺的也很多其中也有深信意志之力自止氣息而死的。

羅馬司托亞學派　最終再對於羅馬司托亞學派，略說幾句。羅馬司托亞學派比較希臘而有顯然有傾向實踐的．宗教的特色希臘的司托亞學派以研究何爲人生目的（即至善）的理想方面爲主但羅馬的司托亞學派却注重在達到至善的實踐方面。在這實踐的傾向上再加上宗教的色彩，自然要說：『現世是精神的牢獄是人生的逆旅吾人如漂浪海洋的小舟欲逃此生惟有一死。』（耶卑克丟）『對於神的虔敬對於人的慈悲這就是善生活的全體』（奧威勒劉）超越現世不完全而求希望或慰藉於那完全的來世的風尚就日益增長了。

第二節　愛辟克魯斯學派

愛辟克魯斯學派　愛辟克魯斯學派是愛辟克魯斯（Epikulos, 341—270 B. C.）開創的。愛辟克魯斯生於薩莫士島，後移居亞典。幼年曾受教於戴毛克里托學徒拿士帕奈（Nausiphanes）又因此人而得開卑倫的學說在亞典集合同志，創立學派他爲人溫厚故深受世人的尊敬愛辟克魯斯學派和司托亞學派不同，創立者愛辟克魯斯已經把他的

學說組織完備，至於學徒們不過是宣傳學說罷了學徒中最有名的是愛辟克魯斯的摯友梅得羅道(Metrodoros)和羅馬詩人盧凱來投·迦爾士 (Lucretius Carus, 94—54 B. C.) 這個學派直至紀元後三百年時還繼續存在一到基督教成爲國教以後就完全消滅了。

愛辟克魯斯學派和司托亞學派大略起於同一時代，應時勢的要求，而解釋相同問題但最後得到完全相反的結論。愛辟克魯斯的著作是很多的但現今所存留於世的已經很少了他把哲學分爲物理學和倫理學不承認認識論和論理學是獨立的部分祇當作物理學的附錄研究。

認識論 愛辟克魯斯的認識論名爲眞理標準論 (Kanonik) 知覺，是外物的影像，由感官攝入同靈魂的元子相接觸而起的運動；他那根據物理說的認識論是純粹屬於感覺論的他數列眞理的標準，第一就舉出感覺感覺是因物的刺戟而起的受動作用，與感覺直接發生關係的，就是實物的像，感覺自身決不欺人；若把這個否定了，那就得不到學問的知識謬誤的發生雖是從實物的像引出來的判斷但判斷的誤謬得到感官的證明卻可以匡正他列舉眞理的標準第二又推自然的觀念 (Prolepsis)，這就是以個個感覺爲基礎而必然生出的當其成立時也不生出過誤。

物理學 愛辟克魯斯的物理學說就是唯物論的本體論他承襲戴毛克里托的元子論，而以爲實在單只是散在於空間和空間而運動的元子萬物一總都是依這元子的集散離合而成的元子的數是有限的但爲不分不滅而有重·大和形狀由上直向空間而下盧克來投叫這個爲『元子的雨』直下時元子間發生衝突而生出渦

旋運動以形成多數的世界世界成而毀毀而成成毀是沒有已時的愛辟克魯斯不承認元子運動是有目的的，故是純粹的唯物論。

他以實在論為根據極力排斥迷信他以為世界是由自然的法則生成的，不是受那有思維・意欲等的神所支配的。我們的靈魂是火氣是很易動的元子若死去這元子就離散了，所以不能說死後的生活也不要恐懼死後的賞罰神雖是存在的但也具有人形較人體為精微而不死住在生滅世界以外支持自己的福祉而毫無他求所以沒有畏神和媚神的必要。

他的心理說也是以唯物論為基礎的。靈魂是以心臟為中心而混在全身體的，也是由許多自為一體的元子合成的。一切意識作用和生活現象，全都是元子的運動（認識論的基礎）靈魂是和身體有密接不離的關係的所以靈魂和身體相同，也是有生滅的，而在死的一剎那間意識作用就終了，知覺和感情也就終止所以死決不是可怕的。在我們的存在中沒有死而有死就沒有我們。不怕死時對於和死有關係的病・苦痛・貧窮等一切禍害的恐怖，自然也就消滅了。對於神的恐怖和對於死的恐怖的否定，就是愛辟克魯斯倫理說的根基。

倫理學 愛辟克魯斯也和司托亞學派一樣最注重倫理學以為哲學的目的是引導人類得幸福，至於物理學與論理學等，都不過是道德論的基礎罷了。物理學上的元子論為道德論的背景，因此就成立了個人的快樂說。

快樂說 愛辟克魯斯繼承基來奈學派的學說提倡快樂說說：「快樂是唯一的善，苦痛是唯一的惡」然而

（一）基來奈學派承認肉體的快樂為無上的快樂而愛辟克魯斯卻說精神的快樂優於肉體的快樂；（二）基來奈

學派排斥那貪圖瞬間的與剎那的快樂，在後又排斥隨苦痛而來的一時快樂在把快樂分出優劣的一點上，愛辟克魯斯較基來奈學派更進一步，但在以個人快樂為目的的一點上還是依舊存着基來奈學派的面影。

愛辟克魯斯認精神的快樂也有二種分別：一是由滿足欲求的運動而起的積極的與動的快樂，一是無苦痛狀態的消極的與靜的快樂。二種快樂當中，愛辟克魯斯特別注重後者以這個為絕對的快樂人生所當求的究竟目的不是盡樣樣的歡樂的心能善保平靜成為一無所求，一無不足的滿足狀態愛辟克魯斯呼他為「阿太拉克夏」就是心不亂的意義要達到「阿太拉克夏」就不得不制御欲望欲望有：（一）自然的欲望（二）便宜的欲望（三）位於其間的欲望三種所謂自然的欲望是生存上無甚關係有他也可沒有他也可位於中間的欲望雖是發於自然但在生存上卻並不是十分必要的便宜的欲望單是在可以不要他的時候總應當抑制的，就是第二種便宜的欲望第三種欲望所應抑壓基尼克學派主張絕對禁止欲望與此派的態度在這一點上迥然不同凡達到「阿太拉克夏」狀態者愛辟克魯斯稱他為賢者賢者就是愛辟克魯斯的理想人物，就是不煩心於運命而享有快樂的純潔人。愛辟克魯斯說：「我若有了麵包和水在幸福上就可以和「皂易司」神相競爭」他在以制御欲望為賢者一點上是從完全相反的立腳地進而和司托亞學派的解脫觀非常接近的。

解脫觀

德論　德是得快樂的手段，是生活的方術。和其他方術一樣，自身是沒有什麼價值的，祇因為他結果得到快樂，所以纔有價值。愛辟克魯斯論到希臘四主德的知慧・節制・勇氣・正義說：知慧是使我們自覺萬物的本性和

自己在宇宙的地位而指示我等可以達到的標的；節制是以知慧為基以制生出大不快的快勇氣是使人忍耐苦痛・危險・勞苦而快活他的心意；正義是使人守國法使人保其心的安靜的德歸總一句話不外是由快樂主義的見地去批評四主德而定其價值的。

個人主義　如前所述愛辟克魯斯學派的學說是求個人安心立命的個人主義；彼等又把此個人主義引到政治上去說『國家更是基於個人利害而生的。國家是為使人由野蠻狀態移入文明狀態而依個人相互契約而成的，並不是自然存在的』這一說便是後來契約說的前驅又說『若不脫去國家・家庭的羈絆就不能達到真的「阿太拉克夏」』彼等論到法律又以為法律是依公共意志的一致而成的他的自身並沒有正不正的區別。

自殺觀　愛辟克魯斯以肯定自然哲學說的歸結照他說死決不是可恐怖的死是元子的離散在死的那一刹那間，一切意識作用和生活過程，都告一終局。生的時候沒有死死的時候沒有我所謂尋死算是迷妄吾人決不固執壽命可以隨意自殺他的理由雖然和司托亞派不同但他的結論恰到達了和司托亞哲學同一的自殺觀。

和司托亞學派的比較　把愛辟克魯斯學派和司托亞學派簡單的比較起來，他們相類似的是：（一）傾向以安心立命為中心的個人主義（二）以倫理為哲學研究的主要點（三）以賢者為理想人物。（四）以制御欲望為達至善的方法（五）肯定自殺等而其相異點是：（一）司托亞學派重理想而取嚴肅主義反之愛辟克魯斯學派重感性而傾向快樂主義和美的生活主義。（二）司托亞學派以實在為精神的與物質的理性而愛辟克魯斯學派卻以

實在為物質的元子，而倡純然的唯物論。（三）司托亞學派的學說，是由學徒們大成的；而愛辟克魯斯學派，卻由開創者組織完備的。（四）司托亞學派重義務而尊重道德律；反之，愛辟克魯斯學派是始終流於便宜主義，以倫理為一個處世法。（五）司托亞學派或走於極端而有破壞人的實在生活的憂慮；反之，愛辟克魯斯學派卻優雅而寬裕。（六）司托亞學派以為國家是基於理性的；而愛辟克魯斯學說卻把國家的成立歸於契約。

第三節　懷疑學派

司托亞學派以人性本質為理性，而愛辟克魯斯學派卻把他當作感情，因為他們沒有說明理由所以懷疑學派就不滿意於此種獨斷論，而不相信認識的可能性，并說探求知識為愚事。司托亞學派發源於基尼克學派，愛辟克魯斯學派發源於基來奈學派；而懷疑學派乃是承繼哲人派的傳統懷疑學派通常分為：（一）古懷疑學派，（二）中阿可帶米學派。阿可帶米學派雖是奉柏拉圖的一學派，但到了亞爾凱士勞，就顯著傾向懷疑，所以也認為懷疑學派的一派。

古懷疑學派　他的始祖是卑魯倫（Pyrron, 360—270 B. C.）。卑魯倫是愛里斯人，從亞歷山大帝遠征來到東方。他事何人雖然不甚詳明，但似乎是受過愛里斯・邁加拉兩學派的學說影響的，他的學說是依其弟子富遼斯人梯門（Timon, 330—241 B. C.）的著作而傳於後世的。

卑魯倫的懷疑說是根據溥羅塔高拉的認識論的他說知覺之所與的，並不是事物的真相；不過是偶然的關係表現於吾人面前罷了理性也止在主觀之上吾人是不能對於任何事都能斷言其「然」的不過祇能說「我

見如此」罷了所謂普遍不易的真理是不會有的。

認識若是不可能那麼正邪善惡的判斷也是不可能的了。梯門說道過幸福的生活，(一)不可不明事物的成立如何，(二)不可不明吾人處事之道如何。然而因為事物的成立以對於事物而下判斷，或固執這個判斷那就錯了吾人處事之道就在停止判斷，停止判斷無論對於何事都可極其自如心平氣靜不受外物變遷的攪擾自可得到真正幸福換句話說吾人若抑止一切判斷順從習慣而隨隨便便的動作，那就得以安心立命了。

中阿可帶米學派　懷疑論轉到中阿可帶米學派，就在當時學界上成為一種大勢力。使阿可帶米學派轉向懷疑說的，就是亞爾凱士勞(Arkesilaos, 315—241 B. c.)因為他無遺著所以不能詳知其說；但他是攻擊司托亞學派以為吾人無論是依感官是依思考力，都不能知道事物的真相。吾人所當遵由的正道就是停止判斷。

發展亞爾凱士勞的懷疑說的，就是迦爾拿岱(Karneades, 213—129 B. c.)。他是基來奈人因學識和雄辯，而受時人極大的尊敬但他沒有遺著不過僅依其弟子克勒托馬可(Kleitomachos)而傳罷了他極力攻擊司托亞學派否定普遍不易的真理的存在以為吾等的認識總不過是蓋然的認識罷了。他把認識的蓋然性分為：(一)自身是蓋然的(probable)(二)和別的相比較是蓋然的和無反對的；(三)從各方面檢查都是蓋然的，無反對的確定的。

新懷疑學派　阿可帶米學派其後雖然離卻懷疑論而傾向折衷主義但至紀元前一世紀的前半，基開魯時

第一篇 古代

代卑魯倫的懷疑說，就在醫家中間復活了使他復活的，就是克撓梭斯的愛耐西代謨（Aenesidemus），而在受他影響的學者中最有名的就是阿古里坡（Agrippa）塞克士·愛莫披里（Sextus Empiricus, 180—210）等這些人被稱爲新懷疑學派，或者後懷疑學派。

愛耐西代謨把懷疑論的要點表出了十條，他的學說就是卑魯倫和迦爾拿偸所已說的總是說吾人感官所知覺的祇是相對的，而不能知事物的真相就是說認識是不可能的。

阿古里坡就把愛耐西代謨十條，他的主意是歸於：（一）知覺是相對的，（二）因人而意見各不相同，（三）論證不可能的三個要點更把論證不可能的所以分爲三條就是：『在論證是不能不有可以論據的前提設定要證明其前提時那必定更要有可以論證的前提那就無限了若不把無限的前提設定到底是以被證明者爲前提，而爲循環論呢？或者是假定無證明的前提而出發呢大概總不外這兩條道路了。』但以後又說把這三條約爲二條說：『若有確實的認識那麼，如不是直接的確實，就是間接的確實了。然而吾人的觀念都是相對的沒有直接的確實性因爲間接的知識一定要以直接的知識爲前提所以直接知識若不確實那間接的知識也就不能成立。』

第四節 折衷學派

塞克士·愛莫披里以爲不能由病理上討論疾病原因，而大倡祇能靠那治療上的經驗的學說。

自紀元前三世紀以來以亞典爲中心的，（一）阿可帶米學派，（二）伯里巴提克學派，（三）司托亞學派，（四）愛

辟克魯斯學派起初雖然互相軋轢；但又漸次接近，而在紀元前一世紀時就生出了折衷的傾向。最初表現出折衷的傾向的，就是司托亞學派司托亞學派從帕那導和坡斯道紐時就加入柏拉圖和亞里士多德的意味，而把倫理學上的嚴格主義緩和了（參照司托亞學派）。

伯里巴提克學派也生出了折衷的傾向，想把亞里士多德的神學和司托亞學派的萬有神教調和起來。

沾染於折衷・調和的風潮，比較的很少，而到底固守開祖教旨的，就是愛辟克魯斯學派。

蒙時代思潮的影響最顯著的，就是阿可帶米學派。阿可帶米學派，是由亞爾凱士勞和迦爾拿岱等所謂中阿可帶米學徒而轉向於懷疑說的；但至菲倫（Philon）和安提奧柯（Antiochus）等新阿可帶米學徒又捨去其懷疑說而變為折衷派了。

新阿可帶米學派　菲倫是臘黎薩人為迦爾拿岱弟子，克勒托馬可的後繼者。他抱着亞爾凱士勞以後的阿可帶米的思想，而否定司托亞學派的認識論；但非絕對排斥事物的普遍性祇相信認識的不可能。然而他在司托亞認識標準以外到底承認怎麼樣的標準？這是不明確的。

菲倫的弟子安提奧柯，又倡更加明瞭的折衷說古阿可帶米學派・伯里巴提克學派・司托亞學派，完全都是發源於蘇格拉底的。在枝葉上雖有小異，但根本卻是共通的。他折衷此三大學派，而極力攻擊當時被折衷傾向不少的愛辟克魯斯學派和懷疑派。在認識論上是傾向於克里西圃的，但認非物質東西的實在性，而却反對那說實在的東西祇有物體的克里西圃的學說。在倫理上是以自然的生活為至善的所謂自然的生活，就是愜於完成

的人類性的生活，他以為不但理性，靈魂有為他自身而求的價值，就是身體或外物也是如此。

至安提奧柯折衷的傾向雖然達到極頂但以折衷說（Eclecticism, Eklektizismus）為主義而在自己學派上冠以折衷學派名稱的，乃是生在奧古司圖（Augustus）時代的亞歷山大黎亞（Alexandria）人袍太門（Potamon）。

羅馬的折衷學派 希臘哲學入羅馬時，曾受強烈的反抗。在紀元前一六一年，羅馬的有司，以希臘哲學為紊亂羅馬的國風而議決把哲學家放出國境。然而時代的趨勢無論如何也是反抗不得的，希臘學術滔滔然浸入羅馬，在青年教養上遂成為一種不可缺少的要素。

羅馬人是實際的國民不像希臘人那樣長於思辯容納希臘學術，而單從其中選擇適於實用的事項因而羅馬的哲學就沒有創見不過是食希臘哲學的精粕罷了。羅馬哲學是實際的，是常識的；折衷學到羅馬而極盛也是自然的趨勢。

在羅馬折衷學派中最傑出者，就是有名的雄辯家·能文家基開魯（Cicero, 106—143）。基開魯是裴倫的弟子，開始把希臘哲學用拉丁文寫出來的就是他。他在義務論（De officiis）中，拿亞里士多德的意見折衷司托亞學派的倫理說而取『自然生活』的概念為道德律的基礎為法律的根本觀念。他以為理性所顯現的一切事物必然也具有道德的秩序人類也是理性的顯現所以也有道德的秩序的觀念。道德律是由理性所給與的自然律而發展的。

司托亞學派以為人類過的是理性的共同生活而支配這種共同生活的世界國家的法律就是自然法

四洋倫理學史

(Jus naturale)。更以羅馬帝國比世界的國家。基開魯的倫理說，雖沒有什麼創見，但他所說的道德律實在是把古代倫理渡到近世倫理的橋梁。

基開魯的友人娃爾祿(Varro)和苦因圖・塞克斯托(Quintus Sextius)父子(父子同名，也以羅馬的折衷學者著名但他們學說別無可紀。

附倫理時代的希臘思想（約表）

鄒柔諾……（創立者）
克來安蒂
克里西圃……（廣爲傳布者）
帕那導
坡斯道紐　　　移入羅馬者
塞內加
耶卑克丟　　　羅馬司托亞學派
奧威勒劉
學者

論理學
　認識成立的原因…由以感官去知覺外物而生（感覺論・經驗論）
　眞理的究竟標準…主觀的自明

第一篇 古代

```
司托亞學派 ┬ 物理學 ─ 實在（物質的并精神的）＝世界靈魂＝理性＝火 ┬ 1.生成萬物
          │                                                      └ 2.支配萬物…秩序・目的・調和
          │
          ├ 倫理學 ┬ 自然的生活…人生的目的，在順從自然（理性）（以物理說為根據。
          │       │
          │       ├ 解脫觀 ┬ 解脫＝以理性制御物欲（理性和物欲對峙是和物理上一元論相矛盾的）。
          │       │       ├ 阿普太亞…依理性而脫離物欲的狀態。
          │       │       └ 賢者…達於阿普太亞的狀態者（理想的人物）。
          │       │
          │       ├ 德（善）論 ┬ 德（善）理性生活
          │       │           ├ 不德（不善）反理性生活
          │       │           └ 無中間的階級…亞地奧夫拉（無記）
          │       │
          │       ├ 意志自由論…從運命之豫定與否是人的自由但運命是引導從者而淘汰不從者的。
          │       │
          │       ├ 世界主義 ─ 人類是世界的理性的一部是可以營理性的共同生活的…我是世界的公民。
          │       │
          │       └ 自殺觀…肯定自殺
          │
          └ 學者 ┬ 愛辟克魯斯
                ├ 梅得羅道
                └ 盧凱來投・迦爾士
```

愛辟克魯斯學派
- 認識論＝眞理標準論（Kananik）感覺論
  - 1. 眞理的第一標準是感覺
  - 2. 眞理的第二標準是自然的觀念
- 物理學
  - 實在＝元子
    - 1. 有限
    - 2. 不分不滅而有重・大和形狀
    - 3. 以空間由上向下運動
  - 世界
    - 1. 由自然的法則生成的
    - 2. 不受有思維・意欲等神的支配。
    - 3. 神是在生滅世界以外的不必恐怖，＝排斥迷信。
  - 靈魂
    - 1. 以心臟爲中心而混於全身然亦是自爲一體的火氣，而依易動的元子成功的。
    - 2. 一切意識作用和生活過程皆由元子而成。
    - 3. 靈魂和自身相同是有生滅的。
    - 4. 在死的刹那間意識作用終了死是不可恐的，＝排斥死的恐怖。
- 快樂說
  - 快樂是唯一的善苦痛是唯一的惡。
  - 精神的永續的快樂優於肉體的瞬間的快樂（和基來奈學派相異）。

第一篇　古代

倫理學
├─ 解脫觀
│   ├─ 1. 精神的快樂
│   │   ├─ a 積極的動的快樂（由滿足欲求的運動而生）
│   │   └─ b 消極的靜的快樂（無苦痛的狀態）阿太拉克夏
│   ├─ 2. 欲望
│   │   ├─ a 自然的欲望……不可抑壓
│   │   ├─ b 便宜的欲望……可抑壓
│   │   └─ c 中間的欲望……或者可抑壓
│   └─ 3. 賢者…達到阿太拉克夏的人（理想的人物）阿太拉克夏達到方法
├─ 德論
│   ├─ 1. 德是得快樂的手段
│   └─ 2. 四德的快樂論的說明
├─ 國家說＝國家是依契約而成的
└─ 自殺觀…肯定自殺（和司托亞哲學相似）
    相似點
    1. 以安心立命為中心，而傾向個人主義。
    2. 以倫理學為哲學研究的主眼點。
    3. 以賢者為理想的人物
    4. 以制御欲望為達到至善的方法。
    5. 肯定自殺。

和司托亞學派相比較

相異點

司托亞學派
1. 重理性而取嚴肅主義
2. 以實在為精神的物質的理性
3. 大成於學徒中間
4. 重義務而尊重道德律
5. 有走入極端破壞人的實在生活之虞
6. 以國家為由理性而成的

愛辟克魯斯學派
1. 為快樂主義
2. 以實在為物質的元子
3. 由創立者組織完備
4. 流於便宜主義
5. 優雅而寬裕
6. 以國家為契約而成的

懷疑學派

意義和種類

不滿意於司托亞學派・愛辟克魯斯學派等的獨斷論而疑認識的可能，以那探求知識為憾事而承繼哲人派的傳統分（一）古懷疑學派（二）中阿可帶米學派（三）新懷疑學派的三種。

古懷疑學派

卑魯倫……根據薄羅塔高拉的認識論討論知覺和理性不能知事物的真相。認識是不可能的，因而正邪善惡的判斷，也不可能對於事物而作是非的判定，因而固守之就是錯誤真幸福是停止判斷任何事物都隨隨便便。

梯門

亞爾凱士勞 吾人無論依感官或依思考力，都不能知事物的真相吾人所當遵由的正路就在停止判斷。

第一篇 古代

- 中阿可帶米學派
  - 迦爾拿俗
    - 普遍不易的真理是不存在的，吾等的認識，全都有蓋然性蓋然有蓋然性。（一）自身是蓋然的觀念，（二）和別的相比是蓋然的無反對的（三）從所有方面檢察是蓋然的無反對的三種。
- 新懷疑學派
  - 愛耐西代謨
    - 吾人以感官所知覺的是相對的關係的，不能知事物的真相認識是不可能的（把懷疑說的要點表為十條）
  - 阿古里坡
    - 因人而意見各異，（三）論證不可能的三點。更把愛耐西代謨的十條約為三條其主意歸於（一）知覺是相對的，（二）
  - 愛莫披里
    - 由病理上論疾病的原因是不可能的，唯一定要依賴治療上的經驗。
- 各學派的折衷傾向
  - 司托亞學派
    - 最早就現出折衷的傾向，由帕那導和坡斯道紐時加以柏拉圖亞里士多德學說的意味。
  - 伯里巴提克學派
    - 把亞里士多德的神學和司托亞學派的萬有神教調和起來。
  - 愛辟克魯斯學派……沾染折衷的傾向甚少固守教祖之說。
  - 阿可帶米學派……蒙着最著的折衷思潮的影響。

折衷學派 ┤
├ 新阿可帶米學派 ┬ 菲倫——抱著亞爾凱士勞以後的阿可帶米的思想否定司托亞學派的認識說，不絕對排斥事物的普遍性。
│   ├ 安提奧柯——折衷古阿可帶米學派伯里巴提克學派，司托亞學派。在認識上贊成司托亞哲學但認非物質的實在在倫理學上以自然生活為至善。
├ 羅馬的折衷學派——以亞里士多德的意見來折衷司托亞學派的倫理說取自然生活的概念為道德律的基礎為法律的根本概念。
└ 基開魯
  其他學者……娃爾祿‧苦因圖塞克斯托

第五章　宗教時代

亞里士多德以後的哲學都在自己的心中求那安心立命之地想脫離人生的轉變但無論怎樣都不能求出最後的解決怎麼說呢因我也是屬於轉變世界的一物靠那漏不了轉變的數的我來超越世界脫離人生以求安心立命之地就是迷惑。司托亞學派求安心立命於理性的生活然而人類不單是具有理性同時也具有情慾故總不能免除情慾的反抗。愛辟克魯斯學派求安心立命於快樂然而感著不快也是人性的自然又怎能單得到快樂呢？懷疑學派求安心立命於停止判斷然而人性至少總有認識真理判斷善惡的動向存在為知和慾所迫當然不許判斷的中止吾人的精神生活或向理想而進行或對於實現而固執常常互相爭鬪破壞美的調和思想在漏

不了轉變的數的我的心中求那安心立命之所，那是必不可能的。到此方才覺悟惟有依賴人類以上出世的心靈，脫離爲醜惡淵源的肉體的繫縛才可以求得安心立命的地方。希臘的思想界由此方出倫理時代而移入宗教時代。

當時的思想界從自力的安心立命，變到求他力的救濟早已精疲力儘，故再沒有組織新哲學的那樣勇氣，祇得瞻顧過去採取適應他們要求的思想以解飢渴。結果便把柏拉圖的哲學復活起來。因爲把神秘說和禁欲主義結合起來的柏拉圖的解脫觀很合乎當時嚮往出世間的理想界的要求。

羅馬帝國旣統一四海顯然擴大領土各地之風俗・習慣・思想・宗教等，互相接觸，生出可以融和統一的機會；所以這時復活起來的希臘思想就與東方宗教思想相結合使神秘的色彩更加濃厚。這希臘思想和東方宗教思想相接觸，就以宗教的柏拉圖學派・新庇塔高爾斯學派・菲倫哲學等爲前驅，而大成了新柏拉圖學派。古代哲學界到此又放最後燦爛的光輝。

第一節　新柏拉圖學派的前驅

宗教的柏拉圖學派　這一派是在紀元前一世紀時起於當時文化中心地及東西思想接觸最強烈的埃及亞歷山大黎亞的學徒。在柏拉圖的哲學上加上東方的宗教思想而倡那很神祕的學說加之他們的學說也受了庇塔高爾斯的學說的很顯著的影響稱爲庇塔高爾斯的柏拉圖學派和後邊所說的新庇塔高爾斯學派很難分出判然的區別。

宗教的柏拉圖學徒中最有名的，就是著英雄傳的有名的史家布爾特哥(Plutarchos, 43—120)。他反對司托亞學派的唯物論和愛辟克魯斯學派的無神論，而主張神的存在置神於物質以外以爲神取物質製作的物質本來有惡的傾向所以神造的世界也醜惡不完全取那神和世界同在的二元論，而舉鬼神爲二元的媒介者。汲此派支流的凱爾梭斯取鬼神說而立多神敎很激烈的反對正在得勢的基督敎。

新庇塔高爾斯學派　這派在當時學說的傳統巴絕僅僅崇拜庇塔高爾斯的人物。後世史家把那復興敎義的人們以新庇塔高爾斯的派名。這學派也是以亞歷山大黎亞爲中心而起的。他的學說若舉屬於新庇塔高爾斯學派者，有尼格丟・斐古魯(Nigidius figulus)毛代拉徒(Moderatus)亞破羅紐(Apollonius)尼克馬可(Nicho-machos)奴邁爲(Numenios)等。其中亞破羅紐是最有名的。他是提亞那人生在紀元第一世紀中葉遊歷諸方，宣傳神的啓示而受多數人們的尊敬。

新庇塔高爾斯學徒的學說雖然不盡一致但他們的哲學說有共通的特色就是：(一)使神和物體及精神和肉體的二元互相對峙(二)在神和物質中間承認有媒介者的鬼神的存在(三)把庇塔高爾斯學派的數和柏拉圖學派的伊代亞看作一樣以數爲有神祕的妙力的(四)把那柏拉圖的爲獨立實體的伊代亞看作存在於神的精神中的觀念拿這個觀念看作萬物的原型(五)把神看作純靈而提倡一神敎(六)根據以上各說而倡道德上的禁欲主義他們是以靈和肉相對峙把肉看作罪惡的原因所謂淸的生活就是去了屬於肉的生活而從純靈的

生活。禁肉食•娶妻•飲酒而排斥私有財產。

斐倫的哲學　斐倫哲學又稱『亞歷山大黎亞的宗教哲學』。斐倫(Philon, 30 B.C.—50)出於猶太僧族，而實行調和猶太宗教思想和希臘思想的(以柏拉圖和司托亞為主)

斐倫哲學是以神的觀念為根本思想的。神是超絕的偉大的萬物而絕對的存在的是比一切完全者更為完全，比一切善良者更為善良的。吾人沒有語言可以表出神的偉大，神是不可名，不可思議的神就是『愛霍巴』。萬物全由神造全受神的支配超絕的神所以得為萬物的淵源者就因為神和萬物中間有做媒介者的『力』力就是伊代亞(由柏拉圖的伊代亞論而來)是神的僕(由猶太教所謂天使的觀念而來)而統一力的，就是『羅高斯』(從司托亞學派說)。羅高斯就是神的代表是神的智慧是造化的機關是世界的模範是神的第一子是第二個神然而神到底是和神不同呢或是神所具有的性質或力呢他並沒有詳明的解說出來歸總一句說是斐倫的哲學是以超越一切有限物的神為萬物的淵源置『力』於神和世界中間以說明萬物的生成。

斐倫又為說明這世界的醜惡不完全而揭出物質使與神相對立。他說物質雖然混沌而無秩序但依神的代表者羅高斯而造成世界神是能動的原理物質是受動的原理世界上有醜惡不完全的存在原因就在物質。

羅高斯是怎麼樣以物質造成世界的呢他並沒有說明。

斐倫的心理說是把柏拉圖和庇塔高爾斯的二元說並亞里士多德和司托亞的階級的說明，雜然混合起來的。人類的靈魂是由純精神的『奴司』(理性)和感覺而成的，存於其間的，就是羅高斯人類的奴司雖是從神的

奴司流出的但因為有向神或逆神的自由所以依其自由意志或沈淪於感覺世界，或超脫於感覺世界而終歸向於神。

人類的靈魂雖本是神力的一種，但是墮落下來寄宿於肉體，而和感覺性相結合，所以肉體是靈魂的墓，是靈魂的牢獄。雖然若要脫離此感覺性即歸於元來無形體的存在即歸於神脫去感覺性就是把屬於肉體的一切都脫離去肉體是一切惡的淵源若能脫離屬於物體的物慾之羈絆就達到清淨的生活然而這不是獨力所能做到的所以不能不仰神的助力他遺下一句名言說：『由信而生智由智而生德。』脫物慾而進為清淨的生活和司托亞哲學的『阿普太亞』相似但他的方法仰賴神的助力而司托亞哲學又名吾等直接被照於神光和神契合而失却意識的狀態為『愛克斯太西斯』（離己的意思）認這個為最高福祉如基於修行的清淨生活不過是『愛克斯太西斯』的豫備罷了。『愛克斯太西斯』是完全人類所受的神的恩寵故入於宗教的瞑想而忘却了心身的事在斐倫就以為是最高的德行。

第二節　新柏拉圖學派

在希臘思想的立腳點上從事於宗教哲學的組織，在希臘哲學界放最後的光輝者，就是新柏拉圖學派。新柏拉圖學派的主要點在想以哲學造成宗教。在那時從來的宗教，就是想把由二三學者所想出的教說變成宗教以應知識階級的要求，就是新柏拉圖學派的旨趣。但以後這種宗教進為民眾化到了採用通俗宗教所行的禮拜式時便漸漸成為新宗教，而與得勢的基督教為敵。新柏拉圖教育的階級中完全失却勢力所以組織學者的宗教

新柏拉圖學派的開創者相傳是阿茂紐·薩迦斯（Ammonius, Sakkas, 175-250），但他的教說完全不明，不過在哲學史上存着他的名字罷了。真正開創者，就是稱為受阿氏之教的柏羅地挪斯（Plotinos, 204-270）。柏羅地挪斯在亞里士多德以後是最大的哲學家。生於埃及的梨柯泡利斯有志於學術和宗教的研究，而漫遊東方後便來羅馬教授弟子得羅馬皇帝的贊助而企畫在康浦尼亞建築哲學家市府但事未成而終他最尊敬柏拉圖，而以祖述他的教義為己任把柏拉圖的思想徹底研究而得到獨斷論的體系者當中要推柏羅地挪斯為最優了。

柏羅地挪斯所想解決的，就是斐倫所業已試行的：（一）超越萬物的神，如何得為萬物的原因？（窮理問題）（二）我們如何復歸於為萬物本源於神，而受其福祉？（宗教問題）這兩個問題就是他的主眼點。

想把柏拉圖的二元論化為一元論，先有亞里士多德，亞里士多德是想依形相·質料之發展的解釋而造成一元論但他承認純粹形相故終脫不掉二元論不但亞里士多德凡想使二元論化為一元論的人如阿可帶米學派的人們也嘗試行過直到宗教時代宗教的柏拉圖學徒的布爾特哥新庇塔高爾斯學徒斐倫等任誰都脫不掉神和世界精神和物質的二元論總以神和精神為超越世界的東西神既是超越世界的那麽又怎樣得為萬物的原因呢？為避去說明的困難便在神和世界中間置一媒介者以為神是為萬物生成原因的理由至新柏拉圖學徒出又想以一元論說明萬物生成這就是柏羅地挪斯的流出說。

流出說　照柏羅地挪斯說，神是萬物的太原，是宇宙的原力，是超越語言文字，超越萬物，超越對峙和差別的唯一之絕對的存在是無限，無形而性質不可定的東西是不能附與物體或精神上的性質，而形容出來的，是不能像思想・意志・活勳・自意識等可以名狀的。神是萬物的太原所以萬物皆是由神而生的，但不像基督教的神是將無作有的圓滿的神，神是溢於內而流出於外成爲萬物的萬物也不是神的變化所以神的本質也不因萬物的流出而有所增減恰如光由太陽發出而太陽並不因此而少有增減一樣神一點不變化，而萬物從中流出，就是柏羅地挪斯哲學的出發點。

流出的三段　光近於太陽的部分光度強離太陽遠的，光度滅流出的事物，也是這樣越離神遠的，越不完全。柏羅地挪斯因此便把流出分爲三段了。

第一流出的就是『奴司』（精神）奴司是完全之直觀的思維的對象，但奴司的動作和思維作用的對峙而具有差別的根源。奴司是伊代亞的世界即理想的世界即神是超越一切的對峙和差別的，但奴司卻含着思維的動作和思維作用而具有差別的根源。奴司是伊代亞爲獨立的實體而同新庇塔高爾斯派一樣認爲是在神的精神當中的模範的表象第二是認定個體也有伊代亞。」（波多野博士西洋哲學史要）『柏羅地挪斯的伊代亞論和柏拉圖的異點：第一是不以伊代亞爲獨立的實體而同新庇塔高爾斯派一樣認爲是在神的精神當中的模範的表象第二是認定個體也有伊代亞。

第二由奴司流出的就是靈魂。靈魂是直觀伊代亞的世界以這個爲原型，而與物質以形。靈魂有高低二級：高靈魂，有理想而爲自覺的活勳低靈魂，結合於物質而爲造作他的形體的力字宙有宇宙靈魂（世界靈魂）個人

一百

一〇〇

有個人靈魂各分高低二級。自然就是結合於低的世界靈魂的形體的高的個人靈魂，如亞里士多德所謂能動的奴司一樣雖在吾人死後尚且存在，而為永遠不朽的靈魂就是和身體相結合，而使他活動的生氣。

第三由靈魂流出的，就是物質。物質在萬物中居最低的一級在空而暗的空間去神最遠而為惡的原理和無常的根源。然而物質不是和神對峙而獨立的，是完全消極的，是非有的物質由太原流出立在反對的極端就和由太陽發出的光一樣光到稀薄就和闇相等了。靈魂是流出物質以形狀的力，而動於物質之中的所以感官的世界就是靈魂和物質相結合祗要有靈魂存在便有物質以形狀予物質便有善。柏羅地挪斯把物質看作消極的不使物質和神相對立就在這一點上支持他的一元論。柏拉圖二元論的一元化到柏羅地挪斯方才大成他以為在感官世界的惡和為不完全的原因的物質到底是由神流出的，所以就以此世界為最美並讚美世界的秩序和調和等的基督教徒的世界觀完全立在正反對的地位。

倫理說　柏羅地挪斯的倫理說是逆其萬有論的。他以為萬物由絕對的存在流出的等級分為奴司・靈魂・物質以物質為惡的根源。他的倫理說是脫離那為惡的根源的物質想與神合一的解脫觀照他說人生的目的就是避惡而向善要想脫離惡就不能不逃出為惡的原因的物質的束縛而清潔其靈魂。那脫物質束縛的方法就是聽理性之聲而抑制情慾愛美而直覺美的理想這樣一來，我的靈魂就脫離物質，而即時回到奴司而要想得到真福祉就不可不直接與神合一，使自己與神同化而達到超越意識斷絕言語的『愛克斯太西斯』的狀態。但是入於此種境界者祇有極少數的人類也不過單是有時達到這樣狀態能了。柏羅

地挪斯說他自己的生涯曾數度入於此種境界。

助柏羅地挪斯晚年的著述事業且傳播他的學說的，就是他的弟子波魯斐廖（Porphyrios, 233—304）他使師說顯然接近於通俗宗教以種種禮拜爲必要而禁絕肉食・娶妻・觀劇等教人戒絕肉體的欲。

新柏拉圖學派的變遷　新柏拉圖學派經過了三次變遷就完全消滅了今把各期概狀略敍於左：

第一期在亞歷山大黎亞時代，由開創者柏羅地挪斯和其弟子波魯斐廖爲代表這時代前已述過玆從略。

第二期是西里亞時代他的主要代表者，是揚布里柯（Janblichos）他是波魯斐廖的弟子住在西里亞三十年時歿生年月日不明他使波魯斐廖的流出說更加複雜在神和多的中間置下媒介者的第二之一把他的學說，其後因西斯底尼安（Justinianus）帝一時竟生出可以與基督教相對抗的勢力。

第三期名爲亞典時代揚布里柯以後的哲學雖然完全立在宗教的奴僕的地位但五世紀時有亞典人布爾特哥和西里亞訥研究希臘哲學思想把他綜合起來所以在亞典的學校，再生出研究柏拉圖和亞里士多德思想的傾向。西里亞訥的弟子普魯克羅（Proklos, 410—485）就以亞典派的代表開於時他以流出說的三段爲（一）自存，（二）出離（三）復歸萬物經過這三段每一個又各經過三段更分爲三因此便說一切東西都是分歧的。

希臘哲學，在亞典的學校雖實行轉頭的奮鬭；但其生氣已盡，任憑怎樣做都做不成，終歸於自然消滅的運命。

到五二九年，酉斯底尼安帝就公然發佈命令，鎖閉亞典的學校放逐哲學者，希臘哲學到此時名實共亡卒讓基督教得了勝利。

附宗教時代的希臘思想（約表）

宗教的柏拉圖學派 ┬ 新柏拉圖學派的前驅
　　　　　　　　│　意義……紀元前一世紀時起於埃及亞歷山大黎亞的學徒，在柏拉圖哲學上加上東方宗教的思想，而提倡神祕之說。
　　　　　　　　│　有名的學者……鮑普太爾考認神和世界的二元論。
　　　　　　　├ 新庇塔高爾斯學派
　　　　　　　│　意義……和宗教的柏拉圖學派略同時代以亞歷山大黎亞為中心而起的學徒是柏拉圖·庇塔高爾斯學派的折衷學說。
　　　　　　　│　有名的學者 ┬ 尼克馬可
　　　　　　　│　　　　　　├ 亞破羅紐
　　　　　　　│　　　　　　├ 毛代拉徒
　　　　　　　│　　　　　　└ 尼格丟·斐古魯
　　　　　　　└ 司托亞·伯里巴提夫·庇塔高爾斯學派的折衷學說。
　　　　　　　　　奴邁焉
　　　　　　　　　1.使神和物體，精神和肉體的二元相對峙。

學說的特色

2. 認神和物體間有媒介者存在。
3. 把庇塔高爾斯學派的數和柏拉圖學派的伊代亞看作同一。
4. 把柏拉圖所認為獨立實體的伊代亞看作存在於神的精神中間,而為萬物的原型。
5. 以神為純靈而倡一神教。
6. 倡道德上的禁欲主義。

斐倫的哲學

宇宙論

1. 神是超越有限的萬物的絕對的實在。
2. 萬物是神造的,是受神支配的。
3. 超絕的神所以能為萬物淵源者,因在神和萬物中間,有為媒介者的力。

心理說

1. 人類的靈魂是由純精神的神所以能為萬物淵源者而成中間有羅高斯存在。
2. 人類的靈魂本為神力的一種,但因墮落而降入肉體和感覺相結合,所以肉體是靈魂的墓。

倫理說

1. 肉體是一切惡的淵源。
2. 脫離屬於肉體的物欲,就達到清淨的生活。
3. 以獨力脫離物欲甚難須仰賴神力。

第一篇　古代

新柏拉圖學派

- 4. 以直接被照於神光與神相契合，而失却意識的狀態，爲最高的福祉，如基於修行的清淨生活，不過爲其標準。

- 柏羅地挪斯
  - 主眼點
    1. 超越萬物的神怎樣爲萬物的原因？（窮理問題）
    2. 我們當怎樣復歸於爲萬物本源的神而受其福祉？（宗教問題）
  - 流出說
    1. 神是萬物的太原宇宙的原力，唯一絕對的實在。
    2. 萬物是圓滿的神的本質，溢於內而流於外的。
    3. 不以流出而增減神的本質。
  - 流出的三段
    - 奴司…完全的直觀思維…伊代亞界
    - 靈魂
      - 世界靈魂
        - 高靈魂
        - 低靈魂
      - 人類靈魂
        - 高靈魂
        - 低靈魂
    - 物質…惡的原理無常的根源。

一百五

亞歷山大黎亞時代 ｛
　西里亞時代 ｛
　　　揚布里柯…使柏羅地挪斯的流出說更為複雜且建設一大多神教。
　　　波魯斐廖…使柏羅地挪斯說顯然接近於通俗宗教以種種禮拜為必要。
　　倫理說 ｛
　　　1. 脫去為惡的根源的物質，而合一於神的理想。
　　　2. 逃出物質的束縛者是聞理性之聲而抑制情欲，愛美而直觀美意識斷絕言語的愛克斯太西斯狀態。
　　　3. 得眞福祉是不可不直接與神合一，自己與神同化以達到超越
　亞典時代 ｛
　　鮑普太爾考
　　西里亞訥｝在亞典學校，開希臘思想研究的端。
　　普魯克羅…使流出的三段更為一層優雅。

第二篇　中世

在歐洲哲學史上稱為中世紀哲學的，就是經院哲學（Scholasticism）。經院哲學是想使基督教教義與希

第二篇 中世

臘哲學相結合，而與以理性的根據起於九世紀到十五世紀就衰頹了爲敘述經院哲學的準備，必定要先期叙基督教大要和確定基督教義的教父時代的事情從時代上講教父哲學是屬於古代哲學的但現在爲便宜起見，把他放在這裏哲學史的區分是因學者的見解而不同的。愛爾德曼是把教父哲學和經院哲學併稱爲中世哲學的；攸伯爾愛西和哈因在是合併兩者而稱爲基督教時代的哲學的；溫特爾邦德又把教父哲學納入古代哲學史當中。

第一章 基督教

基督和基督教 基督教的鼻祖，是猶太人耶穌・基督。耶穌的傳記雖不詳明，但依福音書所記，知道他生在巴勒斯齊那近傍加里拉亞小街拿撒勒父名約瑟母名瑪利亞他的生長事蹟雖不能詳知但他三十歲時在約旦 (Jordan) 曠野出現一位豫言家傳說天國臨邇而促使許多人們悔悟這個就是 Baptesma (洗禮) 的約哈奈疲於罪和惱而心響天國的人們都爭着聚於豫言家面前受約旦河流的洗禮而耶穌也來豫言家面前受洗禮但從水上來時聞得『汝是我的兒子』的天聲所以他逐以爲自己是神的兒子一次到拿撒勒，不久就離去故鄉，而於加里拉亞湖畔的繁盛的加派爾拿威街從事傳道了。他那有趣味的比喩談和意義深長的教訓，是常使集在身邊的羣衆酣醉的，他的聲名，就一時喧噪四方了。他不單是說教並且還向苦於病者困於魔者表同情而接以溫和的容色和嚴肅的訓言，癒其病而去其魔所以集其周圍的老幼男女逐日加多對於他爲狂熱的崇拜然而他的說教，

是很招巴利薩多凱之徒反感的。他一入耶路撒冷國都時就被捕而移交羅馬總督手中立在法庭的耶穌不乞憐不曲主張，幽然自若而自述為救世主法庭以他為壞法侮神的危險人物，便把他宣告慘殺的死刑他被衆人鞭打唾罵釘在那『猶太王耶穌』的十字架上那時口中發出『我的神我的神何以棄我？』的高呼遂化作高爾高塔丘上的露而消去了。

基督教也是發源於猶太教的，所以他的教義，和猶太教沒有根本的矛盾。猶太教把那作造物主的唯一神看作萬民之父人類都是受天父愛的弟兄。天父愛我們，我們也應該敬愛天父，也應該愛一總人類如同胞然而人類却忘了天父而歸向罪惡所以就不可不改悔罪惡而歸向於天父這就是基督說教的要旨然而他是極口攻擊當時猶太的祭司和學者等的拘泥儀式和傳說的他以宗教的要道不在外形，而唯在以真心事天父他說：『不要怕，不要憂天父是愛我們，護我們，容赦我們的天國是很近的。凡是疲勞者負重者，都到我這裏來我將有以息汝等。』他自己以猶太國民所期待的救世主自任所以就惹起當時以國民師表自許的學者和巴利薩人等的惡感拿他當作冒瀆祖先宗教的叛逆，遂至死於非命。『猶太教是基督教的母後者的優秀的生命是從前者而來的，同時又除去許多有害於此的病毒使他得以自由其生命如此純粹的生命由偉大的人格而表現得了新的勢力，成了新的發展骨髓都犯了病毒的母不能了解那由自己發揮出來那樣特殊性格的充滿健全活氣的新生命，不承認優於己的子的個性，倒反妬憎而敵視起來了這樣一來，兩宗教完全分離，基督教就成了獨立的新宗教了。然而猶太教仍不失為他的母親。』（波多野博士基督教的起源）

基督教的傳播　耶穌雖然死在十字架上，但是耶穌教是不滅的。他依親炙的使徒，先普及於猶太人中間，更因保羅傳進羅馬帝國。起初羅馬皇帝雖然對於基督教加激烈的迫害，然而信者每日增加，無論用怎麼樣的慘刑，也不能發見效果，彼等覺悟撲滅基督教，到底是困難的事，君士坦丁皇帝遂把他定為國教而自受洗禮為其元首。基督教是會招異教徒極端的輕侮敵視迫害的，一旦得到堂堂的勝利而使古代文明社會改了宗在今日看起來，真有不可思議之感。然而基督教所以得勝利也不是毫無理由的。

第一個理由，是基督教比向來的宗教有較多的民眾化的固有價值。現於希臘哲學後期的宗教是學者的宗教，是知者達者和義士的宗教。基督教却是純粹的民眾宗教，貧窮者有罪者的宗教而被民眾歡迎的原素。

第二個理由是從當時社會事情上來的。當時的希臘羅馬，就已入於文明的衰頹期。社會風俗著著腐敗，固有的道德墜地，貴族富豪惟事奢侈，日夜耽於饕餮淫溺歌舞，使人與獸戰而恣殘忍的快樂，民眾就流於卑屈懶惰乞憐於權門富貴而求得庇廕的光景，恰呈着惡疫流行的狀態。當時的羅馬國民真是飲盡歡杯毫無餘瀝而被那不可名狀的內心空虛和寂寞所襲，他們要想從苦悶中逃出就不能不尋求解脫的方法。厭離現實生活而教人復歸於超自然界的解脫哲學雖繼續發生，但哲學家所說單是限於有教育的知識階級還沒有廣布於民眾恰好這時基督教來了，便使一代人民不得不翕然從風了。

第三個理由不能不舉基督教抱着來世的觀念的一事。希臘羅馬的思想是重現實生活的，單把未來看作現

實的影響。希臘羅馬古來的諸神就是與現世以名利健康幸福諸恩惠的神，而不是保護未來冥福的諸神。一時在羅馬流行的亞剌伯波斯猶太等東方諸宗教就因為這些宗教都是依難行苦行而洗淨罪孽的，以死後得冥福來教人，因此便能充滿羅馬人民的新渴望。其中最有長處的基督教，就壓倒其他競爭者而得了最後的勝利。

保羅和約哈奈　基督教最初不過是極單純的宗教思想，但因漸次普及遂有整理教義的必要，有系統的教義大概萌芽於保羅的神學中。

保羅是生於基里卡州都城塌爾索的。他自稱希伯來人，所以被人認為他是生於受純粹猶太人血統的家族的塌爾索是由以希臘人為主而成的都會，是希臘文明的中心地，所以風學希臘語，而受了希臘思想的影響，其後以求學為目的，赴耶路撒冷，就學於有名的學者葛馬來（Gamaliel）及知基督教徒而憤慨無措，然而終為教義無敵的威力所屈，遂成為熱心的信徒。

『耶穌是人類救主』的思想，就是保羅神學的中心點。保羅以為：『人類是因其祖先亞當的墮落而為背於神的罪人。可是神就憐憫人類，把耶穌基督遣來此世依耶穌基督的血以贖人類的罪惡，人類遂得再和背反過的神相和解。基督就是人類的救世主。』以色列的使徒等雖以耶穌為以色列的救世主；但保羅卻更進一步把他看作人類的救世主使猶太人的基督教成為世界的基督教。基督教普及於羅馬帝國他所與的力是很大的，所以後世稱他為基督教第二始祖。

第四福音書的作者（大約是約哈奈）也是想使基督教義變成了神學組織的。約哈奈夙長希臘哲學，抱着

第二章 基督教道德

亞歷山大黎亞的斐倫的中心思想的『羅高斯』觀念，拿耶穌基督和『羅高斯』看作同一體。

希臘思想和希伯來思想　希臘思想和希伯來思想，是根本不相同的，在文明史上呈現與味最深的對立的壯觀。茲列舉其主要不同點如左：

第一、希臘思想重自然生活現實生活以圓滿發展吾人諸性能爲理想；希伯來思想却輕視自然生活現實生活，單神想那超自然的彼岸就是希臘思想有自然主義實現主義的傾向；而希伯來思想却以超自然主義未來主義爲基礎。

第二、希臘思想以幸福爲人生目的，而達到目的的方法，就在實現自己的理想。希伯來思想，毋寧說是否定自己，而以服從神命爲人生目的即希臘思想重理性活動之自律主義；而希伯來思想却是以服從教權爲義務的他律主義。換句話說，就是前者爲自由主義後者爲服從主義。

第三、希臘學者是把一切事象看作自然的過程而以忠實研究此過程爲他的任務，把這爲認識能力的知看得比那爲實行能力的意志更加重要至於希伯來却以人類爲本位而理解自然把自然看作無限人格的神和有限人格的人相互關係交涉而活動的舞臺而最尊重那爲活動原理的情意即希臘思想是主知說，而希伯來思想是主情意說。

第四、觀察思想的傾向希臘思想,顯然為科學的·實驗的;而希伯來思想,却是傾向於獨斷的信仰的·自律的主知的希臘思想是科學的·實驗的;他律的服從的希伯來思想是獨斷的信仰的:這是自然的結果,而用不著加以說明了。

茲把以上所列舉的概括表示如左:

〔希臘思想〕

1. 自然主義·現實主義
2. 自律主義·自由主義
3. 主知說
4. 科學的·實驗的

〔希伯來思想〕

超自然主義·未來主義
他律主義·服從主義
主情意說
獨斷的·信仰的

希臘思想和希伯來思想如同流於海洋的暖流和寒流為貫通人類精神的二大潮流這種趣味濃厚的思想的對立在東西古今歷史上曾幾度實現今日所稱為思想問題者考其基礎多不過是希臘思想的傾向和希伯來思想的傾向的爭鬪罷了。

基督教道德　希伯來思想和希臘思想完全立在不同的基礎上,故由希伯來思想而來的基督教的道德,和希臘的道德顯然不同所謂為希臘四主德的知慧勇氣節制正義諸德反為基督教徒所蔑視希臘人是特別重視知慧一德的亞里士多德說知行相關以為惟有知識者可以修德而司托亞學派也以知識為修德的根本條件。

然在基督教徒却以知慧爲有害於信仰心之貧者和愚者反最適宜於天國，到以後才捨棄了這種極端的排知識主義。以自然性發展爲目的的希臘人，反抗危害自己的存在，而把得勝的勇氣看爲主德的一種；但在他界求眞生命的基督教徒却反排斥勇氣。即是抵抗的勇變成了忍從的勇。希臘人節制自然欲，注重享受快樂的節制的道德；但基督教徒却自始至終排斥快樂而獎勵入於嚴肅的永刧生活，不把節制認爲一德。希臘人還以對於自他權利義務的正義爲四主德的一種；但基督教徒單認尊重他人權利的義務一面而不許主張自己的權利那麼基督教徒的主德是什麼呢？是愛是信是服從是謙遜是節操。其中愛是基督教徒最尊重的，所以很可以說愛是基督教道德的根本原理。

愛 如前所說，基督教的根本思想，就是把一切人類看爲沾被神愛的同胞，以愛神和同胞悔悟背神的罪過，而入於天國爲教旨所以愛就是基督教的根本觀念；在這個觀念上建設基督教的教義愛鄰人哀其不幸者同情於饑者被虐者悲者苦者，雖對於憎恨自己的敵人也接以溫情這就是耶穌垂示於弟子的偉大教訓所謂鄰人，是指着全人類的盡包括善人惡人在內從以神爲父以人類爲同胞的基督教精神上說那麼他的歸結，自然就是這樣。希臘人差不多可以說是不承認愛德的。柏拉圖雖說『愛羅斯』而重友誼，亞里士多德雖以友誼爲關於社交的德以宏量爲關於財產的德但總不說爲這基督教徒主德的愛不過僅有司托亞學派以博愛爲教罷了。

信 希伯來人以對於神的信爲行爲的動機以服從神賜的法律爲唯一的道德。所謂信，就是信賴世界的創造者支持者和道德律的命令者的神信賴於神而守神所與的法律即摩西在西乃山上從神所受的十誡那麼他

日救世主到來就設立天國而與以無限的福祉後來耶穌出世宣傳天國的福音，就和對於同胞的愛相結合而成了同一原理的兩方面。然而忌知識如蛇蠍而徒尊重信仰，就是基督教道德的最大特色。

服從　希伯來人以服從神所定的法律為道德的中樞觀念。希臘思想雖也承認有不變的法則存在，但他的法則是依理性而體認得的哲學的性質的。希伯來人的神律却是一種天啓的成文律是得自客觀的明示的。以神律為道德淵源的希伯來人當然要以服從為最主要的德目的一種。希伯來人思想為背景而想慕那超自然的彼岸以自我的脫離為眞生命的基督教也是以服從的德為最重不但說以暴酬暴為非並且要以對暴而不抵抗的堅忍為本義。所以耶穌說：『人要打你的右頰，你就再伸左頰給他打。』

謙遜　信神愛神是覺得自己的力量微弱，必定要信賴全知全能的神，所以從基督教的教義上說，就要把謙遜列為主德的一種。立在現世主義上的希臘人是最重名譽的。如亞里士多德也極口讚美高潔高尚的自尊心。然而耶穌却常以謙遜的美德為訓，他向爭地位的門徒說：『爾曹中凡欲高大者將要為一切人的僕。』然而基督教徒在一方面有蔑視嘲笑世俗的地位和名譽等的一種自尊心的。他們對於薩多凱一派和羅馬的官吏，常待以傲慢的態度。

節操　貴節操也是希伯來人中的一種道德。在摩西的十誡中雖也有不貞的一誡，但在基督教更嚴格的定下節操的意義，就是不但講外形的純潔並且重心裏的純潔。耶穌說：『凡見婦女而起色慾者心中已姦淫了。』（馬太福音第五章）

〔摩西十誡〕為希伯來人的道德律的摩西十誡就是：（一）我為爾神耶和華，爾在我的面前不可奉我以外的任何物為神。（二）爾不可為我彫刻任何偶像不可作何種形狀不可崇拜任何形狀。（三）口不可濫言爾神耶和華的名。（四）做爾的業務六日第七日不可再作任何業務（五）要敬爾父母的教（六）爾勿殺。（七）爾勿奸淫（八）爾勿偸盜（九）對爾鄰人勿立虛妄的證據（十）爾勿貪得鄰人的妻勿貪得鄰人的家宅和其僕婢牛馬等一切財物。

總而言之在和希臘人根本思想不同的希伯來人的宗教，對於各個德目也都為完全不同的評價；而揭出對立於希臘四主德的愛信服從謙遜節操等。（其後就以信愛望為基督教的三主德）。對於各個德目的見解這樣不同，在倫理學史上算是深有興味的事實。

第二章　教父哲學

由保羅和約哈奈的神學而放曙光的基督教的教義組織，到二世紀以後就顯然進步。基督教雖和希臘思想戰爭而得了勝利但是征服了他却不能向單純的宗教方面進行為組織教義起見不得不採用希臘哲學的思想和概念所以有名的教義史家哈爾那克稱基督教教義的組織為『在福音的地盤上的希臘精神之事業』。

在基督教會由最初雖依親炙耶穌的使徒等所傳的傳說，而把教區別為正統和不正統；但依希臘思想而組織的教義又從而分為異端和正說而確定為教會正統的教義然而教會之內現出種種傾向，而一般基督教徒所

是認的具體的教義很不能確定。君士坦丁帝統一羅馬到三二三年，把基督教定為羅馬國教，並於三二五年在小亞細亞的尼愷亞（Nicaea）召集許多牧師開宗教會議，以圖謀教義的確定有名的『尼愷亞會議』就是這個從此以後更經數次會議而基督教的教義方才成立。從尼愷亞會議以前對於組織教義盡力的人們稱為『教父』（Patres Ecclesiae）稱他的哲學為『教父哲學』。教父哲學通常是以尼愷亞會議為中心而分前後二期前期是教義未定的時代即從紀元一百年至尼愷亞會議（三二三年）和宗教的柏拉圖學派並亞歷山大黎亞的宗教哲學同年代；後期是教義決定時代從尼愷亞會議至中世紀初即紀元八百年和新柏拉圖學派同年代所以由年代上說那就如前所述教父哲學也是可以列入於古代當中的。

影響於教父哲學的希臘哲學　先述這一類的大要後再敍述教父哲學。

作教父哲學基礎的希臘哲學不得不先擧司托亞學派司托亞的汎神論・羅高斯說・心理說・認識論等，都給與教父以種種影響但在教父時代末，就沒有直接影響了。

柏拉圖的哲學雖沒有直接的影響但像折衷的柏拉圖學派・斐倫等其後像新柏拉圖學派等從柏拉圖哲學變化出來的諸說便很與教父哲學以不少的影響尤其是非純粹的柏拉圖的羅高斯說・伊代亞說也在教父哲學上生出重大的意義依奧古斯都而與以整頓的形式和中世形而上學就成為不可離的了像出於教父哲學的神祕說也是從新柏拉圖學派出來的。

亞里士多德的哲學對於教父哲學並沒有什麼特別的意義；尤其是他的理神論，是不見容於教父哲學的。最

第一節　尼愷亞會議以前的教父哲學

在尼愷亞會議以前的教父哲學曾現出兩種傾向：（一）正統派（護教派），和（二）異教派（古挪斯提克派）。這兩派雖然互相爭鬥但因亞歷山大黎亞教校派的人們包括統合而造成基督教的神學。

正統派，所謂正統派，就是當確定基督教教義時尊重依使徒所傳播的傳說，加他以合理的說明的。在正統派中對於羅馬有司的迫害和異教哲學家的攻擊而特稱這辯護基督教的一派為護教派護教派中最著名的就是殉教者入斯底弩（Justinus），亞太拿高（Athenagoras）帖阿腓羅（Theophilus）愛列弩斯（Irenaios）泰勒托里亞弩（Thetullianus），赫鮑里圖斯（Hippolytos）在羅馬人中就有密弩休・費黎克斯（Minucius felix）亞爾挪伯吾（Arnobius）臘克坦圖斯（Lactantius）等。

入斯底弩在護教派教父哲學家中也是很著名的他是傳希臘人的血統，而受希臘式教育的人生於薩瑪利亞，於一六三年（又云一六六年）被死刑於羅馬。

依入斯底弩所說眞理就是在基督以前的，也都是基督教的。『羅高斯』的啟示，是從人類的肇始以來就有的，如庇塔高爾斯・蘇格拉底・柏拉圖等希臘大哲學家所認識的眞理都是直接由神啟示間接依摩西和豫言家的教訓而得的，並不是依自身的理性而得的。

後新柏拉圖學派的學術的亞里士多德的說明，不過僅僅惹起基督教徒的注意罷了。

愛辟克魯斯是認爲和基督教的教義完全不能兩立的，懷疑派也差不多是受所有的教父排斥的。

然而這種啓示雖還是斷片的，羅高斯到了耶穌，就開始被完全的啟示了。所以說基督教就是眞理的完成。他對於神又承認混沌的物質的存在，以爲神是用物質造世界的，因此便倡二元論。

愛列弩斯（140—200）和他的弟子赫鮑里圖是注全力攻擊古挪斯提克派（異教派）的。泰勒托里亞弩是反對以哲學說宗教的人因人類自然的意志和理性都完全腐敗了，所以說『哲學爲異端的母親』他有一句名言傳下來說：『因爲是不條理所以我信』。

古挪斯提克派（異教派） 這就是開始試行基督教之哲學的組織的一派他有種種的流派，但不單以信仰爲信仰而止更要進而使信仰爲知識這就是這派的根本的傾向。『古挪西斯』（Gnosis）是冥想的知識即是捉摸神祕的直觀的知識的意義。基督敎不滿足於東方其他宗教的單純的信仰而要由『古挪西斯』解脫而入於天國。在倡極端的唯心論一點，是和那時代的阿可帶米學派·司托亞學派或後出的新柏拉圖學派相似的。

古挪斯提克派的主要代表者就是薩托爾尼奴（Saturninos），迦爾泡克拉太（Karpokrates）巴西蕾代（Basileides）娃倫提挪（Valentinos）伯爾帶撒耐（Bardesanes）等。

古挪斯提克派也取二元論，欲使神和物質相對峙；以爲神是萬物的太原，而爲不可名不可知的善。物質是和神有正相反對的性質的東西，——惡神和物質中間有若干勢力（鬼神）在這種勢力中間有高下的階級。對於這中間所存勢力的解釋是因各學派而不相同的。

古挪斯提克派是把歷史當作宗教的觀察世界是善和惡爭鬥的，其爭鬥依基督的救濟終歸於善的勝利，且

更把人類的歷史，翻譯為宇宙的歷史。承認歷史的事實有永却的意義，而其開展歷史哲學思想的功績，是在史上不可湮沒的。

古挪斯提克派有些地方是與基督教會的信仰分離所以護教派把他當作異端攻擊然而在使基督的教義為哲學的組織一點上却是比護教派先一步的。他們所說的雖是粗雜的空想的但却成為經院哲學的先驅。古挪斯提克派是從第一世紀繼續到第三世紀時的而特別繁盛於第二世紀。

亞歷山大黎亞教校派　至此而護教派和古挪斯提克派就調和到一定程度這一派雖想把宗教上的信仰表現為知識但却極力想不離反基督教會的宗教的意識，即以教會的信仰為基礎，而試為基督教哲學的組織。慨亞會議以前的教父哲學就是依這一派達到目的，雖不完全，而基督教的神學却因此成立這一派本來是從正統派中的古挪斯提克派的長處，可稱為正統派中的反於統派出來採取了古挪斯提克派但由保守的正統派看就以彼為反於教會的信仰的異端是從教會革除出去的教父這派的代表者有克里門（Clemens Alexandrinus）和其繼承者奧里格奈（Origenes）。

克里門是紀元二百年時人他是特別受了柏拉圖學派的斐倫，司托亞學派的謨梭紐斯的影響的。他雖像柏拉圖學派承認神的超越但却以為靈魂當住於伊代亞世界而反對墮落而四於肉體的話還有他述說從異教行於基督教的古挪西斯的心理的發展要經過（一）羅高斯是從異教中使那有煩悶的病人得以解脫；（二）作為指導者，由信仰引進於道德（三）以知慧充當作為教授的羅高斯的三段階，而達於司托亞學派所謂賢人的境域。

奧里格奈(185—254)是教父時代的最大學者為他的學說受了種種的迫害遂由亞歷山大黎亞府放逐境外去了。他最受影響的是柏拉圖·裴倫和新庇塔高爾斯學派，而由新柏拉圖學派不但沒有受別的影響有的地方並且為普魯克羅等學說的先驅他比較克里門還更進一步主張哲學不過是入基督教的一種方法和克里門相同的是以神為純粹渾一不變不滅的超越的存在神的意志是創造萬物的世界之絕對的原因神是不變的並不是直接創造個物的萬物是依神的本質所啟示的羅高斯而創造的。羅高斯是由父神的意志而生的是從屬於父神的第一神父神是隱神子神是顯神由羅高斯又生出多數的聖靈聖靈對於羅高斯的關係與羅高斯對於神的關係一樣都是從屬的。由羅高斯所生的聖靈雖是以自由為其本性的但若有誤用其意志的自由而脫離神者就沈淪於罪惡雖沈淪罪惡只要不是完全喪失了由神所賦予的本性那麼依神的恩惠而還是可以重新脫離罪惡的神雖是由羅高斯而啟示一切國民的自己但最完全的啟示乃是基督做成的，基督就是羅高斯為達到救世的目的而化身的人類這救世主而復歸於神就是世界歷史將要到達的究竟。

第二節　尼愷亞會議以後的教父哲學

奧里格奈的學說有許多點和教會的正統的教義是不能相容的至於那神和羅高斯並靈的從屬關係說，及關於基督教和世界的終極說更引起了數世紀中間的反對論。

教會的信仰是以『神是依基督而救人類的』之事實為中心的，所以（一）神，（二）基督，（三）人類這三種東西，乃是教會信仰的三要素為規定關於這三要素的教會正統的教義，從尼愷亞會議始就開了許多的會議因而

在尼憯亞會議以後的教義確立問題，就集中在（一）神性論（二）基督論（三）人性論的三大中心。

第一問題的神性論（Theological）因三位一體說（Trinität）而決定。最初把這一說提出於尼憯亞會議的，是亞達拿修（Athanasius）依他說，子神是以內的必然性從父神而生的，並不是由意志造到的。子和父恰像光線和太陽一樣是同質（Homousie）的這個同質說是承着亞達拿修和奧里格奈之說，而在那以基督為神的創造的亞利約（Arius）中間生出了激烈的議論，但亞利約終歸失敗了其後在君士坦丁堡會議（三八一年）而聖靈也加入同質說就成了三位一體的教義。

第二問題的基督論（Christological）是決定於神人說（Gottmensch）的。神人說，就是以基督為神而同時又以他為人之說照三位一體說那麼子神（即基督）是和父神同質的。基督是有肉體的神即是神人所謂神和人的兩性結合於基督一身而不相互妨害者，就是神人的信條。在愛斐愛梭第一會議（四三一年）而主張神人說的是凱里樓（Cyrillus）而訥士多流（Nestrius）反對凱里樓極端的倡神人兩性分離論遊太開（Eutyches）又倡一性論卽神人兩性完全相結合而生一性的第三者但凱里樓說終得勝利然而在愛斐愛梭的第二會議（四四九），遊太開說被採用在加爾開頓會議（四五一年）又使神人說佔勝利遂確定他為第二教義。

第三問題的人性論（Anthropological）是依奧古斯都的原罪說而解決的，羅馬教會的問題。羅馬教會是在神性論・基督論是在東方教會卽希臘教會而決定的；但第三的人性論卻成為羅馬教會的神性論及基督論的二問題雖是論爭告終更發見有決定道德方面的教義之必要時才開始活動的茲把奧古斯都的原罪說述於次節。

第三節　奧古斯都

奧古斯都（Aurelius Augustinus, 354—430）生於非洲弩米的亞的塔迦斯太，受了聰明溫良，而敬神念厚的賢母的養育十八歲時喪父遊學於加爾達額從此感染了市井惡習放肆逸樂以度日雖慈母的訓誡也不入於耳他修論理學數學音樂等二十二歲時歸故鄉教授修辭學但以後移居加爾達額更被聘於米蘭府自從加爾達額遊學時即信摩尼（Mani）宗而抱着新阿可帶米派的懷疑說更轉移到新柏拉圖派的學說雖經幾度思想的變遷可是到了和米蘭府大僧正安不羅休相識就成了熱心的基督教信者捨業而入於僧侶之列與妻離婚而避去世俗的繁累斷絕所有的感情而爲最嚴肅的禁慾生活以後爲大僧正而遺了盛名於後世在許多著作中有『懺悔錄』和『神府論』等尤其是膾炙人口。

哲學說 奧古斯都起初信阿可帶米學派的懷疑說以爲若要中止判斷即可以得安心立命之所但到以後就脫離懷疑論而試求眞理的標準他以爲『懷疑是思維的結果懷疑的存在是豫想思維和思維者的存在的自我的存在是沒有可疑的餘地』他以考究懷疑爲哲學的出發點而證明自我存在的確實他以後更進而逃說自我是感性和理性所存的拿他爲認識的淵源而感覺的認識單是關於外界的臆見以這個爲機會而達到眞理乃是理性的活動理性是分析判斷（概念）綜合判斷而達到普遍的眞理（非單是眞而又包括善美）的東西是各個人所共通普遍的人有普遍的理性而得認識普遍的形而上學的原理者就是因爲有神的普遍理性存在神是絕對的眞理是至高的實在是伊代亞的世界是萬物的原因是眞善美的根源人是由神分來的，而人的精神在某

一點上是與神一致的，他以為認識神的道路就在乎愛神。以神為所有真善美的根源的思想，就是從新柏拉圖學派而來的。由懷疑而找出自我的存在和神的存在，就可以看作笛卡爾的先驅，對於神的愛的說就可以看作斯賓挪莎思想的淵源。

人性論 奧古斯都把吾人的精神生活分為（一）表象，（二）判斷，（三）意志三類，而以精神的實體為統一這三者的東西。他又以自我的本質為意志而主張意志中心說，以為一切活動盡都是意志的作用。依他所說認識和判斷，全是屬於意志作用的，以判斷歸於意志作用，而使感性的經驗，從屬於理性所直觀的一般真理。然而這個理性是認識神的真理的工具，而人類的精神在此處沒有活動的餘地，所以他就變其態度而歸於大啓以為可想世界單由天啓才得認識的。所以他就拿感覺和判斷為意志的活動以神的真理的直觀歸於神恩。

神學說 奧古斯都的神學，是以人性論為中心問題的，他說基督教的主眼是神的救濟，而救濟的目的在人，所以要證明救濟的事實就不可不先明瞭人性，這就是他所說的理由。

原罪說 人類是需要救濟的，是罪惡深重的。而能救吾人之罪的，只有基督。吾人是不得不自救此罪的，因為吾人為罪惡所束縛失卻意志的自由陷入不得不犯罪惡的狀態然而責任是豫想自由的，沒有自由的行為就不出責任為罪惡而被罰的行為是必不能不是由自由意志而出的，那麼自由意志存在那裏呢？奧古斯都就求之於原人為人類祖先的亞當是有自由的，是能夠不犯罪惡的，然而他濫用自由犯過罪惡所以他的子孫，就含有那

可以犯罪的性人類本來雖有意志的自由但因亞當而失卻了天賦的自由這就是奧古斯都所說的原罪論。

豫定說　人類是罪惡深重的，雖沒有救濟的價值沒有求救的權利然而神還是遣送救濟者去救濟人類神的救濟沒有何等理由是神任意所爲的是全憑神的恩德的。何人可救全依神意而決定不是由人類行爲而決定的。因爲人類都是罪人所以不能依人間的自由而自救所謂救濟是豫依神意而決定，就是奧古斯都的豫定說。

神救人類的罪是要賠償的，作這種賠償的，就是基督。基督是救主沒有基督就沒有救人類的，神賜與人類救濟的權力在這大地上除教會外再沒有救濟之道了。

繼續基督的事業的，就是教會有赦罪的權力。

德論　奧古斯都以（一）愛（二）信（三）望爲基督教的三主德，此外也承認希臘四主德（知慧・勇氣・節制・正義）想使這兩者得調和的結合他以信神爲道德的根本要件不由信而來的一切行爲都是罪惡而信和愛有不可離的關係信由愛而生長愛由信而加力信和愛相結合逐生望所謂望就是慕求那所爲愛的對象的神的圓滿之相的喜悅之情更論希臘四主德以爲四主德不過是對於神的愛的變形罷了所謂知慧就是愛的選擇長自己而棄卻妨害自己的德；所謂勇氣就是愛爲所愛者而忍受一切事的德；所謂節制就是愛爲所愛者而守其節度的德。而清潔自守的德所謂正義，就是愛奉侍於所愛者而守其節度的德。

奧古斯都的四德說根據其師安不羅休『義務論』所表現的四德之說明。依安不羅休說，知是對於那爲最高眞理的神的信仰勇是抵抗誘惑的鞏固的意志或是和罪惡交戰的剛毅的不動心節是守適當的節度的行爲正是爲公善所盡的博愛的義相互之間皆有密接的關係。但不如奧古斯都，承認以諸德爲愛神的變形。

第四節 教父時代的道德

敍述教父時代的思想界傾向和主要的教父學說之後，再敍述這時代的一般道德的實情。基督教元來是在超自然界中求理想，而以脫離現世爲達到理想的彼岸的教義所以最尊重禁欲的生活。像泰勒托里亞弩所說那樣強制的極端禁欲生活，極端主張禁欲的。到基督敎成了羅馬的國敎，而對於一切敎徒像泰勒托里亞弩所說那樣強制的極端禁欲生活，就做不到了。在這時禁欲的生活單只是僧侶中間的必要道德；而一般基督敎徒就不一定要有和僧侶一樣的苦修行，厭棄世間的。換句話說，就是厭世禁欲並不是救濟上必不可缺的要件祇是想做完全無缺的基督敎徒的必要的修養。因而在當時的基督敎徒，就有通常敎徒道德和僧侶道德的二重道德恰和古時希臘人分哲學家的道德和市民的道德是一樣的。當時的僧侶想遠隔俗界而爲清淨如神的生活尊重斷食祈禱和其他極峻嚴的刻苦的修行像道樣的刻苦修行原起自東方敎會，而於第四世紀時就擴張至西方敎會了。刻苦修行的僧侶漸從孤獨隱遁的生活而爲團體的生活是有益於修行的。住居於修道院的僧團揭出重罪表而繼續爲嚴肅的刻苦修行所謂重罪以（一）傲慢（二）貪婪（三）憤怒（四）多食（五）不貞爲主要，此外又加入二三嫉妬・虛榮・沈鬱・萎縮於其中爲八罪或七罪。沈鬱・萎縮就是隨陰鬱・單調的僧院生活而自然易起的不德。僧院元來雖是對於公民的生活而起的，但以後敎會和僧侶墮落了，而憤慨那戀戀於俗世間的榮華抱有氣槪的僧侶來投者甚衆僧院遂和俗僧相對立僧院雖亦標榜乞食僧團衣食仰給於信者的施捨而以不蓄一錢於自身爲理想然一旦得了勢力，就漸次墮落如俗僧貪戀富和名更有其他僧院起而企圖法界的廓

清。這樣救濟基督教的墮落腐敗，就在當時思想界成為一偉大的貢獻。以後所述的經院哲學家很多是屬於這僧院的人們。

第五節 黑暗時代

因奧古斯都而基督教教義的組織，就告一段落。到那把這教義試為哲學的組織的經院學派止四百年間，就是歐洲歷史上的所謂黑暗時代北方蠻族踐踏羅馬帝國對於古代文化企圖暴戾的破壞在這黑暗時代保存希臘羅馬的文化教化蠻人而啟近世文明端緒的，就是教會當時的寺院就是文藝學術的隱居者是知識的寶庫然而當時僧侶單以古典的編纂解釋為事沒有什麼創見關於道德論不過就是做照奧古斯都討論希臘人的四主德和基督教的三主德或者對於僧院的主罪做解釋罷了沒有什麼學說可以敍述的。

黑暗時代的道德　黑暗時代的寺院既是文藝學術的隱居，同時又是維持頹然的社會的風教了。在當時的教會把罪分為（一）輕罪（二）重罪二大別；輕罪依所祈禱施捨斷食等以解脫，重罪則從教會會議所定的懺悔法若自己懺悔而不能受肉體上很大的痛苦那就難免墮於永劫地獄了。而此懺悔書中所錄的極其苛酷例如犯多食罪的就一定要行自三天至四十天以內的斷食犯不倫罪的就要作數年或一生間的懺悔對於每一條罪都記着苛刻的處罰法若不照這本文去行，那麼罪惡便難得救免了。西羅馬帝國瓦解以後這種宗教的司法制度組織日益鞏固而教會就變成統治者的盛觀更進一步，就出現了兼攝政教二權的神聖羅馬帝國演成信仰為唯一無

上的威權，而成爲不顧理性要求的教權萬能主義的世界這樣一來，原始基督教的精神就完全消滅，而生出盲從教權的他律的道德。

附教父哲學（約表）

基督教 ┬ 教義 ─ 基督教和基督教道德
　　　 │　　　 1. 發源於猶太教而和猶太教沒有根本的矛盾。
　　　 │　　　 2. 唯一神的造物主是萬民的父人類一總是受天父的愛的同胞。
　　　 │　　　 3. 我等敬愛天父亦如天父之愛我等本應當以一切人們爲同胞而都加以愛的，人們卻忘了天父，趨向罪惡。故不可不悔惡而復歸於天父。
　　　 ├ 傳播 ┬ 移入羅馬的經過
　　　 │　　　│　1. 比較向來宗教多有民衆化的固有價值。
　　　 │　　　│　2. 當時社會事情使基督教容易傳播。
　　　 │　　　│　3. 基督教拿來世觀念滿足羅馬人民的新渴望。
　　　 │　　　└ 基督教勝利原因
　　　 │　　　　　1. 因保羅而入羅馬受種種迫害。
　　　 │　　　　　2. 君士坦丁帝時遂成羅馬國教。
　　　 └ 神學組織的嚆矢 ┬ 保羅 ─ 耶穌就是人類的救主
　　　　　　　　　　　　│　人類是因亞當墮落而成背神的罪人然而神又憐憫人類將耶穌遣送此世。
　　　　　　　　　　　　└ 第四福音書作者（約哈奈）⋯耶穌和羅高斯同爲一體。

```
基督教道德 ┬─ 希臘思想和希伯來思想的比較 ─┬─ 〖希臘思想〗
          │                              │   1. 自然主義・現實主義
          │                              │   2. 自由主義・自律主義
          │                              │   3. 主知說
          │                              │   4. 科學的・實驗的
          │                              │
          │                              └─ 〖希伯來思想〗
          │                                  超自然主義・未來主義
          │                                  他律主義・服從主義
          │                                  主情說
          │                                  信仰的・獨斷的
          │
          └─ 基督教道德 ┬─ 排希臘四主德
                        │   知慧……是有妨信仰的,是有害無益的。
                        │   勇氣……對他單有忍從。
                        │   節制……快樂是始終當排斥而不認節制的德。
                        │   正義……尊重他人的權利,不可主張自己權利。
                        │
                        └─ 德目
                            愛……愛恤鄰人同情於不幸者對敵人也接以溫情
                            信……對神的信和對同胞的愛是同一原理的兩方面。
                            服從……人若打你右頰,你再與以左頰。
                            謙遜……你們當中要想為最大者,就是為一切人的僕人。
                            節操……見婦女而起色情者是心中已犯姦淫了。

教父哲學
```

第二篇 中世

教父哲學 ─┬─ 1. 稱那有力於基督教義組織的人們爲教父，稱這一派的哲學爲教父哲學。
　　　　　└─ 2. 及至成爲羅馬國教開尼愷亞會議而確定了教義以這會議爲中心而分教父哲學爲前後二期。

第二篇　中世 ─ 正統派 ─┬─ 意義 ─┬─ 一派。正統派的一派，是對於羅馬有司的迫害和異教哲學家的攻擊，而辯護基督教的。
　　　　　　　　　　　　│　　　　└─ 護教派一派。尊重由使徒所傳的傳說加他以合理的說明，而欲以信仰爲概念的理解的。
　　　　　　　　　　　　└─ 護教派代表者 ─┬─ 入斯底弩 ─ 眞理是羅高斯的啓示，而耶穌就是羅高斯所以一切眞理在耶穌以前也都是基督敎。
　　　　　　　　　　　　　　　　　　　　　├─ 赫鮑里圖
　　　　　　　　　　　　　　　　　　　　　├─ 愛列弩斯 ─ 注全力攻擊古挪斯提克。
　　　　　　　　　　　　　　　　　　　　　├─ 帖阿腓羅
　　　　　　　　　　　　　　　　　　　　　├─ 亞太拿高
　　　　　　　　　　　　　　　　　　　　　├─ 泰勒托里亞弩 … 反對以哲學說宗教者。
　　　　　　　　　　　　　　　　　　　　　├─ 密弩休
　　　　　　　　　　　　　　　　　　　　　├─ 亞爾挪伯吾
　　　　　　　　　　　　　　　　　　　　　└─ 臘克坦圖斯

```
尼僧亞會議以前的教父哲學 ┬ 古挪斯提克派 ┬ 意義 ┬ 1.不單以信仰為信仰而止，更進而使之為知識，是開始試行基督教哲學的組織的一派。
                                              └ 2.『古挪西斯』是冥想的知識的意味。
                                      ├ 代表者 ┬ 薩托爾尼奴
                                              ├ 迦爾泡克拉太
                                              ├ 巴西蕾代
                                              ├ 娃倫提挪
                                              └ 伯爾帶撒耐
                                      └ 學說要旨 ┬ 1.二元論⋯以神和物質對峙。
                                                ├ 2.神是萬物的大原而是不可名不得知的善，物質是和神有正相反對性質的惡。
                                                ├ 3.在神和物質中間，有若干勢力
                                                └ 4.歷史的宗教的解釋。
                └ 意義 ┬ 1.被稱為正統派中的古挪斯提克。
                      └ 2.雖以宗教上的信仰為知識的表現，但總想不反對基督教會的宗教的意識。
```

亞歷山大黎亞教校派 ┬ 3. 護教派和古挪斯提克依此派而達到某種程度的調和,尼愷亞會議以前的教父哲學就是依這派而達其目的的。
├ 代表者 ┬ 克里門 ┬ 1. 以哲學為基督教的手段。
│   │   ├ 2. 雖認柏拉圖學派那樣神的超越,但反對靈魂住於伊亞世界墮落而被囚於肉體的話。
│   │   └ 3. 述說由異教上行於基督教的古挪西斯的心理的發展。
│   └ 奧里格奈 ┬ 1. 哲學不過為基督教的手段。
│   ├ 2. 神是超越的存在的。
│   └ 3. 由神生羅高斯,由羅高斯而生許多聖靈神·羅高斯·聖靈的關係是從屬的。
└ 教會信仰的三要素 ┬ 1. 基督教的信仰,是以『神因基督而救人類』的事實為中心;所以教會信仰的三要素,就是:(一)神(二)基督(三)人類三者。
                └ 2. 在尼愷亞會議以後許多在會議中的問題,都是確定關於以上三要素的教會正統教義的。

尼愷亞會議以後的教父哲學
- 教義確立的三問題（在尼愷亞會議和以後的會議）
  - 神性論
    1. 由三位一體說而定。
    2. 三位一體說是基於亞達拿修在尼愷亞會議提出的同質說，在君士坦丁堡會議成為教義的。
    3. 子神是因父神的內的必然性而生的，不是依意志創造的，是同質的（同質說）
  - 基督論
    1. 由神人說而定。
    2. 凱里樓提出於愛裴愛梭第一會議經種種變遷，在加爾開頓會議確定為教義。
    3. 基督是神同時也是人神和人的兩性在基督一身結合而不離。
  - 人性論
    1. 依原罪說而解決。
    2. 原罪說為奧古斯都所倡（見次節。
    1. 由懷疑論生出脫懷疑論而求真理的標準。
    2. 自我是感性和理性感性的認識單是關於外界的膽見，以此為機會而達真理的，就是理性

```
                                            ┌─ 3. 人有普遍的理性而認識得普遍的和形而上學的原理，就是因為有所
                                            │    謂神的普遍的理性。
                              ┌─ 哲學說 ─────┤
                              │             └─ 4. 神是絕對的眞理至高的實在，眞善美的根源。
                              │
                              │             ┌─ 1. 精神生活分（一）表象，（二）判斷，（三）意志三者而以統一這三者的東
                              │             │    西為實體。
                              ├─ 人性論 ─────┤
                              │             └─ 2. 以自我的本質為意志…意志中心說。
          奧                  │
          古                  │             ┌─ 1. 原罪說 ┬─ 1. 人類祖先亞當是有意志自由的。
          斯 ─────────────────┤             │           │
          都                  │             │           └─ 2. 然為濫用自由而犯罪子孫就都含有犯罪性。
                              ├─ 神學說 ─────┤
                              │             │           ┌─ 1. 人是罪惡深重的，不值救而也沒有求救的權利，然而神是
                              │             │           │    救濟人類的。
                              │             └─ 2. 豫定說 ┤
                              │                         └─ 2. 救濟是神的任意，神的恩德，神的豫定。
                              │
                              │             ┌─ 1. 以愛信望三者為基督教的三主德，此外又認希臘四主德而企望其調
                              │             │    和。
                              └─ 德論 ──────┤
                                            └─ 2. 以希臘四主德為愛的變形。
```

教父時代的道德 ｛
　教父時代的道德 ─ 僧俗二重道德的成立 ｛基督教原來是最重禁欲生活的，但基督教成為羅馬國教以後僧侶和一般教徒的道德就分開，而厭世禁欲單為僧侶的必要的修養
　　僧院道德 ｛
　　1. 僧院就是遠隔俗界而為清淨如神的生活的僧侶團體。
　　2. 主罪表⋯傲慢・貪婪・憤怒・多食・不貞・嫉妬・虛榮・沈鬱萎縮
　　3. 僧院原是與市民生活對立的但教會和僧侶墮落同時又與俗僧相對立而為廓清法界的團體。

黑暗時代 ｛
　黑暗時代 ｛
　　1. 從奧古斯都到經院哲學出現約有四百年。
　　2. 羅馬帝國為北方蠻人踐踏文藝學術僅由寺院保存。
　黑暗時代的道德 ｛
　　1. 教會懲罰人民的犯罪而維持社會的風紀。
　　2. 分輕重二罪適用教會所定懺悔書的處罰法。
　　3. 教會權力漸次增加遂成教權萬能主義而原始基督教的精神滅亡。

第四章　經院哲學

把奧古斯都的粗達完成境域的基督教的教義，再加以哲學上的論證的，就是經院哲學何者當信，就已經教會的教義決定了。既決定的教義究竟是合乎道理的麼？這就是經院哲學所要解決的地方。基督教教義說三位一體，

何故三位一體，這是經院哲學所要問的。經院哲學的職務，就是表示信仰和理性的一致教會的信仰，是不磨的眞理。要使理解這不磨的眞理，就是經院學派人所說的經院哲學的職務在證明教會的教義，何故是眞理所以若哲學是探求眞理的，那麼經院哲學就不算是眞的哲學教父哲學雖吸收哲學思想而組織教義，但經院哲學卻把已組織的教義爲哲學的證明以養成傳教師爲目的的教會學校卽在經院（Schola）所以及起於這派學者之中的，就得了經院哲學的名稱。

經院哲學是中世紀思想界的主流在經院哲學的一傍有神祕派的支流，自然科學的研究系統雖也存在但比著經院哲學是微釐不振的，所以中世哲學就只好推經院哲學爲代表了。

經院哲學通常大別爲三期：第一期是從第九世紀至第十二世紀的發生時代；第二期是第十三世紀的全盛時代；第三期是第十四十五世紀的衰頹時代。在第一期是柏拉圖學風的實在論的時代。在第二期是亞里士多德學風的實在論；第三期是唯名論爲他的哲學的基礎大西博士說：『以中世紀哲學的經過比希臘哲學可以說恰呈反對的形式。希臘哲學原來是由學術的研究脫離通俗的宗教而成的；但到他的末路，柏拉圖學派遂和俗間的宗教相合，簡直可以說離開宗教的思想便無哲學中世期的哲學原來雖是確信宗教和哲學相一致的，但到了他的末路，兩者就完全異其範圍了。』（西洋哲學史三九一頁）

第一節　發生時代的經院哲學

萬物是由無限無形的絕對的存在（卽神）流出的，因其遠隔於神漸次就成爲不完全的了欲成爲完全的，就

不可不更上一層再與神相合這是新柏拉圖學派的思想受這一類的影響而為經院哲學淵源的就是司科托·愛爾格那(Scotus Erigena)。

愛爾格那相傳是愛蘭土人被聘於巴黎宮廷學校為教授生年不詳，但有人說是在紀元八百年乃至八一五年的。八七七年時他還生存着愛爾格那的思想受新柏拉圖學派的學說影響很不少他以為萬物絕對的原因就是神森羅萬象盡都是神的表現然而因為神是超越萬物所不能限定性質或是附著形容了神所發現的萬物都是以至善為極致的所以凡實在都是善惡是有消極的性質的即實在的缺乏。神是萬物的窮極所以一切物都以合歸於神為終局的目的。在嚴密的意義上他還不能稱為經院學派然而他說：『真正的宗教就是真正的哲學真正的哲學就是真正的宗教』是把經院學派的精神明白敍述出來了他是努力論證教會教義和理性的一致的。他所謂理性不是論理的推理之力是直觀真理的，他稱理性為知識的義和理性是安息穩論證的標準但因勵不動就有置重於理性的傾向所以教會斥他為邪說在一般人輕視哲學的時代，先有此卓見是很可敬佩的。

比愛爾格那後出在經院哲學的組織上更進一步，而在嚴密的意味上能稱為經院學派的祖宗的，就是安息穩(Anselmus)。

安息穩於一〇三三年生於奧斯達歿於一一〇九年是康塔伯里的大監督。從愛爾格那到安息穩約百五十年間，歐洲幾化為天地擾亂的世界而思想和學術上都沒有什麼可觀。安息穩還是較愛爾格那使信仰和知識的

關係更為接近一層的信仰是先於知識去理解信仰的東西沒有依知識者才可以進而求信仰的理由他說加上知識的信仰是較優於單獨信仰的他還以為信仰和有理解信仰的知識者才可以進而求信仰的理由他說加上知識的信仰是較優於單獨信仰的他還以為信仰和知識是必相契合的所以即使沒有特別的天啟也能由理性來建立信仰的哲學是一定要證明那使不信者首肯之宗教的真理以柏拉圖學派風的實在論為骨髓襲取奧古斯都的學說把那在教父時代所決定的教會的教義從哲學上去論證他而建設了一大系統這就是安息穩的神學。

實體論的論證　安息穩對於神的存在曾為有名的實體論的論證他說：事物若是存在的就不能不有絕對的普遍的存在作為這個事物存在的依據。這絕對的普遍的存在即是神神是絕對的完全的而比神更優的東西真實存在了然而吾人想不出更有優於神的實在所以神不單是吾人思想上的實在而是絕對的實在。安息穩的論證是由神的概念上論證其存在的；這種以神為絕對的普遍的存在的思想就是以柏拉圖的伊代亞論為根據的。

救濟論　萬物是依神的創造力，由無而造出的。所以萬物不過是依神而存在的罷了萬物的實體乃是圓滿的神相的發現萬物是為顯現神的光榮而造的在神所創造者當中最高的就是那為理性的存在者的天使和人類彼等都有自由意志然而天使誤用意志的自由而犯罪一方面為顯現神的光榮而生天使一方面天使

又想離神而獨立自存充滿自己的慾望，於是就生出罪惡。罪惡是由意志誤了方向，離神而趨於無的方向生出來的。天使犯了罪惡而墮於深淵在神的光榮上生出缺損所以為補充其缺損天使就蒙永刦的責罰更造人類然而人類也犯了罪又使神的光榮生出缺損人類的墮落是對於神的無限的罪過就不可不依無限的功德，而與神的正義以滿足。然而人類無論為如何善行，祇算是對於神盡當然的義務決不能算什麼功德。人類是不能自救的祇有神可以救他。人類所犯的罪過祇有神不能不自負責任所以人類的救濟固然要依靠神，可是同時也要依靠人類自行做起為救濟人類而出現於世的神人，就是基督。基督無罪，而嘗十字架的苦是有消滅人類罪的無限功德的。因基督是神而人者也是神為代人類贖罪而使出現於世的人以上是實體論的論證也就是安息穆有名的救濟論的要旨。

實在論和唯名論　安息穆的神學以柏拉圖的伊代亞論為根據，而立在以普遍為實在的實體論上在前面所述而加特力教會（天主敎）就不單是信敎的集合還有立在上面的獨立的權力，所以無論是從敎義上看，或是從敎會性質上看，想使信仰合理化的經院哲學者採用那以普遍為實在的柏拉圖的伊代亞論，乃是必然的結果。

安息穆時漸漸惹起學者間的注意，而反對實在論的唯名論就起而和實在論爭鬭了唯名論是反於實在論，而否定普遍的實在以為普遍單不過是在個物之後面的名目罷了。創倡唯名論的人，就是羅塞弩（Roscellinus）。

羅塞弩生於十一世紀，在一一二一年時還生存。他說：『實在單是不可分的個物，而普遍不外是總稱個物的名目』他把這種思想應用於三位一體說以達到一種三神論他說：『若沒有三神那麼父子都不得不同時為人類了。換句話說就是不能說子單獨化身，而父不化身；所以若父和子為一體那麼父自身就不能不為自身和人類的媒介了。』

對於羅塞弩的唯名論，自安息穩以後有很多激烈的反對者當時的教會，以安息穩的實在論為適於教旨，遂於一〇九二年賽孫(Soissons)會議時，而斥羅塞弩為異端反對羅塞弩的唯名論，而主張極端的實在論的就是夏謨鮑人維廉(Wilhelm, 1070－1121)。

維廉單以普遍為唯一的實在，而以個物的差別為非實存的偶然的外相。在這樣極端主張實在論的時候生出種種難點反使實在論有趨入破滅的憂慮所以在實在論者當中用種種形式來說明想躲避由極端說所生的困難者就很多了。

在用種種形式的來說明的當中實在論就漸次近於唯名論；到了亞畢剌都(Abelardus, 1079－1142)遂卽現出調和的端緒來了。

亞畢剌都就學於羅塞弩及維廉，他是一位頭腦明敏和俊秀的辯證家。經院哲學的辯證由他達到極頂，亞畢剌都立於實在論和唯名論的中間以為普遍是實存於個物當中的他說言辭或名稱單只是一言一名而並不是普遍的東西然而用他表白某事物時卻生出普遍的意味。例如說某人是人的時候人的名稱就生了普遍的意味。

像這樣依一主語而表白出來的客語，就形成吾人概念的思想。像這樣應用有普遍意味的客語於事物的認識若成爲必要那麼在事物中適於普遍性的，就不能不是眞實存在了。這就是存在於個物中的類同性（Conformitas）在個物中存有類同性就是個人仿傚神意中的同一觀念而造出的。

認普遍性在個物中的亞畢剌都的實在論差不多和亞里士多德的立脚地是相同的。柏拉圖以爲普遍性存在於有個物之先名目論者，以爲普遍性存在於個物之中的。亞畢剌都雖和亞里士多德從相同的立脚地上說普遍性的實在，但他並沒有受着亞里士多德的影響，不過立說偶然相一致罷了。亞畢剌都的實在論不單是把唯名論和實在論的爭劃一段落並且成爲以亞里士多德的實在論爲基礎的第二期經院哲學的橋梁了。

倫理說　亞畢剌都要使倫理學脫離宗敎的形而上學的假定，而成爲獨立的一科，這是他在倫理學史上可大紀特紀的一種卓見他的倫理說是極端的動機主義他以爲道德的本質在乎意志的決定不依意志決定的動作（例如無知或出於強迫的場合）是下不得道德的評價的使意志決定的是良心順從良心的行爲不管結果如何，都是善德行的標準就是服從良心。良心是萬人相通的自然的道德律若把道德律的內容約起來就可以歸到愛神的一語，基督敎的精神也是不能出於此外的。

神祕說　和辯證的推理而使信仰爲合理化的亞畢剌都的主知說相反，而遵由傳統的道以論信仰的一派，就是所謂神祕派。聖威克托僧院派的人們就屬於這派他的代表者有武額（Hugo, +1096—1141）李噶多

(Richardus, †1173) 托馬斯·迦爾士 (Thomas Gallus, †1246) 等。其中武額爲聖威克托派神祕家最著名的神學者。武額說宗教上的事情是以信仰的實驗爲先的反乎道理的事雖原來是不得信仰的，可是依理性而考慮過的事也就含在信仰當中的了。欲使信仰問題單依辯證法而定就是弄窄了宗教上的事情的吾人的知識，雖可分爲（一）外界的知覺（二）內心的直觀（三）神的直觀三級但這最高級不但是沈思冥想觀察事物的真相於心中並且要融合於神才可以達到。武額的神祕說從李喝多經托馬斯·迦爾士而成了愛克哈爾和尼苦老·克薩挪等神祕說的淵源。

和聖威克托派的神祕說完全不同的系統中有伯爾拿 (Bernard, 1091-1153) 其人他是忌嫌理論的神祕家，而屢屢反對亞畢刺都的。

自然研究者 在神祕家以外有人不滿足那些徒弄論理，而熱心於普遍性對個性論的辯證派的態度這就是自然研究者的一派。介爾伯 (Gerbert, †1003)，坤解斯人格約謨 (1026-1091) 夏爾托人伯爾拿等就是他的代表。介爾伯接近亞拉伯學者而受其影響因大倡數學和自然科學的必要。

神祕學派是欲自識其內心而自然研究者卻偏向於自然界的研究而和鑽心於辯證法的經院哲學步驟不同。但此兩派的勢力極其微弱然而辯證的思想在亞畢刺都時已達到極頂從此以後的經院哲學家就單以搜集神學上的異說比較整頓爲業這就是被坡托爾·倫巴爾杜 (Petrus Lombardus, †1164) 代表着的總要派。

第二節　全盛時代的經院哲學

在亞畢刺都以後顯著陷於不振狀態的經院哲學，受了亞拉伯和猶太學者所傳來希臘哲學（特別是亞里士多德哲學）的刺戟而開一新生面途成了第二期的全盛時代所以論全盛時代的經院哲學很有明瞭亞拉伯和猶太哲學思想的由來和經過的必要。

一 亞拉伯和猶太的哲學

謨罕默德教徒從亞拉伯起來征服四方，建一東自印度西經亞非利加北岸，至西班牙的龐大國家。在謨罕默德教國從第九世紀到十二世紀文化就著著進步以至凌駕西歐的基督教國以上不但是數學天文學化學生理學等駸駸發達並又盛行研究希臘哲學而著名的學者相繼輩出以唯一的原動者為神的亞里士多德的有神論，尤其是適於禮拜一神的謨罕默德教的教義在彼輩中間是具備着比較容易普及的要素的。然基督教國的哲學者，多是僧侶反過來而亞拉伯的哲學者卻多是醫生因為從宗教上着眼受了多少的猜疑所以和經院哲學面目很是不同的。

亞拉伯學者最初所受的影響是新柏拉圖學派的思想以後才溯及於亞里士多德。受新柏拉圖學派影響的最初學者是亞爾肯笛（Alkendi）而繼續的是亞爾筏拉毗（Alfarabi, +950）亞里士多德學者已於述古代思想時在亞里士多德學說影響的題目中敍其大要不能不以伊本・錫邪和伊本・魯西德為東西的代表者。

伊本・錫邪（Ibn Sina, 980-1038）是被歐洲學者稱為愛威因那（Avicenna）的鮑克哈拉人為東方亞拉伯學者的巨擘他採取二元論以為萬物的太原的神絕對是純一完全的東西對於此而存在的物質就單不

過是可能性世界是神取物質創造的，是不完全的世界個物而有差別，就是以物質爲原因。由神而直接生出的是理性，理性是司一切世界的，是與物質以定形的。他把普遍分爲三樣：（一）是在物之前的普遍（三）是在物之內的普遍，（三）是在物之後的普遍。凡一切多數的物，都是仿傚神意中的觀念而造出的，所以爲那物的模範的觀念即先於多數物而存在於神的心中，這就是第一的普遍又有那爲一種類事物的普遍性存在於許多物中這就是第二的普遍性其次在觀察許多事物時就在吾人心中形成了一個概念這就是第三的普遍。

伊本・錫那以後東方的哲學研究漸次衰頹現出種種懷疑說，而哲學成爲不足信賴的東西，有些人以爲安心立命祇當依單純的信仰，恰好那時在西方的西班牙這種哲學的研究熱就顯著的增高起來了。

伊本・魯西德 (Ibn Rosehd, 1126—1198)，是被歐洲學者稱爲愛威盧士 (Averroes) 的是西班牙戈爾杜窪人為西方亞拉伯學者的代表凤以註解亞里士多德著作著名使眞亞里士多德再現就是他的一貫目的他排斥伊本・錫那的二元論以爲神（形相）就是在於物質（資料）中的可能的未現狀態。他又把理性分爲（二）能動的理性（二）所動的理性二種能動的理性是共通於全人類的普遍理性所動的理性是個人特有的理性個人的理性是和身體一齊生滅普遍的理性卻是永却不朽不滅的使亞里士多德學說中最不明瞭的理性明瞭了這理性不滅說就是愛威盧士所說的。

希臘哲學思想從亞拉伯學者移到西班牙的猶太人。猶太學者的代表最初可舉的有伊本・迦伯盧 (Ibn Gabirol, 1020—1070)，卽歐洲學者稱爲愛威賽伯崙 (Avicebron) 的。但後起而稱爲猶太哲學的巨擘者還是

下面所述的毛塞・板・瑪易門。

毛塞・板・瑪易門。(Moses ben Maimon, 1135—1204)，被歐洲學者稱爲瑪易毛尼代 (Maimonides)。生於西班牙的戈爾杜窪，死於開羅府博學高德爲『猶太的柏拉圖』或『以色列的明燈』而受極大的尊敬。在大體上他雖奉亞里士多德的學說但他在猶太教的立腳點上就倡神是從無之中造成形相和資料的。繼瑪易毛尼代之後更詳細研究亞里士多德的就是萊威・阪・格爾休謨 (Levi ben Gerschom) 他是一二八八年生的，歐洲學者稱他爲格爾蘇尼代 (Gersonides)。

猶太學者也有採取懷疑說以信仰猶太教的傳說爲安心立命的要諦的。

二 亞里士多德哲學的全盛

亞拉伯學者和猶太學者所熱心研究的希臘哲學，依猶太人的手，而傳於自第十二世紀中葉到第十三世紀中葉約百年間的基督教國來了。最初輸入基督教國的亞拉伯和猶太學者的著述多帶着新柏拉圖學派的臭味，所以受基督教會的反抗因此就災及亞里士多德的著者，一二一〇年把他的物理學書一二一五年把他的形而上學書在教會中都一概禁止了。以後彼等明瞭亞里士多德的思想和新柏拉圖學派的思想完全異趣翻過來承認他的思想爲教會學者所必不可缺的東西因而教會便獎勵人研究他的著作。亞里士多德和約哈奈被尊爲關於神恩的基督的先驅者相似，也被尊爲關於自然的基督的先驅者。亞里士多德哲學被教會這樣歡迎也有種種的理由。

最主要的理由，就是亞里士多德的哲學，最適合於教義神學的組織。經院哲學是由確信理性和信仰一致的話而發的但從十二世紀末葉把自然和神區分開以為哲學的（自然的）真理不必就是宗教的真理經院哲學者的確信到此就漸次廢弛了挽回這種傾向而救經院哲學的破滅自然要以採取以神（純粹形相）為自然的太原的亞里士多德哲學以表示神和自然相一致最為得策。

其次亞里士多德的哲學勢力普及要想把他壓倒很不容易做到，所以容納他而以之為教會的教義的辯護，使違背教會教義諸說歸於沈默真是最良的手段。

此外還有亞里士多德哲學的方式尤其是他的論理式能與便利於教義神學的組織等也是一種理由亞里士多德哲學就這樣得到經院哲學者的幫助扶植他的勢力而占了牢不可拔的地位以後凡說哲學者（Philosplus），就含有亞里士多德的意味他的學說就成為判別邪正的唯一標準至不依個人的理解力去推理倒相信他哲學所指示的，就是真理。

採用亞里士多德哲學的經院哲學者當中最主要的，不得不先舉亞歷山大，亞伯圖·馬格努斯，托馬斯·亞基那三人。

亞歷山大（Alexander）生於英吉利，死在一二四五年。是有名的巴黎大學的神學教授入亞西錫的聖富蘭提克宗派而定前期富蘭提斯康學派的基礎他想把亞里士多德的哲學和從來傳統的神學試行綜合起來然而總是膚淺之談。

亞伯圖・馬格勞（Albertus Magnus, 1193-1280）是德國人，是開始使亞里士多德的思想接近於教權所認可的學派。他有俊秀的才能和超羣的精力為結合新舊思想而集成了教父時代希臘猶太亞拉伯等多方面的思想材料；大亞伯圖的名聲便馳聞於後世然而他祇把種種思想雖然並集並沒有成功銳利的批評家因而他也沒有可傳的創見他論普遍性斷定是先於個物而存在是存於個物當中存於個物之後的，但這種解釋已經是發源於亞伯圖而為愛威因那（伊本錫那）所道破他又區別哲學和思辯的教義學使三位一體和羅高斯的化身等從純粹理性的思辯範圍內排除出去亞伯圖最注力的是自然科學和自然哲學在亞伯圖以後有亞伯圖學派與起。

三　托馬斯・亞基那

托馬斯・亞基那（Thomas Aquinas, 1225-1274）生於意大利。是亞基弩伯爵的兒子，多米尼康派的僧侶，而為經院哲學者的代表他是亞伯圖的門生完成了亞伯圖的事業。亞里士多德的哲學雖被收入於亞伯圖學說之中但還沒有和教會的信仰合一猶自成為一說而與神學相並立到了托馬斯而哲學和信仰方能結合起來，教義神學的大組織於是成立他是教會哲學的完成者至今日尚尊為加特力教會模範的哲學者。

世界觀　托馬斯・亞基那根據亞里士多德的思想以說明世界以為一切事物都是形相（本質）和質料（個別原理）結合而成一級一級的發展形相就有物質的形相和純粹的形相，物質的形相不能離去個體純粹的形相得完全和個體分離神天使和吾人的精神雖然都是純粹的形相；但吾人的精神因為是最下級的形相所以

和肉體的物質相結合而成爲人人因此便爲物界和非物界的連鎖總而言之，『世界的事物，是保着形相和質料的關係從最下級至最上級而爲等級的發展的極致就是人類的生活是經由天使而和那爲絕對的純粹形相的神相連的』這是托馬斯的發展的世界觀，這種世界觀就是他思想的根柢。

決定論　托馬斯以他的發展的世界觀爲基礎而論神以爲神是純粹形相他排斥由安息穆的神的概念，而推論存在的本體論的說明採用亞里士多德的論法論證神的存在和其全知全能的事爲經驗的・合理的；更進而及於萬物的創造以爲神是由無而造世界的，神創造世界的動作是由善的觀念而規定的這就是他所倡的有名的決定論(Dederminism)神當造此世界時雖又思維無數可能的世界但世界中最良的就是現實世界故把他造成神以知力來把他所認爲善的創造起來。

托馬斯在和他決定論同一的立脚點上討論人類的意志，把知力放在意志之上創立那所謂以知力決定意志的主知的豫定說所謂意志自由要不過是選擇的自由在人想達到某種目的時悟性就指示出可以達到目的的許多方法那麼在這些方法之中那個方法爲最好那就是知力所指教的意志從知力所教而活動故意志的自由畢竟是必然基於知的根柢的。

倫理說　托馬斯舉『神恩裏的生活』(撒苦拉曼托)爲人生至高的目的。所謂神恩裏的生活，就是認識神和愛神的意思神是發展極致的，是全知全能的人生至高的行爲是依知力而爲神的認識而對於神的愛是由認識的結果而生的。卽托馬斯把神恩裏的生活爲主知的解釋。

然則入於神恩裏生活的道途，卽認識神的方法怎麼樣？托馬斯的答語便是修德。他舉出希臘四主德（知慧‧勇氣‧節制‧正義）和基督教三主德（愛‧信‧望）爲他的德目稱前者爲自然的德（現世的德）稱後者爲超自然的德（宗教的德）對於自然的德採取亞里士多德之說區別爲知的德和實踐的德而把知的德置於實踐的德以上他又把現世生活看作神恩裏生活的準備所以超自然的德比較重於自然的德，自然的德卽人力也能得到至超自然的德却是神恩所賜的至高的德若沒有這種德就不能識神愛神了達到神恩裏生活的，就是靠着愛‧信‧望三德。

托馬斯以爲人生至高的目的，在乎神恩裏的生活，而現世的生活不過爲神恩裏生活的準備因而把教會置於國家之上把神恩的領土置於自然的領土之上把宗教的道德置於公民的道德（卽希臘四主德）之上然而國家和教會自然的領土和神恩的領土等，都是階級相接低者就是高者的不可缺乏的發展基礎。

因托馬斯而使經院哲學達到全盛時會在彼以後雖生出許多托馬斯的學徒但其中最著名的，乃是『神曲』的作者旦丁‧亞利該里(Dante Alighieri, 1265—1321)。旦丁從亞伯爾得到物理上的知識關於人事的研究，就從托馬斯把達於全盛時代的經院哲學思想用最莊嚴而美麗的詩發表出來。托馬斯學徒十四世紀至十七世紀時隨處都有雖至今日在德國還有稱爲新托馬斯學徒的。

四　東斯‧司考托

激烈的反對托馬斯的，就是富蘭提斯康派僧侶約哈奈‧東斯‧司考托(Johannes Duns Scotus, 1265—

1308）富蘭提斯康派不過是固守着前述的海爾斯的亞歷山大和泡那溫托拉所築的基礎罷了。但至司考托一躍而為後期富蘭提斯康的建設者。司考托是銳利的批評家，而體系的組成就不是他的長處了。

非決定論 司考托對於托馬斯挑戰的主眼點就是關於意志自由的問題。托馬斯以為神當創造世界時以其知力認定善，而意志之神的世界創造就是依善的觀念而定。司考托對於托馬斯所說這樣主知的決定論，就倡為主意的非決定論。神的世界創造若是依善的觀念的那麼，世界就沒有偶然也沒有什麼自由了。現在一切事物是神的本質的必然的結果，而神和世界沒有些許差別那世界即是神（汎神論）了。司考托更駁論是決定論的必然的歸結然世界中也有偶然也有惡，這就是司考托反對托馬斯決定論的理由再司考托打倒托馬斯的主知說謂神的意志決不受知力束縛的，意志是絕對自由的，不是神因為依知力認定為善而後意志之故才成為善。

司考托以主意的非決定論為根據來敍述心理說，他以為人的意志也像神的意志，都是自由的。知力不能支配意志。知力不用說可助意志的活動可供給意志的對象而極力使選擇成為可能；但意志是主人知力是從者。正的動作的原因就是意志。意志若不自由就不能認定責任。司考托的意志自由說根由於奧古斯都，這是很明瞭的。

實在論 司考托雖和亞伯爾及托馬斯一樣，承認普遍的實在，但他的學說顯然傾向於個物論。他排斥那以普遍性祇為吾人抽象的所產生的唯名論家的學說然而他卻承認普遍性在個物之中個物是普遍性和個性的

結合。普遍性和個性相離就不能有實在性即祇在個物上始能承認實在性。他是實在論者不是個體論者然而因為他是認完全的實在性存在於個體當中的，所以很和唯名論者接近他不把主意說適用於實體論說知力是通於一切的普遍性卻說因為意志是生個體的差別，就是重個性耳。

倫理說　司考托在倫理說上也是和托馬斯立於反對地位的。托馬斯以神依其知性所認爲善者爲道德律，而善是本來爲善而存在的。司考托雖亦以道德律爲神所命然不是因他爲善故爲神所命，故爲善於神只管愛神那麼就可以達到人生至高的目的。司考托以他的主意說爲根據而開神學和哲學分離的端緒照他說神的動作是依其絕對的自由意志而生的，所以說在意志自行活動以外沒有能規定他的。若要引伸其說那麼吾人就不能推究神的動作了。神學上（宗教上）的事不可以知識討論爲限除掉信仰那單依天啓所示之外再沒有別的東西。

司考托對於托馬斯的攻擊即刻又惹起了富蘭提斯康派對多米尼康派的傾軋，使中世期的教學界不時生出波瀾。

細味司考托的思想，不但引起信仰和哲學底分離，並且他的意志自由說可使神的動作爲全無理由，他的個

性說，一變就成為唯名論正可以說他是對於經院哲學暗投破壞的炸彈的一個人。

第三節　衰頹時代的經院哲學

在第十三世紀達於全盛的經院哲學到了第十四世紀，就早已萌着衰頹的徵兆了。在經院哲學自身生出來當然破滅的事情，司考托已發其端，到了維利安·奧鏗時，如信仰和理性顯然分離的問題都是內的理由中特別可記的，外的理由，就是破壞經院哲學全盛時代已經是徐徐的發源出來可是那微弱的細流到後來漸次增加水量遂把主流壓倒了。

一　唯名論

司考托雖反對托馬斯的主知的傾向，而主張主意說並力說個體的實在；但他依然是承認普遍存在的實在論者。至司考托弟子奧鏗使師說更為發展遂達到唯名論使經院哲學從思想上破壞了。

維利安·奧鏗（William Occam, 1260－1347）是英國人在中世期的末期以富有創造力的學者著名。奧鏗事物的本質（即普遍性）論，是從托馬斯的個體論出來的，排斥普遍性存在於個物當中的話以為在個物以外就沒有實在。他說普遍不過是名目的話，就是很顯然的唯名論。為什麼普遍祇是名目呢？奧鏗先把這個形而上必然要有不條理的結論：就是一物而有多性了。所以普遍不是實在不過是代表若干個物的符號。奧鏗又把這個的說明以為普遍若是存在於許多個物當中，一個個都有普遍存在了。果然這樣那麼

為心理的說明以為吾人接觸個物，而想出個物符號的表象，更想出普遍的表象即概念以為各個物表象的符號。

所以個物是由吾人的直接經驗（即知覺）所代表的，離卻知覺就沒有所謂個物的本質了。

奧鏗的唯名論使信仰和理性完全分離唯名論否定普遍存於個物當中以個物以知覺為代表離開知覺便沒有所謂本質所以他的結論是在知覺和實在中間生出不可踰越的溝渠以為真理的認識是絕對不可能的，宗教上的真理不能以理性證明，必須從教會的教權而信仰使信仰和理性一致的經院哲學到此不得不生出破綻。唯名論使理性和信仰背離使宗教和哲學完全相異結果便把托馬斯關於教會和國家的見解根本破壞了。托馬斯把國家和教會的關係作為等級的解釋把教會放在國家之上奧鏗卻把國家和教會分開使完全異其性質，以為教會只可干涉出世間的事務教皇決不可有政治上的權力奧鏗雖破壞了經院哲學然而他是教會和信仰的保護者他為避免信仰和不完全的認識相結合的危險把教會的權威放在出世間的安全基礎上面奧鏗又以國家的起原看作由個人的隨意契約而為民約論的先驅。

唯名論的思想雖已經由桑‧鮑爾遜 (St. Pourcain, †1332) 和伯托爾‧奧威勞里 (Petrus Aureori, †1322) 而發現但至奧鏗才成了顯明獨立的系統。在奧鏗以外尚有約翰‧布里丹 (Johann Buridan) 奧托克的尼哥拉 (Nicholaus von Autrecourt) 等也可列在唯名論者當中但沒有像奧鏗那樣的旗幟鮮明。

二　自然研究的傾向

破壞經院哲學的反經院的傾向的一種，就是自然研究的傾向。自然研究的傾向勢力雖是極微，但他常常衝

到經院哲學的傍邊因為不慊於亞伯圖的辯證的思想,而介爾伯格約謨,伯爾拿等就說有提倡數學,自然科學研究的必要前邊已經述過了。亞里士多德的著作已經通行同時又注目於他的自然科學的方面而用心於天然物的研究者人數很多如亞伯圖的植物研究尤其是特別著名的和這相同的思潮,就在英國現出了欲以哲學為經驗的數學的說明的姜‧佩坎謨(John Peckham)羅伯托(Robert),路加‧倍根(Roger Bacon, 1214—1294)等一派。

路加‧倍根是羅伯托的弟子重數學,而承認經驗的研究的必要為中世期罕有的特異思想家他有許多地方,都可認為後出的法郎西斯‧倍根的先驅。

雖不能說是反經院的傾向但又不能不敍述於此的,就是依萊孟特‧盧羅士而大成的『結合法』(Kombinatorik)這是依既已存在的概念的組合,而得到完全新知識系統的一種論理主義文藝復興時代的喬爾達‧卜魯挪,和第十五世紀前半的易孟德斯等都用這個方法。

三 神秘主義

當奧鏗的唯名論把信仰和理性完全分開之時,立即擡頭的,就是神秘主義的思想神秘主義的思想也和自然科學的思想一樣,都徐徐地流到經院哲學傍邊的一種細流。經院哲學欲由主知的辯證的方法達到真理;神秘主義卻欲由內的直觀的方法達到真理在不滿意於經院哲學的一點上雖然和自然科學者一致,可是自然科學者注目在研究外界的自然神秘主義者卻在內界的精神方面看出自識的領域經院學派很多是受着亞里士多

德的影響的反之神祕主義就立在柏拉圖和新柏拉圖學派的影響之下。

在經院哲學發生時代的終期第十二世紀的前半武額(Hugo)李喝多(Richardus)等和聖威克托僧院派的人們提倡神祕思想前面已經述過了。

經院哲學全盛時代的葛烏安‧斐坦薩(Gwoanni Fidanza, 1221—1274)和旦丁(Dante Alighieri, 1265—1321)也顯然有神祕思想的傾向葛烏安‧斐坦薩又叫泡那溫托拉(Ponaventura)是受着武額和李喝多的影響的。以爲神學是宗教的感情之學直觀上帝就是依：(一)感覺，(二)想像(imaginatio) (三)理性(ratio) (四)智(intellectus) (五)理智(intelligentia) (六)精神點(apexmentis)的六能力而一級一級上登的精神點存在神之中吾人由他以直觀上帝。

以上所舉經院哲學發生時代和全盛時代的神祕論者任誰都是以神祕的解釋教會的教義爲其任務的。

在經院哲學衰頹時代神祕思想就顯然擡頭繼續倡導這種思想的先後輩出皮爾‧底魯(Pierre d'Ailly, 1350—1425)雷門德(Raymund, †1437)格爾蓀(Gerson, 1363—1429)等雖和前時代的神祕論者相同努力爲教會教義之神祕的解釋但美斯太‧愛克哈爾(Meister Eckhardt, 1250—1329)約翰‧屠勒爾(Johann Tauler, 1300—1361)斯蘇(Heinrich Suso, 1300—1365)路斯布勒克(Rysbroek, 1293—1381)等德國神祕學派卻完全一變其態度他們神祕論不拘泥於教會的傳說單訴於自己直接意識的宗教的經驗其中特別著名的就是愛克哈爾

愛克哈爾就是稱爲德國神秘學派鼻祖的偉大的神秘論者，他的神秘說，是在托馬斯學說之上又加上新怕拉圖學派和奧古斯都說的意味的。即從主知說出發而離卻主知說入於神秘的領域。他的神秘說以他的神學和心理說爲根柢。

愛克哈爾稱萬物的太原爲神性（Gottheit）。神性是無始無終的。既沒有屬性也沒有活動，是超越吾人的認識，而不可限定不可名狀的無以名之祇好名之曰無這無的神性在意識自己的他所以造化的作用畢竟是神性的自識作用他以實在根本是自識作用來說明實在爲主知的。他論到萬物的生成以爲神是活動的是漸漸認識自己的。神在認識自己時就如吾人使我的影映於鏡中而看得自己一樣才能有主觀和客觀之分前者是父神後者是子神父神和子神相互親愛而不可離間之所，就叫作聖靈是本質相同的一神的三人格在子神表白自己時萬物就成功了萬物是子神所造化的總起來說無的神性是自意識而爲神（父·子·聖靈的三位一體神）的神是創造萬物的造化的作用因爲就是神知自己而表白自己的所以萬物雖就是神但他和神的區別就是因爲有個性個性就是萬物的差別。爲了這差別相合那萬物就合而爲一在萬物就是神的一點上雖然是實在但若除去神便無一是可以獨立自尊的了神的本質是善實在除神以外是沒有的，故凡實在都是善不善便沒有實便是非有便是缺乏萬物把自己看作獨立而發生我執，一切罪惡一切迷妄都是從我執而生的。

愛克哈爾拿以上的神學說爲基礎達到一種解脫觀萬物是以善爲本質的神的創造因而萬物都是求善的。

欲求善就不能不捨去個性而歸於神性引導萬物歸於神性的是在一切之中最善的**靈愛克哈爾謂被靈引導，捨**個性而歸於神性爲解脫（Abgeschiedenheit）他更述及達到解脫的道途以爲吾人的**靈魂雖是神的本質但表**現於時間的是爲自然的一部而活動的靈魂是有所謂閃光（der funke）的至高的認識依這種認識力得和神相結合。閃光是不能以言語表示出來的超感覺的力量是不被時間空間限制的超自然的直觀不是人的活動乃是人的神性的活動是認識而非認識是無識的態度。依這神祕的直觀而認識神以復歸於太原就是解脫這就是愛克哈爾的神祕說。

第四節　中世末期的思想界

一方面反經院哲學的傾向漸漸在思想界上占了勢力一方面在實際社會上就引起經院哲學的衰微使中世紀歐洲文化發生極大的變動的十字軍影響就是此中最顯著的從一〇九六年至一〇九九年的第一次十字軍以來希臘和謨哈默德教國的文化繼續進入西歐結果雖誘起經院哲學的全盛然在一面卻擴大西歐人的見解想到在基督教國以外也有文化進步的國家此時羅馬教皇的權威漸次低降同時經院哲學也受了很大的打擊並且因爲學術普及而英・德・意並其他諸國變成學問的中心故經院哲學的統一主義就顯然站在不利益的地位之上經院哲學漸次衰頹對於各種學術的研究心逢勃而起，近世文明的萌芽漸次歷然出現當這過渡時期，已漸受新時代精神的影響而尙不脫舊時代的世界觀提倡調和的思想而爲中世末期思想界的殿將的就是尼哥拉・庫撒奴（Nikolaus Cusanus, 1401-1464）。

尼哥拉·庫撒奴的思想，雖含有神秘的思想或自然科學的思想，但他仍想以信仰造出一種哲學的組織爲主眼，所以認爲屬於舊時代的思想家。

尼哥拉把吾人的知識分爲（一）感覺，（二）辨別智（ratio），（三）理智（intellectus）三級。感覺是指示事物的朦朧的光景的，辨別智是由矛盾律而辨別事物的理知是在反對的東西之中發見一致的。尼哥拉稱這依最高知識的理智而發見的一致爲神說神的性質是合一有限的無限是雜合多的一融會體合那以差別及反對而成的有限爲無限的神神是無限而有限的。神離不開平等和差別包含一切的神就是有雜多差別的神他說：『一切是在一切之中的故一切是在神之中的，因爲神是在一切之中的緣故』他是排斥萬有神教而又陷入萬有神教的思想的。

尼哥拉對於數學和星學的發展大有貢獻因此而在學問的概念和組織上就開了大革新的端緒但不能在此盡述了。

附經院哲學（約表）

經院哲學發生時代

愛儞格那 {
1. 萬物的絕對的原因是神而森羅萬象盡都是神的表現。
2. 神所發現的萬物都是以至善爲極致的因而實在都是善惡有消極的性質是實有的缺乏。
3. 在嚴密意義上雖非經院學派但他說：『眞正宗教就是眞正哲學眞正哲學就是眞正宗教』的話，卻是說明經院學派的精神。
}

安息穆
├─ 信仰和知識
│   1. 信仰是先於知識的。
│   2. 沒有理解信仰的知力者，雖單有信仰就好了。但有理解信仰的知力的，才有求信仰的理由。
│   3. 加上知的信仰，優於單純的信仰。
├─ 實體論的論證
│   1. 神是絕對完全的，而沒有優於神的完全。
│   2. 實際存在者較單在思想上存在的更加完全。
│   3. 神若單是思想上存在的，那就不能不說有優於神的實在了。
└─ 救濟論
    1. 萬物是依神的創造力而由無造出的。
    2. 神的創造者中最高的是天使和人類。
    3. 天神濫用意志自由而犯罪蒙永刼的責罰。再造出人類而人類又犯罪。
    4. 人類的救濟是依靠神的同時又依靠人才行。爲神人的基督現於此世以償贖人類罪惡。

唯名論和實在論
├─ 實在論
│   ├─ 安息穆
│   └─ 維廉（夏謨鮑人）
└─ 唯名論……羅塞弩

第二篇　中世

亞畢剌都｛實在論和唯名論的調和⋯認普遍性在個物當中。

倫理說｛
1. 要把倫理學從宗教的形而上學的假定脫出。
2. 倡極端的動機論以為道德的本質就是意志的決定。

神秘說（武額，李噶多托馬斯迦爾士）反對辯證的推理及使信仰為合理化的主知說遵循傳說的道途以討論信仰。

自然研究者⋯不滿意於偏於論理的辯證家的態度，而着眼在自然研究。

經院哲學全盛時代

亞拉伯和猶太哲學（影響於全盛時代的經院哲學的）
｛
伊本錫那（愛威因那）（東方亞拉伯學派）
1. 神和物質相對立（二元論）。
2. 分普遍性為物之前物之中物之後三種。

伊本魯西德（愛威盧士）（西方亞拉伯學派）
1. 神（形相）是內在於物質（資料）當中的（一元論）。
2. 分理性為能動的理性和所動的理性。

毛塞板瑪易門（瑪易毛尼代）（猶太派）⋯神是把形相和資料共由無造出的。

亞里士多德哲學的全盛
｛
1. 亞拉伯和猶太學者所熱心研究的希臘哲學進到基督教國。
2. 亞里士多德哲學大流行理由因為最適合於教義神學的組織。
3. 採用亞里士多德哲學的主要學者是亞歷山大亞畢剌都馬格努托馬斯・亞基那。

一百五十九

亞伯圖・馬格努

1. 普遍性是先於個物而存在的,存在於個物當中,存在於個物之後。
2. 區別哲學和思辨的教義學把三位一體和羅高斯的化身等由純粹理性的思辨範圍而除外。
3. 最注力於自然科學和自然哲學。
4. 蒐集可驚的多方面材料但不是銳利的批評者。

托馬斯・亞基那

世界觀

1. 世界的事物是保着形相和質料的關係,而為由最下級至最上級的進行。
2. 發展的極致就為人類的生活。
3. 人類的生活是經由天使而連屬於絕對的純粹形相的神。

決定論

1. 神當造世界而想出無數可能的世界。
2. 世界中最良的就是現實的世界。
3. 所以神創造世界的動作是依善的觀念規定的。
4. 立在和以上決定論相同的立脚點上論人類的意志,而立主知的豫定說。知力是決定意志,而意志自由不過是選擇的自由。

1. 人生至高目的為神恩裏的生活所謂神恩裏生活,就是認識神的事結果成為神的愛。

東斯·司考托

倫理說

2. 入神恩裏生活的道途，就是修德。
3. 舉希臘的四主德和基督教的三主德爲德目，以前者爲自然的德，以後者爲超自然的德，而特重後者。
4. 現世生活不過是神恩裏生活的準備，而把教會置於國家以上。

非決定論

1. 若神的創造世界必然依善的觀念那麼世界也沒有偶然也沒有惡也沒有一切自由的理由但事實却是和此相反的。
2. 神的意志不受知力束縛意志却在知力之上。
3. 神不是依知力認爲善故意志之是因意志之故爲善。

實在論

1. 認普遍性在個物中以爲個物是普遍性和個性所結合的。
2. 實在性就是個物和普遍性結合的。
3. 和唯名論很接近。

倫理說

1. 道德律是神所命的，可不是因他爲善，故爲神所命，祇因爲神所命，故爲善。
2. 若意志祇向於神只管愛神就能達到人生至高的目的。

第二篇　中世

經院哲學衰頽時代

```
                                            ┌─ 維利安・奧鏗 ┬ 1. 在個物以外無實在，普遍單不過是名目。
                                            │              └ 2. 使信仰和理性完全分離。
                                            │
                                            ├─ 桑・鮑爾遜
             ┌─ 唯 名 論 ─────────────────┤
             │                              ├─ 伯托爾・奧威勞里
             │                              │
             │                              ├─ 約翰・布里丹
反經院的傾向 ┤                              │
             │                              └─ 尼哥拉
             │
             │                              ┌─ 羅伯托
             └─ 自然研究者 ────────────────┤
                                            ├─ 姜・佩坎謨
                                            │
                                            └─ 路加・倍根

             ┌─ 經院哲學發生時代 ┬ 武額
             │                    └ 李噶多
             │
             │                    ┌ 葛烏安・斐坦薩（泡邢溫托拉）
經院哲學全盛時代 ──────────────┤
                                  └ 旦丁

神秘主義 ┬ 皮爾・底魯
         └ 雷門德
```

第三篇 近世

第一章 過渡時代

從經院哲學滅亡到近世哲學發生，稱為過渡時代，為歐洲史上大變動的時期。因地理上的發見（就像美洲

經院哲學衰頹時代
├─ 格爾孫
└─ 德國神秘派
   ├─ 愛克哈爾
   │   1. 萬物的太原，是神性。
   │   2. 無的神性自知為神（父子聖靈）更生萬物。
   │   3. 萬物有差別相因為有調性。
   │   4. 除去個性而歸於神就叫作解脫。
   │   5. 方法：閃光。
   ├─ 約翰·居勒爾
   ├─ 斯蘇
   └─ 路斯布勒克

新大陸的發見和印度航路的發見（就像哥白尼 Copernicus 的天文上的發見）和學術上的發見，而世人的眼界顯著寬廣；因封建制度的崩壞，市府的勃興社會組織的變更，而國王的權力大為增長表現出來國家統一的端緒。世事既這樣變遷同時思想上又生出種種的，互相錯綜經過複雜的途程，遂產生新的哲學所以當敘述近世新哲學時先昧玩由中世移向近世的過渡時代的思想乃是自然的順序。

經院哲學的衰頽由於信仰和理性的分離，就是宗教和哲學的反背結果便為教會的權威失墜一方面使學問和道德脫離教權而獨立的精神又勃然與起，這種精神發現於種種方面如文藝復興（Renaissance）也是其中的一種。

在中世期所有一切學問和道德雖都從屬於教權，但是一方面教會的權威失墜，一方面著國民的精神大大發達便生出對教會專制態度的反抗氣運宗教萬能時代完全成為過去的春夢。

第一節　文藝復興

文藝復興是希臘思想希臘精神的復活。不單是研究希臘古典，愛翫古代文藝美術的運動；是想脫却中世期的出世間的超自然的思想而進入世間的人類的古代思想換句話說就是反抗希伯來思想藉希臘思想以想新的人文。

文藝復興的運動先在意大利發源，意大利所以成為文藝復興的發源地者因為在研究古代文化上占了最便利的地位開這個端緒的，是旦丁（Dantte Alighieri, 1265－1321）比的拉加（Petrarcha, 1304－1374，薄

加起（Boccacio, 1313—1375）等詩人。他們盡力於古書的膽寫和搜索努力將他的內容作爲正當的解釋，結果，逐從希臘的古典中發見人類的生活因而引起人文主義（Humanism）的勃興與人文主義是排斥出世間的宗教的思想而以世間的人類的思想爲根柢排斥教會的外的壓迫而尊重個人的自由獨立想使天賦的才能盡量發展。一四三八年教皇威根四世爲合併東西兩教會招聘希臘學者於非拉臘府和佛稜斯府教會合併的目的雖沒有達到但大有影響於人文主義的發達。一四五三年君士坦丁堡陷落東方學者因避難而至意大利人文主義的勢力風靡一世這種思想逐傳播於法蘭西德意志荷蘭西班牙英吉利等國法蘭西的以的尼（Estienne, 1503—1559）加索紬一世（Casauban, 1559—1614）荷蘭的耶拉蒙（Erasmus, 1466—1536）德意志的羅吉林（Reuchlin, 1455—1522）西班牙的費維斯（Vives, 1492—1540）英吉利的托馬斯·摩亞（Thomas More, 1480—1553）等，都是聲名赫赫地人道派的學者人道主義是爲打破宗教的束縛而起的，所以對於僧侶的行爲下了很猛烈的攻擊然而這些人道派，不但受高等僧官的保護獎勵並且僧侶當中還出了很多的屬於這學派的人教皇比阿二世（Pius II）和勒阿十世（Leo X）等都是人道派學者中的錚錚有聲的。這是時代的潮流很有興趣的。

和文藝復興同時再生的，第一就是柏拉圖的哲學。柏拉圖的思想，雖對於教父時代的哲學及了不少的影響，但其後亞里士多德哲學和經院哲學相接近，柏拉圖哲學就完全失却勢力，亞里士多德的哲學就被認爲基督教義的基礎，在反抗教會權力的文藝復興時期先復活柏拉圖哲學是很有興味的事『吾人若回觀基督教的思想

的歷史從始至終都可看見柏拉圖主義和亞里士多德主義兩者間的趣味深長的爭鬭卽不外是這兩派對於將信仰的敎理作爲哲學的解釋的互爭主權的勢力消長的歷史。」(Wilhelm Windelband)在文藝復興時代的柏拉圖哲學再生的中心地就是一四四〇年依梅特捏家的保護而設的佛稜斯的『亞加代米』當時的柏拉圖學者，並沒有脫了新柏拉圖學者的臭味，認伊代亞爲神的原型而以柏拉圖神話的自然觀爲目的論的形而上學和自然哲學。這派學者中最著名的，有普勒托 (Pletho, 1356—1450) 伯撒里溫 (Bessarion, 1403—1472) 馬爾西柳・斐球斯 (Marsilius ficius, 1433—1499)，弗蘭賽斯・巴托利茲 (Franzesco Patrizzi, 1529—1593) 等。

斐球斯是柏拉圖和柏羅地挪斯的精妙的翻譯家，巴托利茲是有名的神知學的祕術的自然觀的代表者。

柏拉圖哲學的勃興時有許多想使亞里士多德思想脫離經院哲學的解釋而獨立的人在中世紀發達的亞里士多德思想雖專以托馬斯・亞基娜的解釋爲根據，可是到了脫離經院哲學的臭味去硏究純粹亞里士多德遂闡明他的學說的眞相這類運動的先鋒是意大利的條特魯・迦查 (Theodorus Gaza, 1400—1478) 他的高足，有德國的路獨爾夫・亞及哥拉 (Rudolf Agricola, 1442—1485) 和法國的賈克・魯費維 (Jacques Lefevre) 等。

在純粹硏究亞里士多德者中間，又生出從亞弗魯地夏的亞歷山大而爲自然論的解釋的亞歷山大派，和祖述愛威盧士而爲汎神論的解釋的愛威盧士派了。在這兩派中間，惹起激烈爭論的，就是關於靈魂不滅的問題關於靈魂不滅的亞里士多德說是不明的，後世生了種種解釋因而發見亞歷山大派和愛威盧士派的論爭想以亞

里士多德思想為自然論的解釋的亞歷山大派，是否定靈魂不滅的說個人肉體死了同時其精神的理性的部分（即靈魂）也即行消滅想以亞里士多德思想為汎神論的解釋的愛威盧士派却倡靈魂不滅說以為個人若是死了，他的靈魂就復歸於永遠的普遍的理性所以靈魂雖是不滅的但眞不滅的不是個人的靈魂乃是普遍的靈魂所謂個人的靈魂不滅祇以復歸於普遍的靈魂為限。亞歷山大派的曉將是佩托爾・彭坡拿提 Pomponatius, 1462－1524）愛威盧士派的代表者是尼哥勒圖・維爾尼亞（Nicoletto Vernias +1499）亞歷山大・愛錫黎奴（Alexander Achillinus, 1463－1518）與古斯都・尼富斯（Augustinus Niphus, 1473－1546）等他們的論爭中心地就是巴度亞大學所在地的巴度亞。

佩托爾・彭坡拿提通常稱爲派托魯・彭坡拿茲（Pietro Pomponazzi），在文藝復興時代是亞里士多德學派中最重要的學者他關於靈魂不滅論和愛威盧士派的尼富斯屢屢以言論交戰但他的學說差不多是率直的唯物論的結論。

亞里士多德學派對柏拉圖學派，亞里士多德學派中的亞歷山大學派對愛威盧士學派，在相互爭鬪或相互調和間，而司托亞哲學和愛辟克魯斯哲學等也都繼續的復興起來了。司托亞哲學的再興者是約愛斯・李普士（Joest Lips, 1547－1606）加斯帕・蕭普（Caspar Schoppe, 1576－1640）等愛辟克魯斯學徒從中世期開始，被誤解爲官能的快樂欲求者而受了異教的不信仰者的譏諷但因法人培爾・加桑（Pierre Gassand, 1592－1655）說明了愛辟克魯斯的人格和愛辟克魯斯學說的內容所以投身於這個學派者也逐漸的多了。

懷疑的思想也終沒有死去。懷疑說的代表者，是米顯羅·代·毛塔尼（Michel de Montaigne, 1533—1592），培爾·夏倫（Pierre Charron, 1541—1603）富郞棱·桑懈（Francois Sanchez, 1562—1634）等當時的懷疑說並未造成一個有系統的學說，不過單造成一種思索的方法。毛塔尼景產於法蘭西以博學著名的人關於古代文學的造詣是很可驚人的。他是代表近代初期的法國的時代思潮的最明確的個人主義的倡導者他的斷片的懷疑思想，由其友人夏倫整理出來。至桑懈更把他澈底的紹述，一方面以爲「吾人單能知吾人之所爲」而懷疑從來的認識，一方面又斷言學問的領域的存在這就是由概念的爭論使他們轉眼於經驗的事實的暗示了。

文藝復興就是由藉古代的思想而神想於新人文的民衆精神上所起的運動古典和古語的研究不是他的目的，乃是向卅古典和古語中所含的人類生活人類精神猛進的時代的要求古代思想的復活不過是其準備的形式罷了。如焚的時代渴望就不得不轉而爲新內容的要求是向兩途進行的：第一是向人心內部而進的想求新的認識於人間精神的最深處遂惹起宗教改革第二是向人類生活的外的方面的更分而爲二一向歷史的方面而進以促成新法理哲學和國家哲學的發生一向自然活動的方面而進爲純粹的自然認識的要求成了自然科學的發達。

第二節　宗教改革

惹起宗教改革的就是想脫離教會的權力，要求純粹，直接獨立的信仰之願望力中世期的教會權力是很高的，教會所爲就是神聖所爲，而強人爲絕對的服從至此基督教信仰的本義便立即消滅了脫離由教會傳襲的信

仰，闡明基督教的本義，想以自力找出宗敎的安慰和幸福的願望，就不得不隨文藝復興的精神而油然興起了。而這樣的願望並不是初在這時胚胎的，是由新柏拉圖哲學而生聯絡於經院哲學而或隱或現的流來的神祕說所扶育而成的，宗教改革的種子早潛伏在神祕說之中神祕說就是宗教改革的慈母潛伏在神祕說中的種子被文藝復興的氣運所促在近世初頭的地上現出萌芽便成為宗教改革。

為宗敎改革慈母的德國神祕主義起於愛克哈爾（Meister Eckhart）。如前所述，愛克哈爾和其他德國神祕學徒睥睨學問的知識以為基督教的真理不能求之於有神的認識力的自己之外的學問的教義之中祇存於有神的認識力的自己信仰的性情之根柢上他說：一離去煩瑣的形式的學問那麼真理便祇是信仰的知識真的真理是單存在汝的心裏的。人類有和神性相一致的性質得為神祕主義的認識真的知識不是理性的思索不是學者的知識而單是信仰的直觀這樣知識就說是神是在人類心中而直觀自己的因愛克哈爾的宗教改革的根本思想卑視理論的知識單是信仰的感情和神性有直接的關係都是含在神祕說之中的。因愛克哈爾的神祕主義成為民眾化；德國國內是不用說的了，就連瑞士荷蘭諸國也都普及了尤其在荷蘭是德國神祕派的理論的勢力和法國神祕即維托利奈（Der Victoriner）的實際的道德原則相接觸而生實際的神祕學鼻祖約翰・盧斯伯（Johannes Rysbroek, 1293－1381）而格爾哈圖・曼古那（Gerhardus Magnus, 1340－1384）托馬斯・愛，凱謨辟斯（Thomas a Kempis, 1380－1471）等有名的神祕學者，就相繼輩出了。

蔑視學問的知識和教會的行動以純粹信仰為重的神祕主義的思想就深印於民眾的意識之中，早晚自不

得不實現而爲一種宗教的運動，至此果然生出對於教會的革命他的中心人物就是甲爾文（Calvin, 1504－1564）束盈黎（Zwingli, 1484－1531）馬丁·路得（Martin Luther, 1483－1546）等三人其中有迫於時勢機運而起爲改革宗教的大人物於後世的大名於後世的，就是馬丁·路得。

路得是威丁堡大學的神學教授。因神祕主義的影響，而教會的權力，就不得使民衆爲絕對的盲從。於是便有許多人都承認教會的弊害，而促其改革。第十四世紀時英國牛津大學教授威利夫（John Wycliffe, 1330－1384），就謀改變教會政治組織提倡廢止盡像和遺物崇拜並密室懺悔等疑難教皇的至上權要求回復基於聖書的原始時代教會其說不但起了一種政治運動並且至第十五世紀初又遠傳到波希米，而使侯斯（Johann Hus, 1369－1415）和希羅尼摩（Hieronymus, 1360－1416）與起，而發生宗教改革的運動但是時機未到侯斯就化爲刑場的朝露了當文藝復興時，一切的東西都一新他的面目教會改革的必要，早被一般民衆意識所承認了。然而教會還是不能自悟自己的運命依然抱着舊態在僧俗兩界不斷的要求絕對的權威恰好那時羅馬教皇勒阿十世爲得資金建立聖彼得大伽藍於羅馬，發賣赦罪券（Indulsence）以攫取金錢。路得於是憤慨無所措於一五一七年十月三十一日，在威丁堡市的寺院揭出九十五條檄文非難教會的態度，而高呼信仰的自由路得既一度試其宗教改革的獅子吼，雖受了羅馬教皇或皇帝很暴烈的壓迫屢屢陷身危地但他的強烈的信念是不屈的，他更加在論文上辯論上不絕的爲決斷的主張所以他的議論就逐漸轟動德意志的國民和路得同時的有束盈黎也正在瑞士開始爲教會改革的運動與南部德意志的諸市民以深切的感動這樣一來宗教改革的運動日

益隆盛，刺戟歐洲大陸的民心使之覺省於真的信仰，更醞釀了新舊教徒的戰爭在歐洲史上生出了種種深切的波瀾但這等詳細事實是屬於一般歷史的，所以現在不多敍述。

總起來說宗教改革的精神，就是使信仰脫離教會的傳襲而獨立，重新回復基督教的本義。救濟是由衷心悔悟而來的，不是從信教會來的，是從信基督而得的。清除罪惡不在金錢的施捨，而在信仰這一類的話，就是宗教改革者的共通的根本思想新教徒把教義的基礎放在保羅的信仰說和奧古斯都的原罪說上欲離卻外的拘束而生出真信仰上的鬱勃的精神以基督教會的腐敗墮落爲機緣而表現於外的，即是宗教改革的運動。

路得束盈黎甲爾文等新教徒在屛斥教會的權力而重信仰的根本思想上雖屬一致；但關於聖餐式和其他則意見不同。至使各派互相爭鬪當這時反對新教徒承認法王的專制主義而標榜中世紀式的絕對的服從者有色斯托派(Jesuitanism)。色斯托派是易古拿・羅耀拉(Ignoz Loyola, 1491－1556)開創的，是舊教的革新團體新教徒排斥那爲教義的基礎的奧古斯都的原罪說，以爲所謂原罪者都是空想人是依各個行爲爲判斷的，出於善良目的的行爲，就是所謂善良的行爲，而提倡目的是不選手段的動機說但彼等所謂善良的目的（動機）就是設下巧妙的口實以修飾目的行爲如何，是向這巧妙的口實而下判斷，所以道德的判斷就失了絕對的客觀的性質而成功一種蓋然論(Probabilism)了。彼等是依這蓋然論，而辯護教會的道德律的彼等又主張法王的專制主義承認教會的赦罪權以爲不靠教會就沒有容赦其罪的道途。新教徒之反對這個，就是想杜絕赦罪的道途在政治上採用民主說以爲君主若是不服從教會失望於人民人民就可以奪取他的地位他的教義因爲平

易通俗，故很受當時一部分社會的歡迎又有採取新教的精神，而矯正色斯托派的弊端的就是由楊孫(Jansen, 1585—1638)所創的楊孫派(Jansenism)

宗教改革雖原是從德國神祕思想中發生的及變為政治的國家的運動而造成一種新宗教就生出組織教義神學的必要所以助路得而遂成宗教改革的米蘭可多(Melanchton, 1497—1560)就採用亞里士多德哲學而創出新教的經院哲學蓋中世經院哲學是宗教改革者所反對的，而亞里士多德哲學在某種意味上彼等是看作異端的。然而路得和米蘭可多都是純粹信仰的人並不是有哲學的獨創性的。當新教與舊教相爭時必定要有一種學說作為教義的根據要想達此目的那麼除非求之於古來學說再沒有別的妙策了。米蘭可多雖改造亞里士多德的哲學的因襲學說的宗教改革至此不得不想想初代基督教所經驗的事反覆試驗了。要想一掃經院哲學的極力想把新教的信仰作為系統的組織但結局也不過成為第二經院哲學而止。爲教會首領的否定爲宗教改革者的路得這個咒咀就不得不甘受了。在這時從新教的內部裏生出強烈的反對者在反對者中間可特別舉出的，就是受神祕思想影響的一派學者加斯帕·西文克費爾(Caspar Schwenckfeld, 1490—1561)塞巴斯提安·法蘭克(Sebastian Frank, 1500—1545)法侖秦·華格爾(Valentin Weigel, 1533—1588)雅哥伯·波邁(Jakob Böhme, 1575—1624)等。

西文克費爾起初雖是路得最熱心的弟子，但他對於新教徒的牧師，固執聖書以傳希神的語言爲我等獨占的權利的態度是反對的。他想依內心所湧出的神祕的思想以求信仰而掃除外面所定的一切形式因受種種迫

害，遂隱遁四方以終其生。

他的生涯也終於不幸到了法蘭克，而神祕主義和新教會的離反就更演到極端他的神祕學顯然帶着厭世的彩色。

坡拉塞爾斯的自然哲學相接近又開一新方面的發達的道途

對於坡拉塞爾斯的自然哲學俟後再述但此自然哲學和神祕主義，都以人類爲小宇宙以爲理解此小宇宙的自身轉瞬即可理解萬有在這個出發點上兩者本有接近的可能性所謂『人類只能知道且只能理解和自己所有的相同者』就是華格爾的名言。若把這個作爲平易的註釋那麼人類祇有自己是神才能認識神祇有自己是世界才能認識世界華格爾更把這個思想演爲三段以爲人類（一）認識地上的世界（二）認識靈和天使的世界（三）認識神的世界即照華格爾所說自然認識學問和神的認識從根本上說起來都不外是自己認識眞正的神學者，就是在自己之中探求爲自身本體的映像的人。華格爾根據上說，而更討論人性他雖以爲神是單一而且存在於自身之中；但人類是被創造物而同時是存於神和彼自身之中的，所以說人類有善和惡二重性存在依華格爾所說的神祕主義和自然主義的結合，到了雅哥伯‧波邁遂成功堂堂組織的學說。

華格爾是訾曉寵的牧師。他是用種種方法將其學說祕密發表，故未受何等迫害仍以新教會的牧師而活動。

雅哥伯‧波邁生於喬里玆附近的亞爾忒澤丹伯克是個純粹的德意志人他的家雖以製造皮鞋爲業可是他從幼時就漫遊各國中間讀了神祕主義者的著作而受其感化所以歸國後就把所謂『奧羅拉（Aurora）即朝日之光基於正當理由的哲學星占學和神學的根據或母和自然的記述』的一書公布了這本書一出現名聲

陡增，因受新教徒種種的壓迫然而他總是不曲不撓，更加大膽發表他的信念。波邁對於學問很表示嫌惡之情和侮蔑的態度以爲眞的啓示不在學問之中而在聖的朴素之中他說吾人不像學者祇從書中求知慧必定要從最高眞理的直接的把握中創造出來知慧。照波邁說神的力和性無論在我等人類之中抑在一切外物之中都是有的，神不爲遠方所隔神在汝之中汝亦在神之中波邁說神怎麼樣說明罪惡呢？神若是萬物的本性那就不能不把惡的原因即就是汝自身的本性照這樣的汎神論的見解又怎麼是宗敎的感情所不承認的。要想神不破壞神的神聖的性質而把惡的原因歸於神就當怎麼樣呢？波邁以爲善和惡相對立都一齊存在於神之中萬物若有善和惡的反對性，那麼不得不說在其事物本性之中，既已含着反對性了。一個無限的神在自己之中分裂反對是什麼原故呢？波邁答復說單依反對的啓示，才是可能的，神性要想啓示自己，那麼自身便不能不反對了。光單是存在於闇的，故善也是單存在於惡的不能說單有光單有闇故也不能說單有善單有惡。波邁看見了映於日光的錫器就豁然悟得這反對啓示的道理。

波邁說明了世界的生成而以爲萬物黑暗的太原（卽神性），就是由表現自己知道自己的衝動而活動的神。

神因觀察自己生出父子聖靈的三位一體神，更由此經過七個階級（Qual）而發生這現實世界……（刪去一段 譯者註）

波邁深信地上世界的腐敗和墮落這樣一來，就根據那所謂理想的具現的最醜形的人生觀，而陷於遁世的解脫。世界若是邪惡的那麼德單是在世界正反對的情形上存在的。他說：『萬事須與世界相反而行這就是赴德的最近道途』脫卻醜惡的物質就是他達到超世界境地的唯一方法在這裏就不能不認他和新柏拉圖學派的

思想源流相同了。

德國的神祕主義因波邁放了最後的燦爛光輝他的學說雖是到了荷蘭或英國等處都生出很多共鳴者但在德意志國內因為受新舊兩教徒的壓迫和三十年慘澹戰爭的打擊而神祕主義逐失却遏勢力的機會而終了。

第三節　法理哲學和國家哲學

文藝復興的精神在促進法理哲學和國家哲學的發生方面前面業已述過了。在中世期，教會的勢力非常強盛，故政治和法律也盡都附屬於教會然而一旦遇到逢着文藝復興的機運所有方面的外的拘束都寬鬆了，政治法律也就想脫離教權而自由研究的願求，遂到處興起，結果便促成了新的法理哲學和國家哲學的發達。在這方面的運動，最初起於意大利在意大利反對教會而強硬主張國家的獨立和尊嚴的，就是尼古勞·馬克拔利（Nicolio Machiavelli, 1469－1527）。

馬克拔利的理想，就是所謂意大利國家的統一。他看見當時意大利的現狀，受北方不斷的壓迫，因懷想羅馬全盛時代做了復活其衰弱的祖國勢力的好夢他就歷史上考察祖國發達的最大障礙的原因而歸罪於羅馬教皇的政權干涉制度以為要挽回祖國頹勢的唯一方策就在打破羅馬教皇的專制權從教會干涉而把國家解放出來他以很銳利的論鋒攻擊時弊他不但說國家要脫離教會的干涉卽法律也當從教會主權裏解放出來的權利或法律不可以教會的規約和教義的原則為指歸應當從國家去謀建設依馬克拔利的人性觀，人類是以無厭的欲望而活動的。故常容易做惡事善事是單在不得已時而行的他根據這種人生觀以論國家

為國家是適應人類的利益和必要而生的。關於國家的問題當從所謂爭利益之爭的一點上去觀察不當以道德上的論辯來解釋祇當訴之於武力而以武力解決最上的政體但在時勢艱難時除行君主政治外再沒有方法救濟。統治者當以圖謀國家的隆盛為最高的目的為達到這個目的無論採用任何手段都好這就是有名的馬克拔利的政治論他一方面是熱心的共和主義者一方面又想任專制君主的強固權力下求國家統一的實現，而組成極端專制主義的體系。

馬克拔利的新政治論給與當時社會以很多的影響從路得的宗教改革起引起宗教上的紛爭社會的秩序大為紊亂所以國家統一問題，就成為最眞摯的研究題目在馬克拔利稍後有英國的托馬斯·摩亞（Thomas More, 1480－1535）說明社會主義的理想國（Utopia）。他在『理想鄉』一書前編上極述亨利八世當時悽慘的社會狀態更在後編上討論理想的國家組織以爲救濟這種社會狀態的手段他說社會上生出不幸和犯罪的原因在財產和教育的差別，須構成以勞動和所得的平等為根據的理性的國家理想這樣國家當脫離教會權力而獨立因現世的利害關係而建設摩亞的理想鄉，就是把市民法律上的地位從宗教分離的思想的魁傑法蘭西的蔣·鮑旦（Jean Bodin, 1530－1597）在一五七五年著『國家論』強硬的排斥依教會教義而建設法理學他想依歷史的研究而定關於政治法律的重要概念君主服從神定法或自然法而尊重人民的自由和財產人民也不可不服從君主所命的法律（制定法）這就是鮑旦的法理觀意大利的金提里（Albericus Gentilis, 1551－1611），雖也是排斥向來神學的法理學的但他卻想把法學的基礎放在自然並永久不變的自然法之上故他的

學說還是極不完全的。德意志的亞爾圖秀（Althusius, 1557—1638）說：『社會是依契約而成立的，政權是在人民手中的君主不過是國家至高的公僕，君主若是違背契約人民就可奪他的君位』這一說就是民約論的先驅。鮑旦的歷史的說明和亞爾圖秀的社會契約說到了荷蘭人格羅丟（Hugo Grotius, 1583—1645）結合起來，法的區別越加明瞭。格羅丟把法分為自然法和制定法以自然法為有理性者即所有人類的遍通的法則制定法是因歷史和國土差別而相異的法則。他所謂自然法是由人類的理性而來的這個自然法乃因追求人性和所有社會的共通法律而認知的所謂求法的起原於人性的本質的法理哲學的端緒，就是肇始於他的。他又把法分為規律人與人的中間和規律國與國的中間的二種指出國際公法的觀念，而在法理哲學上垂下不朽的名聲。

第四節　自然研究

即在中世期經院哲學全盛時代，自然研究的傾向，也就流入思想界的一部分，終爲引導經院哲學破滅的反經院的原因的一種，前而已經敍述了。因文藝復興而社會的面目煥然一新，而想脫卻因襲的拘束，自由探求真理的精神蓬勃與起於學術界同時自然研究的興味，也更爲增加終促成自然科學的勃興而發生近代物質文明的光明。

在科學的研究法未明以前，都以自然爲神祕。惟有對於充滿祕密的不可思議的知識方可啟示自己當時的自然研究者知道依靠經院哲學到底不能發出自然的神祕，就想不依學問的研究單依神祕的認識參透自然以接觸於神的啟示。像這樣對於自然認識的空想的傾向，就稱爲神智學（Theosophie）神智學以自然爲神的啟示

想在自然之中認識神的神祕主義者，想在內部信仰的感情深處求神的啓示，這一派卻想在外部的自然的祕密中求神的啓示，前者是觀念論的汎神論而後者卻傾向自然主義的汎神論爲神智學的代表者最著名的就是米蘭特拉的葛不安尼·皮柯(Giovanni Pico della Mirandola, 1463－1494)。

關於自然研究的興味從各方面而起也有繼承十三世紀出來的路加·倍根而提倡經驗的自然認識者也有排斥古代的模倣，而以自然的觀察爲美術上的理想，如廖那德·達·文曲(Lionard de Vinch, 1452－1519)，米啓蘭智兒(Michelangelo, 1475－1564)等一派的藝術家。廖那德是意大利美術界的有威權者同時也是理論的自然科學尤其是重學和光學的建設者。

當種種思想繼續勃發的過渡時代常常會現出一種調和的傾向。他的代表者不能不舉已揭於中世期末的尼哥拉·庫撒奴。他方面想因神祕主義和自然研究混和而成的折衷主義將信仰試爲一種哲學的組織一方面代表末期的經院哲學者他方面又占在近世哲學建設者的地位。他的繼承者就是法國的文學家卡爾·布勒(Charles Bouille, 1476－1553)意大利人希羅尼摩·加爾達挪(Hierouymes Cardanus, 1501－1576)等加爾達挪是發明三次方程式解釋方法的數學家同時也是像兒童的空想的迷信家想由自然的有機體的見地來理解一切現象並想依自然的因果律而說明之這就是他的哲學的特色然他想把全世界的有機的關係和一切現象的普遍的適法性作爲星占學的觀察在這一點上還現出那未成熟時代的空想的形態。

想因神祕的認識以接觸神的啓示的神智學至此一轉以爲若能探求自然的奧祕，接觸於神的啓示，就可以

一百七十八

一七八

支配自然行使幻法而成為一種祕術（Magie）。阿古里坡（Agrippa von Nettesheim, 1487－1535）傾向於此，是最顯明的但至坡拉塞爾斯（Thephrastus Bombastus Paracelsus, 1493－1541）更想以此祕術起而試行改革醫術。坡拉塞爾斯把哲學由神學分離放在自然科學之列依他的見解哲學不外是自然的認識在萬有世界中有稱為『威爾加奴』（Vulcanus）的普遍的力和稱為『阿爾曉斯』（Archeus）的個人的力吾人的疾病就是『阿爾曉斯』被外來的靈所征服所以治療疾病不得不強健吾人的內的本質而反對外來的靈他就用精氣（Die Quintessenzen）侵劑（Die Tinkturen）祕密藥（Die Arknen）等化學的製造為醫療的手段他雖是危險的魔法的醫術的始祖但重系統的化學的實驗給與科學研究的貢獻也就很不少了。

坡拉塞爾斯的醫學成為一大學派，而傳諸外國在荷蘭最為普及出了很多有名的學者他的自然哲學和神祕說相結合前面已經說過了。

哲學和神學到了意大利的自然哲學出來，分離得更明顯了。庫撒奴的普及者加爾達挪，雖能看出神智學的傾向，但至伯拿地·太勒蕭（Bernardino Telesio, 1508－1588）就從經院哲學完全脫離大膽的對於自然實行公平經驗的考察。他是意大利自然哲學的開創者。太勒蕭極力排斥亞里士多德學說非難那依思索力的純理性而行的世界的認識以為依推理而得的思想不過是真理的忖度罷了單依經驗而確證的才是真理因把自然認識的根本原理歸之於感覺的經驗照他的世界觀天的中心（即太陽）是最熱而最乾燥的地的中心（地球）是集積寒冷和溫暖的地球的中心點環繞着太陽而運動因溫寒和乾熱的二原則而生各個事物感覺的能力也是

二原則永久相爭而表現自己的進行。

次於太勒蕭而出的富蘭西斯科·帕托里士（Francesco Patrizzi, 1529—1597）也激烈的攻擊亞里士多德，他說亞里士多德學說中的優點全都是繼承柏拉圖而來的劣點都是他自己附加的帕托里士的思想受着新柏拉圖學派的影響這是最顯而易見的。

在意大利自然哲學者中最傑出的就是喬爾登·鮑魯訥（Giordano Buruno, 1548—1600）。他生於康浦尼亞小都會的諾拉年少時即入多米尼康派的僧團但因耽讀自然哲學家的書猛烈唾罵經院哲學所以受種種壓迫漂流各國在羅馬被囚於獄舍者七年以後終受火刑而死這時去蘇格拉底的殉教恰好為二千年。

鮑魯諾根據哥白尼的地動說而定宇宙觀以宇宙為活動的和無限制的東西。哥白尼的地動說就是說：『地球和其他遊星是以太陽為中心而回轉的。』鮑魯諾因而說：『宇宙以太陽為中心而回轉其周圍的星體是無數的。』由此引出宇宙無限的形而上學的結論。宇宙是擴於無限空間的從本質方面觀察那無限制的宇宙的『能產的自然』（Natura naturaus）就是神從存在方面觀察的『所產的自然』（Natura naturata）就是各個事物。所以神性是個物的能動原因無論何事都有那神的生命貫通着。鮑魯諾敍述最善觀以作以上汎神論的必然的結論以為宇宙的本質是超越差別的是永久不變的完全如個物的失望或不幸都不過是無限的本質變更外的發現的形相罷了。他說人類若達到觀察全體的境地對於世界的惡或禍的煩惱就消滅了更把尼哥拉·庫撒奴所說的反對之歸一的學說從汎神論的見地使為更進步的發展而為斯賓挪莎的先驅。

因為神性是包含一切反對的所以同時是最大的又是最小的神性所發現的萬物是由不可分的極微部分而成的他名這極微部分為『單子』（Monade）單子是物體同時也是精神是為萬物原因的神性之發現於各個的因為神性是不可分割的所以單子就是無限的神故單子就是映寫宇宙全體的鏡子換句話說就是小宇宙他的單子論不用說就是拉比尼都的先驅了。

托馬梭·康普奈拉（Tommaso Campanella, 1568－1639）也是意大利自然哲學者之一人他也是多米尼康派的僧侶卻和鮑魯諾不同他不但願順從教會並且因為政治上的理由而囚身監獄至二十七年之久在獄中著了許多的著作以後被釋赴法國就在巴黎逝世他是承繼中世期末葉的思想把哲學和神學分開以為神是基於信仰的哲學是基於經驗的又分哲學為形而上學和物理學二部以論理學和數學為哲學的補助學科他以懷疑主義之攻擊為認識論的出發點他大倡認識是始終屬於感覺的能力的感情論如感情記憶推論也不過是感覺的變化結合罷了他說實體存在於一切的事物所以人類就是小宇宙若洞察自己的本性便可解世界之謎。他列舉那由經驗上確實不疑的原則為（一）吾人是存在的，（二）吾人是行知且行欲的，（三）吾人是被外的影響所左右的（四）人是除了現在所有更知他事欲他事的。其中最重要的就是第二推此經驗上的原則，而以力知識，意欲為實在本源的特性的之最完全最純粹發現的東西就是神性然而神是不可認識的，不得為哲學的對象。笛卡爾和康德的學說已暗示於康普奈拉是要注意的。

意大利自然哲學家在接近奔放的詩的想像而建設自然哲學的傍邊發現自然精確的科學的研究者其中

特別有名的就是提倡天動說，而使向來的托勒米說根本破碎，在天文學上作一大貢獻，在人類思想上垂留偉大功績者就是哥白尼(Nikolaus Kopernikus, 1473－1543)他的天動說在鮑魯諾的世界觀上所及的影響前邊已經述過了比哥白尼後出的愷布爾(Johannes Kepler, 1571－1630)不但使天文學上的研究更進一步並且使自然研究脫離神祕主義或神智學應用數學作為科學的研究以為眞正的知識，是精確計算所得的。

使愷布爾的科學的研究法更加發展的就是卡利里(Galileo Galilei, 1564－1642)。他在為自然科學者的方面，關於物體下落的法則，望遠鏡的改良，近世機械學和天文物理學的建設等建設下可驚的功績。他以為哲學的任務在於自然認識，而自然的認識單依經驗可達。自然是依數學的符號而記述的。故理解數學立刻就能理解自然。就是哲學的目的，即在依知覺而認識一切事物的數學的秩序。他把自然研究的方法分爲分析法和綜合法二種：所謂分析法就是依實驗補助觀察，而為數量的計算所謂綜合法，就是結合那依分析的方法弄明白的物質的實在之單純原素而確定了相互間的數學的關係他歸於原子和原子的運動而使溥羅塔高拉所倡的感覺主觀性說復活原子論說單是他學說的假設的後援，而為自然認識的內容的數學的關係畢竟是運動的量的關係，自然研究的目的就是這物體的狀態，而變化這狀態的東西也是運動的關係。當卡利里讚許哥白尼的世界觀，而由數學以打破亞里士多德的自然哲學時，被視為異端者會受周圍苛酷的壓迫。書籍被禁止發行，並以拷問去恐嚇他雖至不得已而立改說的僞誓然終不捨棄信念。至晚年雖成盲目之身困苦頻連受了不斷的監視，但仍是醉心於學問

的思索。

意大利的新哲學，以卡利里爲殿軍，而告一個段落。

附過渡時代（約表）

文藝復興
- 精神…文藝復興是希臘思想希臘精神的復活，不單是研究希臘古典愛玩古代文藝和美術的運動。
- 由來
  1. 在意大利有旦丁比的拉加薄加起等詩人出現研究希臘古典的結果，就使人文主義勃興。
  2. 教皇威根四世以併合東西兩教會爲目的而招聘希臘學者使間接的發達人文主義。
  3. 一四五三年君士坦丁堡陷落同時東方學者就避難於意大利。

哲學再生
  1. 柏拉圖哲學
     1. 和文藝復興同時再生的第一就是柏拉圖哲學。
     2. 當時的柏拉圖學者總脫不掉新柏拉圖學派的臭味。
     3. 學者：伯撒里溫斐球斯帕托里士等。
  2. 亞里士多德哲學
     1. 和柏拉圖哲學再生同時生出些使亞里士多德哲學脫離經院哲學的解釋而獨立的人。
     2. 學者：
        1. 亞歷山大派：佩托爾·彭坡拿提
        2. 愛威盧士派：維爾尼亞愛錫黎奴尼富斯。
  3. 司托亞哲學…李普士蕭普。

宗教改革
- 結果
  1. 宗教改革。
  2. 法理哲學和國家哲學的發生
  3. 自然研究。
  4. 愛辟克魯斯哲學…加桑
  5. 懷疑哲學…毛塔尼夏倫桑懈。
- 原因
  1. 因文藝復興的精神而脫離教會的權力以求純粹直接獨立信仰的願望力，格外加強（養出願望力者，就是神祕主義）
  2. 教會的腐敗墮落更促進改革的氣運。
- 改革者
  1. 束盈黎
  2. 甲爾文
  3. 路得
     1. 消極的主張…攻擊贖罪大聲疾呼信教自由。
     2. 積極的主張…救濟不是由信仰教會而來是由信仰基督而來。
- 新教成立
  1. 生出教義神學組織的必要。
  2. 米蘭可多因為採用亞里士多德哲學，而生出了第二經院哲學。
  3. 各派互爭。

第三篇 近世

{ 結果
- 1. 反對新教徒而承認教皇的專制主義，標榜着中世期式的絕對服從。
- 2. 色斯托派
  - 1. 開創者…易古拿・羅耀拉
  - 2. 蓋然論：道德是客觀的標準。
  - 3. 赦罪說…赦罪權獨爲教會所有。
- 3. 神祕主義
  - 1. 非難教會採用亞里士多德哲學失卻宗教改革的精神
  - 2. 學者
    - 1. 西文克費爾
    - 2. 華格爾
    - 3. 波邁

國家哲學
法理哲學
{ 發達理由…被文藝復興的精神所促使政治法律脫離教權試行自由研究的欲求很爲旺盛。
{ 學者
- 馬克拔利（意）
  - 1. 夢想意大利國家統一而欲挽回頹勢。
  - 2. 以意大利衰弱原因歸於教皇的專制制度，而提倡政治的獨立。
  - 3. 政治論
    - 1. 人類是以無厭的欲望而活動的，國家是由人類利益和必要而生的。
    - 2. 雖以共和主義爲理想，但欲救時弊卻可用專制主義。
    - 3. 君主爲達到統治的目的任探如何手段都可。

由來…自然研究的傾向雖在經院哲學全盛時也流入思想界的一部，但依文藝復興，而更加強盛。

- 摩亞（英）…理想國。
- 鮑旦（法）…大聲疾呼法理學的獨立。
- 金提里（意）…想把法學基礎放在自然上。
- 亞爾圖秀（德）…社會契約說。
- 格羅丟（荷）…把自然法和制定法明白分開。

神智學
- 1. 依神祕的認識參透自然而接觸神的啟示是最幼稚的自然研究法。
- 2. 代表者…米蘭特拉的皮柯。

自然研究各派
- 1. 路加・倍根的繼承者。
- 2. 以自然觀察為美術上的理想的美術家…廖那德・達・文曲。
- 3. 神祕主義和自然研究的調和者…庫撒奴
  - 布勒
  - 加爾達挪

祕術
- 1. 若探出自然奧祕以接觸神的啟示，就可以支配自然行其祕術
- 2. 著名的學者
  - 阿古里坡
  - 坡拉寨爾斯

自然研究
├─ 意大利的自然哲學
│   ├─ 1. 把哲學和神學最明瞭的分開。
│   │   └─ 太勒蕭…單有由經驗所確證的是真理。
│   │   └─ 帕托里士…攻擊亞里士多德哲學。
│   │   └─ 鮑魯諾…
│   │   ├─ 1. 宇宙是活動的無限際（哥白尼的影響）。
│   │   └─ 2. 汎神論最良觀單子說。
│   └─ 2. 著名的學者
│   └─ 康普奈拉
│   ├─ 1. 認識是始終屬於感覺的能力。
│   ├─ 2. 以由經驗上推出的力，知識意欲三者為實在本源的特性。
│   └─ 3. 本源的特性純粹發現的是神神是不可說明，不可認識，不能為哲學的對象的。
└─ 自然科學者
    ├─ 1. 意大利的自然哲學者，對於自然研究，接近奔放的詩的想像，這一派卻與他們相反，而為想依精確的科學方法研究自然者。
    └─ 2. 著名的學者
        ├─ 哥白尼…倡天動說，而破碎托勒米說。
        ├─ 愷布爾…應用數學而以科學的研究自然。
        └─ 卡利里…使愷布爾說更加發展…是偉大的科學家。

一百八十七

第二章 近世哲學的發生

在過渡時代雖有種種新思想發現和傳習的思想相爭，以致思想界紛雜混亂，然而還沒看見有新哲學的組織。但是在這混亂之中已經伏下新組織的種子，他的種子發芽便發生近世哲學的大組織。

近世哲學的濫觴發自英吉利法蘭西和荷蘭。文藝復興時代的思想舞臺是意大利和德意志。但在意大利，因為後來羅馬教會對於新教徒勃興力求自衞，便極力以抑制反對思想爲事。在德意志因爲宗敎戰爭起來，消耗國民的元氣，故新哲學的淵藪地就移到前記的三國（英法荷）。然而德意志在三十年戰爭以後他的國勢逐漸回復，同時又容納勃興於法蘭西的哲學，使他發達，遂掌握近世哲學的霸權。

發於英•法•荷的近世哲學有兩種不同的思想：一是發生於英國的經驗論，一是起於法國移於荷蘭而流行於德國的純理論。經驗論是把外界的各個事實爲很多的觀察，漸次組織爲確實的知識。純理論是以吾人的意識所直接認爲確實的爲根據，依其證明而窮理前者重後天的經驗後者卻重先天的理性前者的學風是心理的，觀察的後者的學風卻是思辨的。近世哲學生出這樣不同思想的支流多因國民性不同而起。概括起來說，英國國民是實際的活動的；法國國民是抽象的空想的；德國國民是思索的思辨的。注重實驗即在事實上發見真理，是英國國民的長處；求抽象的原理提倡新的學說，是法國國民的特色；德國國民可誇的之點。經驗論起於英國而漸次發達，純理論發於法國而繁盛於德國，都是很有興味的事實。

第三章 英國經驗學派

第一節 法郎西斯・倍根

意大利的自然哲學家和懷疑論家雖老早就以知覺爲知識的基礎，而提倡爲一種經驗主義；但他們還不能完全脫離空想的神祕的思想還沒有覺悟經驗的研究到底是什麼明白知道這一點而成爲近世學術的先導者，就是英國的法郎西斯・倍根（Francis Bacon, 1561-1626）。

倍根雖以天才的政治家逐漸立身出世過他充滿光輝的生活；但因爲他做了政治家，故做了很多不德義的行爲，所以晚年非常的蹉跌他自從脫了公共生活以後就盡全力以從事於學問上的著作他在道德上雖有種種招人物議的短處；但也不能因此就埋沒了他在學問上的功績。

倍根的功績就在把學問的新理想和新研究法明白舉來，而在學問的組織和實際的研究上卻沒有何等貢獻。

他以爲從來的學問一概沒有價值，因此便說從來的學問毫無實益凡無實益的學問就是死學問。他須把這樣死學問廢掉而使學問爲活用於社會的文明的利器文明是因使役自然而生的，能自由利用自然的就是知識他舉出「知識就是勢力」的名言以示新學問的特質使役自然的知識並不是空漠的秘術的思想是着實的科學的研究，就是發明發明所必不可缺的準備就是自然法則的認識這就是他的哲學的自然研究的方法論。

偶像論　要想得到確實的知識，不可不丟開那先入的偏見和妄想他稱這先入的偏見和妄想為偶像(Idola)分為：(一)洞窟的偶像(Idola specus)(二)劇場的偶像(Idola theatri)(三)市場的偶像(Idola fori),(四)種族的偶像(Idola tribus)。四種所謂洞窟的偏見，就是從個人的性癖和偶然的境遇而來的偏見恰如閉處在洞窟之中不見世界的廣大一樣所謂劇場的偶像，就是崇拜古人的傳說和風行一世的學問而盲目信從的一種偏見所謂市場的偶像，就是從交際而來的一種偏見。其中特要注意的，就是言語單不過是便宜上使用的符號，而人動不動就會生出言語所在真有實物存在的誤解所謂種族的偏見。其尤著者例如吾人把椿椿事都是依從何等目的而起的，這樣思想乃是最大的偏見。吾人抱著目的而活動的如推廣這種見解以為自然界中椿椿事都是依從何等目的而起的，這樣思想乃是最大的偏見。吾人抱著目的而活動的如推廣這種見解以為自然界中椿椿事都是依從何等目的而起的，這樣思想乃是最大的偏見自然研究的一大障礙，就在這種目的觀。自然界沒有目的，不過單有原因結果的關係罷了。故真正學問不得不取機械的說明這就是偶像論的要旨。

歸納法　學術的研究一定要從經驗上出發除去先入的偏見，虛心平氣以實驗或觀察事實，即從這些事實中發見法則這就是歸納法。祇有歸納法才可以叫做真學術的研究法他反對亞里士多德和經院哲學說形式論理不能開發新的知識因呼這新研究法為新『奧爾迦農』(Organon)。

要作歸納的研究必須先蒐集可為其基礎的事實(即事例)(Instantiae)要蒐集事例，必須要守一定的方法例如要發見溫熱的法則第一不可不將溫熱所存在的事例，第二不可不將溫熱所不存在的事例第三不可不

將溫熱或多或寡的種種事例蒐集而列舉起來由這樣蒐集事例發見出來的法則，就是歸納法所謂法則，就是為事物本質的形相（form）或本性（nature）和今日物理學上所說的法則是不同的，他不承認數學可為自然研究的根柢乃是他的研究法的一種顯著的缺點。

倍根和卡利里時代大略相同卡利里依分析法以求數理上能定的運動的單元因以此為學術研究的根本主義，而倍根卻依歸納法以探求現象的本性和形相這都是近世學術發達史上一個大可注目的事實。

第二節　霍布士

倍根單注重歸納法然把歸納法和演繹法併用起來，以為得到精確知識的方法在研究法上補綴倍根的缺點，而為更進一步的組織的哲學之建設者就是托馬斯・霍布士（Thomas Hobbes, 1588－1679）倍根祇想提倡脫離教權而獨立的新學術但霍布士的目的，卻想使國家和道德都離開教權而獨立。他是近世經驗派倫理學的創始者，英國近世倫理學史就說是依他的學說和其反對說而成立的，亦無不可。

霍布士是馬爾謨士巴勒牧師的兒子。在牛津受了教育以後又旅行到法蘭西和意大利，和各種新思想家相交遊並接近了卡利里歸國後得親近其思想後來再度逗遛巴黎而和加孫底成親密的交誼他又和笛卡兒的摯友美爾遜奈相交得受笛卡爾的影響他的著作從十七世紀中葉就繼續公諸社會其中特有名的，就是巨靈（Leviathan）（一六五一）。

霍布士的哲學在可以看作他的根本概念的『第一哲學』之外分為（一）論物體的物理學，（二）論人類的

人類學，(三)論由人類集合而成的國家的國家學三部。

唯物論 霍布士受了愷布爾卡利笛卡爾等的影響，設下機械的世界觀，把自然作為機械的說明。照他說：「所有的存在都是物體所有的發生事件都是運動自然界的現象不用說了就是精神現象也不外是物體或運動因為運動的生起都是機械的自然的所以自然很可以為機械的說明」在物體以外沒有可以認為實在的空間是為吾人而存在的幻像時間也一樣是運動的幻像學問決不是以某種祕密力為研究的對象的是研究存在於空間運動於空間的東西(即物體)他在物理學中又說吾人依觀察和實驗而確認的一切物體唯有依據形成物體的原子運動的結合才能夠明白思考出來。這種學說使人把戴毛克里托的學說想起。

感覺論 霍布士由機械的世界觀，以說明認識，而倡為感覺論。依他說所有的存在，都是物體，所有發生的事，都是運動。精神作用也不外是運動的一種精神作用中，最簡單的，就是依外界刺激而起的感覺，而一切精神現象，全不過是這感覺的變形罷了。由感覺而生的運動的殘餘，就是想像和記憶又由豫期隨感覺而起的快不快而生出欲求和嫌惡的念頭許多欲求相爭強的就制勝而成為意志和自然現象相同，先由運動而為機械的規定。這就是他的意志決定論在把一切精神過程認為由感覺變化而為系統的辯論的一點上比較康普奈拉更進一步。

道德說 以機械的世界觀為基礎的霍布士道德說，結果當然要成為利己主義和相對論隨快不快之感而生感覺所以人若豫期這快感或不快之感，就生出欲求和嫌惡的念頭所有活動，都是由這個欲求而來的然則怎

麼樣的感覺就生快感，怎麼樣的感覺就生不快感呢？霍布士拿自身保存的觀念來說明這個。他說：助自身保存的刺激就與以快感，妨自身保存的刺激就與以不快感，人類所欲求的，不外是自身保存人始終是利己的動物。霍布士舉出自身保存的法則以作動物生活的原理和卡利里以運動保存的法為物質的根本原理相對照可算是很有興味的事。

霍布士根據那為人類自然性的自己保存的欲求以論道德，以為吾人所欲求的就是善，吾人所嫌惡的就是惡，善惡是有主觀的性質的，並沒有所謂客觀的善和惡的，故善惡的標準也因時因地而不同。他否定普徧的道德標準，而倡相對論很和溥羅塔高拉之說相似，然霍布士並不是絕對的否定客觀的標準的，他仍以國家所定的法律為判斷善惡的標準。

民約說　霍布士把機械的世界觀適用於自然，而倡唯物論適用於認識論，而主張感覺論在道德上說相對論，更論到政治上而構成民約說。依霍布士的見解，人類是以保存自己的欲求為目的而活動的利己的動物。是社會的動物若一聽其自然就要壓倒他人，而求自己的幸福相爭相戰，人類這樣相爭相戰結果一定得不到幸福的生活，想求幸福反而失掉幸福，於是有理性的人類悟得自然生活不是所以滿足自己的欲求得到幸福的生活的，至欲造成有秩序的社會了，社會的成立，就是理性所命令的人想造社會，就不能不互相定約讓出個人的權利（一）對於平和的希望（二）互讓（三）契約這三個條件就是社會組織的原則。

人類一旦相約而組織國家就要設下制定法，而國家就拿絕對權來強制他們，個人對於國家當為絕對的服

從個人單在不違反法律的範圍內，才有自由。爲維持國家的安寧，就生出制限個人自由的必要欲實行國家組織的契約，而鞏固其結合，就不可不有絕對的權力而爲懲罰破約者的主權（即君主）君主是國家的統一者代表者和主腦。君主的權力是絕對的。若君主的權力薄弱，就要使國家復歸於自然的無秩序了。法律是國家的理性是公共的良心是道德的客觀的標準。然君主有改廢法律的權能，君主的絕對權超越在法律之上是使法律的效果確實的。君主不但可以改廢或制定法律，並且還得決定國教但君主對於神也是有責任的，對於國民並不予以爲惡的自由霍布士的學說，就是從利己主義出發而達到君主專制主義。

霍布士的學說具有獨創的見解，在當時的思想界上雖有很大的影響；但一面又含有種種誤謬和矛盾。他把人類的本性徹頭徹尾的解釋，若放任於自然，就要互相爭鬪，不得過幸福的生活，所以因契約的結果便造成社會。但這樣解釋徵諸歷史上的事實是不能承認的。又他的學說一方面提倡利己說他方面又承認君主專制主義一面求道德的判斷標準於個人主觀的好惡，一面又由君主命令而生的法律作爲客觀的標準等都是有顯明的許多矛盾的。

第三節　霍布士倫理學說的反對者

霍布士的學說反對者是非常多的。在他的倫理說上尤其是異論續出頓在英國的近世倫理學史上添了許多生氣。

對於霍布士一面倡善惡判斷的主觀的性質，一面求客觀的標準於法律的相對論和合法主義等從觀念論

的立腳點上出來反對而倡本有論者，就是劍橋的柏拉圖學派，和稱爲劍橋的道義哲學家加道爾斯和摩亞等。從論理的立腳點上出來反對而倡合宜說者，就是克拉克和奧拉斯頓等。從審美的立腳點上出來反對而倡道德官說者，就是夏富伯里和哈提蓀等。更把道德官說完成而倡良心說者，就是坡托拉反對以自己保存的欲求爲人類本性的利己主義而倡利他主義者，就是康樸蘭德又把那以利益爲道德根本原理的霍布士之說從經驗論的立腳點上出來改善的，就是羅克。羅克的學說，更依休謨和亞丹・史密斯等而成爲同情同感說把以上所列舉的霍布士的反對說和改善說列表如左：

第三篇　近世

霍布士的反對說和改善說 {

反對說 {

反對相對論 {

本有說 { 加道爾斯　摩亞

合宜說 { 克拉克　奧拉斯頓

道德官說 { 夏富伯里　哈提蓀

自然法說

良心說（坡托拉）

反對利己主義……利他主義　康樸蘭德
}

在倫理學上認吾人有直覺善惡的能力的說稱為直覺說所以從學說的區分上說起來以上所列舉的諸說，屬於直覺說者居多。羅加斯以加道爾斯和克拉克為合理的直覺主義以夏富伯里和哈提蓀為美學的直覺主義以亞丹・史密斯為同情的直覺主義以坡托拉為自律的直覺主義

從年代的順序上說起來若紋述了霍布士的學說，就不可不轉眼於大陸，而細味那為純理派鼻祖的笛卡爾的學說但為說明的便宜起見須先檢討前面所列舉的霍布士反對者而一覽那以倫理問題為中心的啓蒙時代以前的英國思想界。

一 劍橋的柏拉圖學派

對於霍布士的唯物的及自然主義的消德論而最先開始攻擊的就是劍橋的柏拉圖學派。所謂劍橋的柏拉圖學派就是起於第十七世紀時的英國籍新柏拉圖學派而研究柏拉圖哲學的一派學者這派學者從笛卡爾受了不少的影響臘夫・加道爾斯(Ralph Cudworth, 1617－1688)和亨理・摩亞(Henry Mare, 1614－1687)就是這派的代表者。

加道爾斯在其所著的『永遠不變的道德』(Treatise on Eternal and Immutable Morality, 1731)上，

```
         ┌ 羅    克
改善說 ─┤ 休    謨    同情同感說
         └ 亞丹・史密斯
```

一百九十六

排斥霍布士的學說而述道德的觀念本有說依他說真理是在感覺以上的東西感覺單把主觀的一時的個個映像或幻像作為受動的解釋而止因此不但不曾給與那關於永遠的實在的知識並且不曾給與這物質世界的真知識能够了解那為真知識對象的普通概念的東西只有理性。所以目不能見手不能觸否不能聽單依理性總能够了解道德觀念的永久不變是和科學的真理一樣的。道德觀念是神的理性所固有的而為永久存在的客觀的實在也不是依神的意志而成的也不是依經驗而生的吾人的心分有神的理性所以吾人心中本有道德的觀念卽道德的觀念是吾人生而本有的我們靠着他繼能辨別善惡。加道爾斯對於霍布士的關係和蘇格拉底對於哲人派有很多相似之點。

摩亞雖沒有加道爾斯那樣博學但他把加道爾斯的道德觀念本有論叙述得格外顯明依他的見解道德的大本是絶對不變的博愛從這個大本而演繹出來那日常本務的就是理性行為的動機是快不快的感情是他和霍布士的快樂說相同的他的著書稱為『倫理要論』（Enchiridion Ethicum, 1669）。

二　克拉克和奧拉斯頓（合宜性說）

承繼加道爾斯的思想排斥霍布士的快樂論的思想而倡合宜性說的就是薩美爾・克拉克（Samuel Clarke, 1675—1729）和克拉克從相同的立脚點上把善惡正邪的區別的客觀的存在為論理的說明者就是奥拉斯頓（Wollaston, 1659—1724）。

克拉克是想把道德放在自明的公理之上萬物是和一切他物相關係而存在的很有和他物相調和的合宜

性(fitness of thing)因而吾人的行為也很有和外界事物相調和的合宜性，而吾人行為和外界相調和，就是主觀的合宜性行為的正邪善惡依該行為能否和外界事物相調和而定即道德判斷的標準存於主觀的合宜性的有無。凡行為和外界的事物不相矛盾不相衝突而甚合宜者就是善反過來就是惡那麼行為的合宜性是怎麼樣能夠認識呢？克拉克就把這個歸於理性的直觀。克拉克說依吾人理性而直觀的直觀理性好像能直觀數量似的有直觀行為的合宜和非合宜的原理和數字的原理相同是直覺的自明的。否定道德的法則和否定數字的原理是一樣的。所以道德的原則和數字的原理是一樣的。依克拉克說，他把直覺的自明的正當法則分公理為：(一)對於神的崇拜歸依是正當合宜的，各個本務都是從此演繹出來的。(二)對於同胞的公平的法則，即慈愛的法則。(三)對於自己的自制的法則。

奧拉斯頓也是從那和克拉克相同的立腳點上而論道德的。依奧拉斯頓說分行為正不正的標準，在其行為是否肯定真理而定為之則是真理的肯定，不為之則是真理的否定的行為，就是正的；反於此的行為，就是不正理性動物的行為可以為合宜的，故亦可以為不道德的。不道德的行為是由錯誤判斷而生的。奧拉斯頓又把道德和真或福祉看作一樣以為道德是和吾人的幸福不離的，吾人所當取的快樂，必定是真正的快樂。

三　夏富伯里和哈提薩（道德官說）

克拉克和奧拉斯頓的倫理說一方面論道德的法則之直覺的自明，一方面又未能完全脫去幸福或利益的觀念。

說吾人好像有判知妍媸的美的感官（美官）一樣，是有直覺善惡的道德的感官（道德官）；反對那否定道德判斷之客觀的標準的霍布士的相對論同時又排斥那想把道德的根據歸於理性的直覺主義的加道爾斯和哈提孫並其他合理的直覺主義而大倡感情的直覺主義者就是夏富伯里（Schaftesbury, 1671—1713）和哈提孫（Hutcheson, 1691—1746）。這派學說的特色就在求道德判斷的根本於那所謂『道德的感覺』之特殊的實踐能力。

夏富伯里和約翰·羅克為密友，而為援助羅克的夏富伯里侯的嫡孫。在他的著述當中，最有名的，就是『人·風俗·輿論·時勢的特質』(Characteristics of Men, Manners, Opinions, Times, 1711) 一書。

夏富伯里根據於希臘式的美的和調和的世界觀而述倫理說。他的以為美的結果便一方面反對霍布士的利己主義和相對論一方面又反對從前的合理的直覺論。他把世界看作調和的或美的以為世界是被支配於雜多統一的法則的。吾人身體的各部分成為統一的體系，而由精神總括之，世界亦然也是雜多調和合而為一，而由神總合之。在世界的局部中是也有不調和也有惡的；然若觀其全體，那就並沒有不善美的。他常以宗教的感情讚賞宇宙的美好。

夏富伯里的美的和調和的世界觀，就在道德論上也現出一種調和說世界既是美的調和的，故善也不能不是美的調和。吾人自然所生的諸性能，即是所謂德行的主眼他論吾人的性能以為有個人的衝動（私情），同時也具有社會的衝動（公情）而這兩者能調和時方纔生出社會的幸福同時也生出自己的幸福所稱為道德上的善，

畢竟不外是這性能的調和。因爲吾人是併有這個人的衝動和社會的衝動的，所以反對那人類祇是自保的生物之利己說以爲社會是根據吾人的社會的衝動而成立的，並不是考慮自己的利益後總定下契約而組織成的，因而反對社會契約說。

個人的衝動和社會的衝動（卽私情和公情），雖是吾人行爲的二動機，但在這自然的本能的動機以外而有理性的吾人是還有一種動機的。這就是愛善美而憎惡其反對的醜惡的感情。他稱道德上的反射的感情爲『道德的感官』（Moral sense）。道德官如同美官直覺的識別善惡的能力道德官的特質當反省某種行爲時不用何等標準而能惹起讚賞或非難之情道德官對於自己行爲而下是非判斷時就成爲良心道德官和良心並不是別爲一種的，不依道德官的力，就不是保全那爲自然本能的公情和私情的調和而得到彼此的幸福的人。若是有這樣的人就只能說是善人不能說是有德者。夏富伯里的反射的感情的道德官可以直覺善惡之說旣和那否認道德判斷的標準的霍布士之相對論相反，又和那以理性爲識別善惡的能力的加道爾斯和麋亞的本有觀念說，及克拉克和奧拉斯頓的合宜性說顯然異其性質的。

夏富伯里又對於宗教而倡倫理的獨立。他說德行是有伴於自己的內在的幸福的，所以拿着如神明賞罰等的要件附於其外是不必的。依他所見倫理並不是以宗教爲基礎的而倫理的極致卽是宗教道德的感情在瞻仰宇宙調和而讚美時就可生出宗教的感情。

他不但提倡人性有愛他之情而打破利己主義以開良心論的濫觴並且排斥單以理性爲道德判斷的基礎

的偏知的傾向，在自然的性情中求道德主觀的基礎而在英國的倫理思想界引起新潮流的夏富伯里的功績，是可以大書特書的。

哈提蓀是發展進步夏富伯里的道德官說的，『倫理學系統』(A System of Moral Philosophy, 1775) 就是他的代表的著作。

吾人有判斷行為善惡的道德官能，在道德官的判斷是決沒有錯誤的一點上哈提蓀雖然繼承夏富伯里的思想；但他對於道德官的善是什麼比較夏富伯里還更加注重公情，而傾向純然的愛他主義。夏富伯里雖以吾人個人的衝動和社會的衝動的調和為善，但哈提蓀卻最注重那根據社會的衝動的行為以為單有圖謀社會利益的博愛的情緒是美德道德官所命的善，不過是這博愛罷了。個人的善畢竟也不過是這博愛罷了個人的善畢竟也不過是所謂有道德官所命的限度內沒有是非可言這個就是所謂有道德的。他還列舉誠實剛毅精勵勤勉等德目而謂這些德全都是道德官所讚賞的。

以博愛心為動機的行為就是善然而從博愛心發出的行為也不必都是利益社會的，反有許多不從博愛發出的行為卻可以增進多數民眾的幸福像這樣的行為，就沒有道德上的價值了麼？哈提蓀為答這問題就把善分為形式的善 (Formal good) 和實質的善 (Material good)。形式的善是由博愛的情溢出的，實質的善無關係於博愛情的有無結果是與社會以幸福的。而這實質的善的標準，就是所謂最大多數的最大幸福了。哈提蓀學

說至此就不能不說是移到功利主義上去了。

哈提孫又在道德上明白敍述理性和感情的關係以為理性並不是行為的動機，行為的動機只是自然的性情。然而理性是教以達到目的的手段，乍看見覺得像是社會的利益，而其實是完全相反的事在世界上是往往有的。使行為不陷於這樣的錯誤趨向於正當的大道，就是理性的職分，理性是決定幸福為什麼的，然而不是定幸福的價值的。

總起來說，哈提孫學說出自夏富伯里而使他更加發展達到夏富伯里完全不曾論及的方面，逐接近於功利說。他的學說，對於休謨亞丹・史密斯和英國哲學家與以很大的影響。

四　坡托拉（良心論）

夏富伯里雖說自然性情的調和但對於支配其性情的統御的原理卻沒有明白的敍述。從夏富伯里殘餘的這方面論人性而在英國倫理學界占重要地位的，就是坡托拉（Butler, 1692－1750）。他的大著有「關於人性的說教」（Fifteen Surmons upon Human Nature, 1726）一書。

坡托拉也如夏富伯里，認自然有利己的性情和社會的性情，而反對單以利己的性情為吾人的自然性情的霍布士學說。比較夏富伯里更進一步舉出良心（Conscience）和自愛（Self-love）二種作為統一一切自然性情的原理。良心就是指示對於他人當盡的義務的，自愛心就是不惑於自然的情欲而計算真的個人的利益的。坡托拉最初並稱自愛和利他而承認以良心為支配這兩者的至高能力。但以後又把良心和利他看作同樣，使和自愛相

對立,各各有獨立的權威以免除使自愛隸屬於良心自愛是排斥一切自然的情欲,而求自己的幸福的,不徒是放縱情欲的,所以自愛並不是利己因而也就不是罪惡了。

坡托拉最初雖把良心的指示和社會一般幸福看作相合的,但以後就改變此說以為良心所指示的,不必都是社會的幸福怎麼說呢?例如虛僞假善暴虐等行爲不問給與社會幸福與否良心當以他為惡說他是不正當的事到以後判然分歧的直覺派和功利派相對峙就是自坡托拉發源的,這是倫理學史上所應當特書的。

五 康樸蘭德（利他主義）

康樸蘭德（Cumberland, 1632—1718）也是從兩方面反對霍布士的倫理說的。即排斥霍布士的利己主義,而說利他主義排斥道德人為說而倡自然法說他的代表的著作叫作『自然法論』（De Legibus Naturae, 1672）。

康樸蘭德說道德不是主觀的人為的,而是有客觀性質的;善惡判斷的標準,是不能以人為的政府或國家的權力定得的。可見得客觀性是一定存在的以政府的權力而定法律不過是使存在於客觀的自然法較前為更有效的手段罷了卽康樸蘭德是承認自然法的存在為道德的客觀的標準像這樣的道德法並不是吾人生而固有的,乃是潛伏於個人的心中隨社會的生活而逐漸明瞭開展的所以康樸蘭德的倫理說在承認客觀的標準這一點上雖近似劍橋的柏拉圖學派,但一個以知識或觀念為標準,一個舉出自然法;一個以標準為生有的,一個把他看作發展的,在這幾點上是不同的。

他說客觀的道德法所示的至高原理，是教人重公共幸福，這就是明明白白的敍述利他主義了。促進公共的幸福就是最高的自然法是最適合於神心的。一切道德都含在這裏面這至高的道德是有心理的根柢的所有的生物雖都有利他的社會本能但這本能祇在人類是特別顯著發展的。這就是至高道德的基礎因為公共幸福比較自己的利益更重所以為公共的幸福計就不得不犧牲自己的利益然而犧牲自己的利益結局就是得著真滿足的原因怎麼說呢？因不求公益而想得自己的利益，不過是一種空想所有的本務都包含在那所謂由利他而保存自己的至高本務之中在重公共幸福的一點上他的學說也可以看作功利說的一種。

附英國經驗學派（約表）

倍根 ─┬─ 要旨 ─┬─ 1. 明瞭指示經驗的研究是什麼，是近世學術的先導者。
　　　│　　　　├─ 2. 只指示學問的新理想和新組織法而在學問的組織和實際研究上並無什麼貢獻。
　　　│　　　　└─ 3. 以天才的政治家入世過了充滿光輝的生活。
　　　└─ 學說 ─ 偶像論 ─┬─ 偶像的意義…為達確實的知識，須先除去先入的偏見妄想。
　　　　　　　　　　　　└─ 四種偶像 ─┬─ 1. 洞窟的偶像…由個人性癖和偶然境遇上而來的偏見。
　　　　　　　　　　　　　　　　　　　├─ 2. 劇場的偶像…盲信古人傳說和一般流行的偏見。
　　　　　　　　　　　　　　　　　　　├─ 3. 市場的偶像…由交際而來的偏見。
　　　　　　　　　　　　　　　　　　　└─ 4. 種族的偶像…由人類本性而來的最執拗的偏見。

第三篇 近世

歸納法
1. 學術的研究,不可不由經驗出發。
2. 除去先入的偏見虛心平氣實驗觀察事實,而發見貫通於是等事實的法則的歸納法,就是真的學術研究法。
3. 為歸納的研究先不可不蒐集那可以為基礎的事實(即事實例)。

要旨
1. 倍根只重歸納法,他卻把歸納法和演繹法併用,看作得到精確知識的方法。
2. 補充倍根的缺點,而從事更有組織的哲學建設。
3. 在近世為經驗派心理說的開創者而近世英國的倫理學史,就是由他的學說和反對說而成的。

唯物論
1. 受愷布爾、笛卡爾、卡利里的影響立機械的世界觀,而把自然為機械的說明。
2. 所有的存在都是物體,而所有發生的事都是運動。自然界的現象不用說,即精神現象也不外是物體或運動。

感覺論
1. 依機械的世界觀說明認識而倡感覺論。
2. 精神作用中最簡單的,就是依這外界刺戟所生的感覺,而一切精神現象,也不過全是這感覺的變形。
3. 倡利己主義和相對論以為機械的世界觀的歸結。

霍布士 ┬ 學說 ┬ 道德說 ┬ 1. 人類所有活動，都是從感覺的快不快的感情而來的。
　　　　│　　　　│　　　　├ 2. 人類所欲求的就與以快感，不然就與以不快感。人間的欲求不外自己的保存，
　　　　│　　　　│　　　　├ 3. 助自己保存的刺戟就與以快感，不然就與以不快感……利己主義。
　　　　│　　　　│　　　　└ 4. 人類所欲求的就是善所嫌惡的就是惡善惡有主觀的性質，……相對論。
　　　　│　　　　└ 民約說 ┬ 1. 把機械的世界觀施行到政治上便倡民約說。
　　　　│　　　　　　　　　├ 2. 人類是利己的動物若放任於自然就要過那如狼的生活相互爭鬪，不能為幸福的生活，所以相約而組織社會。
　　　　│　　　　　　　　　├ 3. 既已相約而組織國家便須設下制定法國家就以絕對權來強制之個人就不得不為絕對的服從。
　　　　│　　　　　　　　　└ 4. 國家的統一者是君主君主的權力，是絕對的。
　　　　└ 霍布士倫理說的反對者 ┬ 加道爾斯……道德的觀念本有說。
　　　　　　　　　　　　　　　　├ 摩亞……道德的觀念本有說。
　　　　　　　　　　　　　　　　├ 克拉克……合宜性說。
　　　　　　　　　　　　　　　　└ 奧拉斯頓……合宜性說。〔道德官說。〕

第四章 法國純理學派

第一節 笛卡爾

當經驗哲學由倍根和霍布士發生於英國時，而立在反對的基礎之上的純理哲學的萌芽，也出現於法國。法國純理哲學的出現有如溫特爾邦德所說，不外是依那支配上流社會的精神生活的懷疑空氣和由真摯的學者所開拓的數學研究的結果。在德國宗教改革是國家分裂的原因；反過來，在專制主義的法國僅被利用於在朝廷黨派而止新教是得不到政治上權力的不過是迅速征服了有宗教要求的國民階級罷了。在當時新教徒中間最有勢力的雖是甲爾文 (Calvin) 但他的思想多受奧古斯都的影響所以因而在新教徒中間就看出奧古斯都主義的普及此外宗教改革在法國學界差不多沒有給與什麼影響在法國的上流社會學問研究的精神衰落而懷

疑的空氣，卻很充滿然而在敏感的法國民族中間，他方面的特殊學問的發達所謂特殊學問，就是數學的感覺的知覺的確實性雖爲懷疑說所粉碎但祇有數學公理卻成爲不可疑的東西於此就想在數學上尋求哲學的救濟這純理學派的鼻祖卽是笛卡爾（Rene Descartes, 1596—1650）。

笛卡爾生於多勒愛耐州（Touraine）的一名家生而身體雖很虛弱但早已顯出非凡的才能八歲時入色斯托派設立的臘·弗勒西學校一直到十八歲都修習經院哲學他感悟到在學校習得的學問毫無意義覺得唯有數學爲唯一可信的知識其後往巴黎傾心於武藝然又耽於冥想隱居否鮑古·桑·介魯曼的閑地二年至二十二歲爲義勇兵赴和蘭其後又應募而投入德國軍但一六一九年十一月十日在諾依布爾格的兵營中豁然悟出學術研究的新方針因歸故國不久又出而漫游歐洲遂決心卜居和蘭著手於其平生事業的學術研究二十年的長時間斷絕世間一切繫累他爲隱祕住所而轉居前後經了十三回其間因公刊著述在學界上他的聲名日漸增高同時也從諸方面受了種種的非難和攻擊一六四九年他應瑞典女王珂麗斯提娜的招聘赴斯德哥摩（Stockholm）他爲凜冽的寒氣所襲得病死了他和倍根都是生長名門，但生涯卻完全相異燃燒倍根心中的名譽心他是絲毫沒有的政治上的權勢和榮華的生活在他寧棄之如敝屣他所要求的單不過是研究學問的閒暇他是偉大的哲學家同時也是非凡的數學家解析幾何的發見在數學界留了不朽的名聲哲學上的著書有『方法論』（Discours de la méthode, 1637）『考察錄』（Meditationes de prima philosophia, 1641）『哲學原理』（Principia Philosophiae, 1643）『心情論』（Traite des passions de l'âme, 1649）和出版於他死後的『人

類論」(de l'homme) 等。

笛卡爾在諾依布爾格所發見的**哲學研究的方法**，是什麼東西呢？他有一天在軍旅的客舍獨自擁爐沈思，反復感到吾人知識的不完全言語也罷歷史也罷詩歌也罷絕對都不是傳導眞理的東西，就如天啓也是人類所不得窺知的而哲學又是異說紛紜沒有歸着點的想得眞正確實的知識不可不把傳襲的學問從根本上推翻脫離一切因襲和傳說不向他求祇求諸自己的心裏在我心裏考慮而尋求眞理，第一在思考得明瞭判然者以外任何事都不容認第二當把難解之點十分用心分析第三由簡單而到複雜爲有秩序的進行第四常蒐尋例證十分吟味這四個標準都是必要的。總而言之，以直覺的自明的事實爲根據，而徐徐進行以吟味吾人所見的確否，就是他研究法的骨子依他從明瞭的根據去究理的地方觀察起來他的研究法算是演繹法然而他並不是全然排斥認識法的他說「要想在方法論上發見眞理要把複雜而且曖昧的命題歸還到比較單純的地方更從後者出發而逐漸達到其他的認識」笛卡爾想從內在於自己中的本原的確實性上演繹出來其他一切眞理這是從他最得意的數學上的推論的因爲數學是以沒有何等疑惑餘地的自明公理爲基礎，一切眞理都從這個公理演繹出來的；所以於數學造詣深的笛氏，就任這裏得到**哲學研究的方法**。

他爲發見內在於自己的自明原理，先對於所有的東西一律懷疑。他爲發見內在於自己的自明原理，就是他學說的出發點。根本的懷疑就是他學說的出發點。生出他的學說的，就是當時**法國**的懷疑主義的空氣然而他的懷疑和當時社會充滿着的懷疑空氣是不同的；他不是爲懷疑而懷疑也不是絕望的懷疑，

而是達到確實知識的手段。他雖懷疑一切，但卻想在疑之中努力發見不可疑的某物。結果他發見的是什麼東西呢？就是我的實在。

哲學說 笛卡爾哲學的根本思想，就在我的實在。我的實在是他從根本懷疑中所發見的。我是疑一切東西的。但惟有「我疑」才能不疑。所謂「疑」就是「疑思」的意思。「我的存在也就確實了。」「我思故有我」（Cogito ergo sum）的命題，就是笛卡爾所到達的根本的眞理。在這命題上所表現的「我思」和「有我」同時就是被知道的直接的自己意識。有所謂「一切所思者是存在」的前提省略了的三段論法，但這種解釋的錯誤，是許多哲學史家所明言的。即此命題已是觀破了自己意識的確實性的。

肯定我的實在的笛卡爾，就演繹的證明神的存在。而笛卡爾為演繹神的存在便用了種種論證。

第一神的觀念是顯然存在於我意識之中的。神是什麼？就是無限而最完全的東西。我是什麼？就是有限而不完全的東西。然則神的觀念是怎樣生出的？從無不生有，乃是自明的根本原則。無論任何觀念在生的時候必不能沒有原因而原因比較結果是不能不含着更多的實在的。怎麼說呢？若原因比較結果是不能不含着更多的實在的。怎麼說呢？若原因比較結果優只這所優的是從無而生的因為這是屬於不可能的。故我不得不為神的觀念的原因。因為從有限而不完全的我，絕沒有生出無限而完全的神的理由。神的觀念，不能從我或我以外的有限物生出；那麼這觀念就不得不說是由無限完全的神而來的。所以無限完全的神的觀念的存在，就是無限完全的神的存在的原因。

第二因我的存在是可以推而證明神的存在,我的存在是能夠由疑而知的,所以我是不完全,那就沒有疑了。『我思故有我』含有『我是不完全』的意味然這不完全的認識是和完全相比較而始生出的所以我的存在就是神的存在的證明。

第三在神的觀念自身中也含着神的存在的證明。神是完全的東西。而缺了存在者,就不能稱為完全者,所以完全,乃是必然可以存在的這個證明,和有名的安息穩差不多是相等的。然而他所述的理由卻和安息穩的論證不相等『安息穩的論證雖單是說明「神」之一語的意義而此但我的論旨是思攷所謂完全者的觀念;思考這個同時也就不得不思攷其物為實在者了』

笛卡爾從種種方面論證神的存在以後又論神的性質以為神是完全的,所以具有一切圓滿的德。在神所具的諸德之中也含有『誠實』(Veracitas)之德。所以神是不欺我等的。

神的誠實可以使彼確認外界的存在。神若誠實便決不會欺負吾人神賦與我等以理性為的是使我等認識真理。故理性所認識的是明瞭而確實的神雖不欺吾人理性的認識雖是不謬誤的;然而有時發生謬誤乃因認識力使用的不法。這個罪在我們並不是神的過失。這樣一來,笛卡爾已對於最初挾了疑惑的五官知覺附與以確實性而肯定外界(物體)的存在了。

我和神和外界是笛卡爾從自明的原理演繹而來的三種實在。他名這實在為實體(Substantiae)。所謂實在,乃是不依他而存在的意思。其中的我和世界是依靠神而存在的,所以笛卡爾就把神定名為第一義的實體(無

限的實體),把我和世界定名為第二義的實體(有限的實體)實體的認識,就是依據他的性質的,他把那表示實體的本質定名為屬性(Attributa)精神的屬性謂之思物體的屬性謂之廣。換句話說思惟就是精神的本質,而延長就是物體的本質他又承認屬性的狀態(Modi),狀態是因屬性而始能思攷出來的東西例如位置形狀運動是延長的狀態感情欲望判斷是思惟的狀態屬性不是相互依屬其他而成的,所以精神和物體是完全相反的二種實體所以笛卡爾是一位最顯明的二元論者。

笛卡爾以上面的實體論為基礎更詳細的述明物體的性質這就是笛卡爾的物理說。依他說,物體的屬性(即本質)就是延長除延長以外再沒有可說是物體的性質的。例如濃色聲香味觸等感官而知覺的諸性質,是主觀的東西而不是物體自身的屬性和延長是同一的,而延長所在無不有物體的存在所謂眞空絕沒有存在的理由若一器物之內不附着他的緣邊就不得不了。故元子的存在不得不否定。那麼他的緣邊就不得不附着他物體了。故元子的存在不得不否定。那麼他的緣邊就不得不附着又延長和物體若是同一,就沒有所謂眞空絕沒有存在體中間就發生差別和變化運動的究竟原因就是神的所以在有廣袤之點一切物體都是平等的唯因其運動相異,而物體中間就發生差別和變化運動的究竟原因就是神的故他是以如何目的而生的,是吾人所難知的,故他完全把目的論從物理說除外了他又以物體的運動絕對無增減沒於一部分他又列舉三個原則作為運動的法則。第一,是說物體在某一狀態時是常常保存他的狀況的(惰性的法則)第二物體的運動只要不被妨礙於他物,是一直進行的第三,運動的物體觸於他物時即傳達其運動。

笛卡爾由他的根本思想上發出生物論以爲人類是精神和物體二元的結合的東西。即在生物之中，下等動物也不外是一種自動的機械。人類是共有身體和精神的身體不過是營機械的作用罷了。惹起身體的動作最緊要的，就是動物精氣動物精氣是血液被溫於心臟的熱氣成爲最微細而迴環於全身的東西外物刺激神經末端時，這個刺激傳達到腦，更傳達到動物精氣而生運動這個運動動其神經動其筋肉而成爲身體的動作。由生理上觀察吾人的身體雖不過全爲機械的動作但吾人是和其他動物不同的。因爲有精神所以身體的動作是跟着意識而來的。精神活動和物質活動是完全異其性質的。然而就此兩者相伴而起觀之，即知其必於任何一方有接觸點。笛卡爾就以其接觸點爲腦的松果腺依他說這松果腺就是精神和物質互相結合的靈魂之室。

笛卡爾的心理說雖稍嫌混雜，但他把觀念即意識的內容，一面分爲能動所動二分一面分知和意爲二分。所謂能動是基於純粹的精神作用的所謂所動是在身體和精神相結合的地方生出的屬於能動的知的謂之理性和悟性屬於能動的意的，通常謂之意志又屬於所動的知是感覺屬於所動的意是物欲情緒笛卡爾就說吾人根本的情緒有（一）驚怖（二）愛（三）憎（四）欲望（五）喜（六）悲的六種至於其他支派的情緒都是因這六種情緒的結合而生的。

倫理說　笛卡爾沒有把倫理說作爲系統的述說的。他的倫理說，不過是散在別的著作和書翰等的斷片的意見罷了。把表現於是等的倫理說，概括起來說他的倫理說，就是依意識的能動的作用以指導所動的作用一句話。在他的倫理說上占最重要的位置的，就是知識和意志誠實的神所賦與的理性就是理論的哲學的基礎同時也

就是道德上的原則單從理性的明瞭的認識而生出的行為，就是善。他是承認意志的自由的，他所說的意志自由，就是順從那明瞭的理性。理性是意識的能動的知識；意志是意識的能動的意理性和意志是不可分離的東西意志自由論和主知說在他的倫理說上正是結合着的。他很蔑視在道德上的感情的位置物欲和情緒是攪亂吾人思想的，是過重外物的價值的不德的根源依意志之力而制御之從理性之所指示乃是道德。

從神的實在的證明，和因果關係的說明等上看來，笛卡爾的哲學還沒有完全脫去中世期的思想加之，他的學說既有矛盾又有缺陷。他從自明的原理出發以證明神的實在，又證明誠實的神所賦與的理性足為憑據但直到定真理的標準證明神的存在都一概依賴理性由此理性所明瞭認知的就是真理所以有許多學者都說他已經陷於一種循環的論證又他論精神和物體的關係，明言那是完全異其性質而在人類卻又說此二元的結合這是不可掩的矛盾再他的倫理說重視知和意，而很輕視感情的價值，不能不認為他學說的缺陷。然而他想把學問建設在確實的根據上而在近世開闢純理哲學門戶的功績不能不說是很顯著的。

笛卡爾的哲學很受多方面的攻擊在和他略同時代而反對他的學說的哲學家中，除前述的霍布士以外最有名的就是在法國內的加蓀底(Pierre Gassendi, 1592—1655)。他是從經驗論的立腳點上排斥笛卡爾的直覺的演繹的方法而始終擁護知覺。

第二節　笛卡爾學派

笛卡爾的哲學雖受着種種非難，但他以牢不可拔的勢力，漸次普及到和蘭・德意志等國當他學說普及時，

逐漸注目於其缺陷，而想補正他的學說者，就起於其學徒之間了。笛卡爾哲學的最大的缺陷，前面已經述過，就是在心物二元論中所發見的矛盾。即是一面把精神和物體常作不依他力而自為獨立存在的實體，一面又說人類是二元的結合爲補救這矛盾而生的有偶因論（Causae occasionales）。偶因論是由盧易‧岱‧拉‧否爾計（Louis de la Folge）和約翰‧克魯伯爾（Johann Clauberg）等之說發其端，至愛爾奴‧玖郎格斯（Arnold Geulincx, 1625－1669）更明白的提倡了。尼古拉士‧麥爾伯蘭西（Nicolus Malebranche, 1638－1715）的學說，也可算為偶因論的一種。

玖郎格斯　玖郎格斯根據笛卡爾的思想，而論心物二元不能相互影響。在我身體運動時感覺是怎麼樣生的？在我意志時身體是怎麼樣動的？這就不是吾人所得理解的。身體的動作，並不是使心變化的原因，心也不是發生身體運動的原因。動這個心和身體的卻在於外即是神。在意志時而身體動，意志不是動身體的，神乃是動身體的。意志單不過是給緣——即偶因——於神的活動罷了。在動身體時而生感覺也是由於同一理由。如見心身的相互影響其一並非其他的原因，單不過為其偶因罷了。玖郎格斯更使這偶因論發展以為神並不是每於吾人的心和身體動時而用其心的。恰像鐘錶師製作鐘錶常使這個針適應那個針的所示神在造吾人心身時也設下相互應而動的機關所以每一偶因發生，不必要一一運動的。

玖郎格斯由偶因論出發而論道德。以為一切運動都是基於神的意志而生的以吾人的心，而與物界以變化，是不可能的。神並不是強吾人以不可能的。人神所要求的單是善的意志凡吾人力所不及的神並不要求安天命，

捨卻外界的欲望求慰安於我心中，愛神和理性就是道德。他舉出（一）勤勉，（二）服從（三）正義（四）謙遜為四主德。

麥爾伯蘭西　麥爾伯蘭西也是研究笛卡爾哲學而倡偶因論的。但他並不知有玖郎格斯及其他偶因論者，只因研究的結果偶然得到了類似的思想。他從偶因論的立腳點上說明認識以為若精神和物體為完全獨立的東西，精神想認識物體，乃是絕不可能的。然我等的精神所以能夠認識物體，就因為我等精神是分有神所具備的萬物的觀念。神是最完全的東西而萬物的觀念是神所具備的。因為我等的精神分有神的自識所以能够觀察萬物。

他用那和認識的說明同一的論法，來論述倫理以為吾人的意志，不是使身體運動的東西，單不過為運動的偶因罷了。發生運動的原因，就是神若不依靠神的意志，卽吾人自己的舌，也不得運動了。神是至高的實在同時也是至高的善吾人的知識分有神的自識同樣吾人的意志也分有神的善無論任何意志多少總是求善的。神的處萬物者就因為精神和肉體相結合，而意志為肉體的情欲所污瀆。但是精神而與肉體的結合祇是表示罪惡的可能。使這個實現的就是自由意志。總之教人如神的愛萬物一般以愛一切，這就是麥爾伯蘭西的倫理說的根本思想。

玖郎格斯和麥爾伯蘭西把一切原因歸之於神的結果，不期而達到汎神論的宗教觀。麥爾伯蘭西更說神有

思考和延長，而提倡更加明瞭的汎神論。因為這是笛卡爾的實在論所引進的正當的結論。

第三節　斯賓挪莎

比較麥爾伯蘭西稍先，而提倡更明瞭的汎神論的，就是斯賓挪莎(Baruch Spinoza, 1632－1677)。斯賓挪莎的哲學從大體上說雖可屬於笛卡爾哲學的系統；但是他不像其他笛卡爾學派的學者單繼承笛卡爾的體系的赫丁格說：「神祕說和自然主義理論的興味和實際的興趣，在十七世紀主要的思索，而組織起來獨特的體系的。而使之發展便算了事乃包攝霍布士及其他十七世紀的其他思想家，凡一個人而受了這等思想的影響無論程度多少，但總都是互相對立，而且是內的分裂的；惟有斯賓挪莎使這等思潮從這論理的徹底上看來可看出相互的融合。斯賓挪莎在這等思想間不立不自然的限制寧想依賴由最深的性質所生的調和在這一點上就是他的偉大的地方。」

斯賓挪莎生於和蘭的亞摩斯德爾登，他的血統是猶太人。他的父是一位富裕的商人。亞摩斯德爾登的猶太人受基督教徒的迫害，而從西班牙和葡萄牙移居來的。他幼時入猶太人設立的學校學習經學可是他的才學是嶄然出類的在十五歲時就被公認為一位非凡的經學家了。然而及至他以後傾心於笛卡爾和卜魯挪的哲學懷疑於猶太的宗教同人就認他為變節詰問他並且想暗殺他，可是他幸爾身免於難。雖然這樣他還不變信念所以猶太教會處他以破門之罰，逐出亞摩斯德爾登。那時他年二十三歲他因此暫時寓於近傍的朋友家中改

名叫伯奈笛克托和基督教徒相交際，而逃避迫害，做磨眼鏡業以餬口盡努力於哲學的研究。其後移於拉伊頓的附近林斯布格乃開始著述，更轉居於否鮑古和巴古等處，到四十四歲死於是地。他從早年就苦於肺疾，但以攝養不怠仍是天天不忘修學品性極高潔，無絲毫希望名間利達之心和世俗隔離甘守貧困只管焦心於眞理以哲人的生活而終。在他很多遺著中最著名的，就是『愛曲迦』（Ethica ordine geometrico demonstrata）。他很受神學家所嫌忌當作無神論者看待所以這種傳留大名於後世的名著，在其生前都不能出版。

及至笛卡爾一提倡想由自明的觀念演繹眞理的新研究法而從他的腦裏想出來的最確實的模範的知識，就是數學應用數學以改造哲學以笛卡爾爲始許多笛卡爾學派學者都想做這件事而斯賓挪莎卻是實現這種理想的最好的代表前舉的他的遺著『愛曲迦』著詳細說來，應當譯爲『從幾何學的順序而證明的倫理學』所以他的論述方法全和敍述幾何學一樣最初舉出定義次公理次設下可以證明的命題最後才與以證明。斯賓挪莎是以數學家對於線面和體的態度來考察世界和人類的。

實體論　斯賓挪莎哲學的中心思想就是實體論他的實體的定義是：『存在於自身依自身而思考』因爲存在於自身所以是絕對的獨立不受其他制限，無限而唯一依自身而思考，所以他的存在根據單在自己本質含着必然的意味）存在的就是『自因』（Causa sui）所以實體除了存在以外是不能思考的是必然的（脫時間的存在者斯賓挪莎稱之爲『永恆』（Aeternitas）因爲實體是不依他而存在不依他而能思所以自身就是身的原因因而就是自由實體又就是實在所以沒有證明其實在的必要總而言之實體乃是自存無限自由是永恆

而圓滿自足的實在。斯賓挪莎稱這實體為神笛卡爾以神為第一義的實體以精神和物體為第二義的實體，所以他的思想，首尾不相應斯賓挪莎單以神為實體可免去笛卡爾思想的不徹底弊病斯賓挪莎之所謂神就是實體和當時神學家之所謂神是完全異其旨趣的。

斯賓挪莎以實體（即神）為萬物的原因以為一切萬物，都是依神而生的。然而萬物並不是由神流出的有如由三角形的本質其內角之和生出所謂二直角一樣從神的無限本質上一切事物和法則，都是必然的發生的萬物是存在於神的中間有如三角形內角之和等於二直角是三角形的性質必然具有的一樣。在神以外萬物是不存在的因而神就是萬物的內在的原因不是在萬物以外而創造萬物的超越的原因換句話說：那自然界和神就是相即不離的東西。有限的世界是所產的自然他提倡所謂神即自然的汎神論，而攻擊人格的超越的神所以就被認作無神論者而受了許多神學者的種種迫害。波多野博士著「斯賓挪莎的研究」冒頭就說『斯賓挪莎汎神論的根本思想第一是本體即神（Sabstantia sive Deus）第二是神即自然（Deus sive Natura）』

圓滿自足的實體，即神，所以為吾人所知者，是因於彼的屬性所謂屬性，就是吾人的知力所認為成為實體的本質的神雖有無限屬性的，但吾人所能知得的單只有思惟和延長。屬性成為實體的本質所以是不依他單依自己而能思考的在神以外是任何物都不存在的個物是神的本質所發現的狀態狀態是實體的差別相延長的狀態是物體思惟的狀態是精神。故一切個物既是物體又是精神即萬物悉有心無心的東西在宇宙內是一個沒有

的精神和物體為相異的屬性狀態，所以不得互生因果的關係為精神為物體的原因的，是其他精神存於精神和物體間的因果關係並不相互交叉而是獨立馳走的。然而物體和精神乃是唯一的實體（即神）的二屬性的延長和思惟的狀態由實體看來，祇是一個不過是同一物的兩方面罷了他從所謂一切是精神而同時又是物體的並行論的立腳點上就把笛卡爾所殘餘的難問解決了。

斯賓挪莎又根據獨得的世界觀而排斥一切的目的觀；物質界的事實不用說，即心理的現象或國家的組織等也都完全用機械的說明。依他說個物單是神的本質所發現而存在的。故他的存在只是偶然的然而個物決不是無原因的個物，就是其他個物走至無限的因果的鎖，就連接於神了。所以依屬於神的，就是有限物的全體稱神為萬物的原因，並不是順着個物的原因以行，漸漸就達到稱為神的究竟的原因的意味；乃是成為無端的因果的鎖而變化出沒的個物的全體繫着於神的意思。

倫理說　保持因果的關係，而連於無限的個物全體是依屬於神的。斯賓挪莎從這樣機械觀上就否定意志的自由了吾人所想的自由動作，就和吾人投出的石片，自由飛行於空中者相等畢竟是不知其原因的所致。

斯賓挪莎又根據機械觀而說明情緒。以為一切事物都是要保存自己的。保存自己的努力，就是事物的本質。這種努力在心之內，就是欲求充滿欲求時就感着喜反於此時就感着悲欲求喜悲三者就是根本的情緒而愛憎和其他所有的情緒都是由此發生的。

斯賓挪莎的道德論是由這自己保存的欲求而發出的。他求善惡的標準於自己保存的欲求，卽與此欲求以滿足的就是善與此以障害的就是惡善惡的區別不存在於物的自身依他說所謂德畢竟是自家保存的努力而他於此引出以前的實體論以為人心的本質就是思惟故使思惟的力完全活動的就是人心的德所謂使思惟的力完全活動者就是得眞正的認識所謂眞正的認識就是在永恆之相上觀看事物所觀察者就是不把個物看作個物而視為因果的連鎖的一部看作實體本質的必然的結果他以為依神的認識而認識一切，而倡導那以道德為根於理性，由認識而來的主知說。

斯賓挪莎更討論神的認識，以為若認識神就生出歡喜之情，所以神的認識就可變而成神的愛神的愛就是善的最高德的最大的東西。神的愛是神愛自己的無限愛的一部人依此愛得和久遠之神合一於此就有眞的自由，眞的不滅這樣一來，斯賓挪莎的主知的道德說就和神祕的宗教說相結合。

假若思惟是人心的本質自己保存的欲求之滿足是善那麼人就當自然為善人；而世中有許多罪惡存在，又是基於什麼理由呢？斯賓挪莎解答這個說：『不完全或不善並不是積極的實在的東西，是離卻實在甚遠的東西，和那有較多的實在性的東西相對照時而生出的概念。』這就是他不過單以善惡為程度的差別，不但善惡就是能動和所動力和無力，也都作為同樣的解釋那麼萬物有程度的差別，是什麼原故呢？依他的解釋第一因為萬物是依因果關係而被決定於自家本質以外之物的第二因為神有作完全不同的事物的材料宇宙就是完全的程度不同的萬物的連鎖從個物上看雖然也有缺點但從全體上看可說是完全的這就是斯賓挪莎的宇宙觀。

斯賓挪莎關於社會的成立說是襲取霍布士的契約說的以為人類是想滿足自己的欲求的所以在自然狀態上就不得不起了相互的競爭社會是為防止競爭而起的所以設下法律而促進一般的幸福而禁止與此相反的有了社會而競爭和不信方纔發生故真道德真自由只在社會中纔能夠有的他和霍布士所不同的祇有排斥君主的絕對權而以共和政治為理想的一點。

反對斯賓挪莎的思想者是很多的；猶太人基督教徒笛卡爾學徒都一齊憎惡他，都用盡手段去迫害他。他死後還受種種的誹謗和罵言甚至於有把他的容貌變作妖怪而作勸諫不信心者的材料的因為如此所以他的思想雖一時葬於輕蔑之中然真理卻有永遠的勝利隔着一世紀他的思想就復活於德意志的哲學界藝術界而動搖了萊心格嬌泰非希的，謝林格休雷爾馬赫等的魂魄了。

第四節　神祕的和懷疑的傾向

反對笛卡爾以後的主知的哲學思想而倡神祕說或懷疑說的也很不少舉其中的主要的有巴斯加（Blaise Pascal, 1632—1662）葛瑯威爾（Johseph Glanville, 1636—1680）波勒（Pierre Poiret, 1646—1719）侯愛（Daniel Huet, 1630—1721）伯爾（Pierre Bayle, 1647—1706）等人。

巴斯加　巴斯加是有名的數學家，他把數學看做最確實的知識他以為數學的知識，也和對於道德的或神的信念相同是吾人心情上所感的，不是以思攷證明的。他排斥笛卡爾學派的主知的傾向，而倡一種懷疑說更求認識的根據於信仰之上而使懷疑和信仰相結合即認識也以為是立於信仰之上的，至於道德或宗教不用說更

不是思惟反省的事了。他的倫理說，是完全帶着宗教的色彩的。以爲吾人至高的福祉，就是合一於神。所謂德，不外是自覺這至高的福祉吾人的現在雖是無價值而可賤的，然而卻有可以和神合一的可能性吾人要想離此可賤的狀態而和神相合一，就不能不排除在人性上的惡的根本的傲慢傲慢就是使人與神相隔而屬於惡的支配下面的。

伯爾　伯爾在當時懷疑論者之中，是最有名的。他起初雖傾心於笛卡爾的學說，但其後又傾於懷疑說。他本領，在批評幾多學說而發見其中的矛盾。他懷疑那爲笛卡爾哲學基礎的自識的確實性以爲：『吾人在每一瞬間都是變遷的，所以不能確知我自己是怎麼樣』他答覆那質問教會信仰不合於道理者說宗教上的信仰不必是合於道理的因其不合於道理所以纔要信他

他雖發見哲學和信仰中間有矛盾，而懷疑其確實性，卻單把道德心作爲確實的。他說道德心是吾人本有的東西思想和信仰無論如何不同但道德的判斷卻人人都是一致的。

法蘭西純理學派（約表）

要旨 ｛
1. 對於倍根霍布士所發起的英國經驗學派，而爲純理學派的開祖。
2. 生出彼的思想的不外法國當時的懷疑的空氣和數學的研究的結果。

方法論 ｛
1. 根據直覺的自明的原理，徐徐進步而玩味其所見。
2. 爲發見自明的原理就對於一切的東西都懷疑。

笛卡爾

學說
- 實體論
  1. 懷疑一切的結果發見了我的實在（我思故有我）。
  2. 由我的實在而論證出來的實在就是神和物體。
  3. 我和神和物體的三種實在，神是第一義的實體，物體和我是第二義的實體。
  4. 稱表現實體本質的性質為屬性，我（精神）的屬性為思惟，而物體的屬性為延長。
  5. 屬性不是相互依屬的，故精神和物體是完全相反的二個實體（二元論）。

- 物體論
  1. 在延長以外無物體的屬性，物體和延長是同一的（否定真空和元子的存在）。
  2. 物體的差別相是由運動而生的，運動的究極原因就是神（排斥目的論）。

- 生物論
  1. 下等動物不過是一種自動機械。
  2. 人類既有身體又有精神，身體雖不過是營機械的作用然吾人有精神故吾人的動作是跟隨意識的。
  3. 在人類而物體和精神的二元是結合的，其接觸點就是腦的松果腺。

- 倫理說
  1. 神所賦與的理性是理論的哲學基礎同時是道德上的原則。
  2. 單有由理性明瞭的認識而來的行為是善。
  3. 意志可從明瞭的理性所以為自由（意志論自由論和主知說的調和）。

第三篇 近世

4. 物欲和情緒，是擾亂吾人思想的不德的根源。

反對者 ― 霍布士
　　　　加蓀底

笛卡爾學派
　玖郎格斯
　　1. 偶因論
　　　1. 心物二元，是不能相互影響的。
　　　2. 動心和身體的原因，就是神。
　　　3. 用意志時身體動，身體動時感覺生，故意志身體不過為神的運動的偶因。
　　2. 道德論
　　　1. 一切運動都是基於神的意志而生的。
　　　2. 安天命捨卻外界的慾望在心中求慰安而愛神和理性就是道德。
　麥爾伯蘭西
　　1. 雖精神和物體完全是獨立的，而我等的精神，仍能認識物體者是因我等的精神分有神所具備的萬物的觀念。
　　2. 吾人的知識既分有神的自識故吾人的善也是分有神的善。

〔要旨〕
1. 以笛卡爾思想作中心而擁抱十七世紀的主潮為獨得的體系的。
2. 使笛卡爾的新研究法完全成為數學的。

斯賓挪莎 {
　實體論 {
　　1. 提倡明瞭的汎神論，而受種種的迫害。
　　2. 實體存在於自身依自身而思考，是自存無限唯一自由永恆而圓滿自足的實在，這就叫作神。
　　3. 神是萬物內在的原因，萬物是由神的無限的本質必然的生出的，不是由神流出的。
　　4. 自然界和神是相卽不離的，神就是自然（汎神論）。
　　5. 神之見知於吾人者因其屬性神雖有無限屬性但吾人所得知的不過只是思惟和延長。

　個體論 {
　　1. 個物是神的本質所發現的狀態，狀態是實體的差別相延長的狀態是物體，而思惟的狀態是精神。
　　2. 精神和物體既是相異屬性的狀態，故不能互為因果的關係，然而從實體看來卻是一個。
　　3. 個物是神的本質的發現，而其存在雖是偶然的，但並不是無原因，個物的原因是其他個物，走入無限的因果的鎖全體依屬於神（機械觀）。
　　1. 意志是不自由的，以此為自由者，乃是無知所致。
　　2. 事物的本質是自己保存的努力這本質表於心中的，就是欲求。

〔倫理說〕

3. 善惡的標準，就是欲求在物的自身是不生善惡之別的。

4. 由以欲求為標準之說而進就以道德為由來於理性的。

5. 因襲霍布士而說社會契約說。

第五章　英國經驗學派的發達

第一節　羅克

極力反對劍橋的柏拉圖學派和笛卡爾學徒的本有觀念論，而始終高唱經驗主義的，就是約翰·羅克（John Locke, 1632—1704）。經驗主義自倍根經霍布士至羅克而大成，而為堂堂的一個學派。倍根雖闡明自然科學的精神，而創始新的研究法，但經驗哲學還沒有組成系統。霍布士雖想使國家和道德脫離教權而獨立，而從事新哲學的組織，但他的研究法卻帶着窮理的色彩。羅克雖受了純理學派，尤其是笛卡爾哲學的不少的影響，但經驗學卻依他而成為顯明的一大組織，所以在嚴密的意味上可以稱他為歐洲近世哲學史上經驗學派的鼻祖。

羅克生於英國布立斯多附近的烏林克頓。他父親是一位法律家，起初他想為宗教家又想為醫師，但是他終悟到這些都是不適於自己性格的職業，因而就斷念了。他在牛津（Oxford）大學讀笛卡爾的書大大的感着哲學上的興味，後年和夏富伯里侯相識為侯爵的顧問常和他共其運命到奧倫紀侯維利安卽英國王位而被重用在他的著書中最有名的，就是『悟性論』（Essay on the Human Understanding, 1690）『政治論』（Treatises on Civil Government, 1690) 等。

認識論 羅克以認識論為哲學研究的主眼。定知識的起原、成立、及限界乃是羅克最注力的地方。從來哲學家，與其說是研究知識毋寧說是研究實在。以知識為哲學研究的對象可以說是自羅克起的。認識論因羅克而始成為哲學上的重要問題。

羅克先穿鑿認識的起原，而在本有觀念論上加了猛烈的駁擊。他以為若本有觀念是實在的，那麼如小兒、白癡、野蠻人等也必定能體會得宗教倫理論理等根本原理了。然而小兒的意識祇有具體的觀念沒有普徧的原理，他雖能區別得甘和苦但不能識論理的矛盾。在論者中辯曰：『小兒雖有若干的觀念是生而具有的，但只是非意識的。』然而祇要有心就有意識，有心而無意識的話是矛盾的。我等之心恰如一張白紙，生來是不具有何等特殊的內容的觀念的起原，就是經驗在那有如白紙的心板上記下觀念者，就是經驗經驗有內外二種內的反省外的經驗名為感覺感覺和反省是引導千差萬別的觀念於心之底的兩個窗口由感覺和反省而映於白紙之心的原始的觀念名為『單純概念』(simple ideas) 單純概念大別為四：(一) 由一個感官而來的（色、香、味、溫熱之感和障礙之感等）, (二) 由兩個以上的感官來的（廣袤形狀動靜等）, (三) 祇由反省而來的（覺知思想和意志的作用的觀念）, (四) 由內外二經驗而來的（快苦存在力、繼續等）四種對於外物所感受的感覺通常謂為外物的性質外物的性質就是如屬於物體而不離的廣袤形狀數動靜和填充性的第一性質和吾人不過感於五官的色香音味和溫熱等的第二性質把以上的單純概念結合起來，由比較而生出的，就是『複雜觀

念〕（complex ideas）複雜觀念更分為：（一）狀態的觀念，（二）實體的觀念，（三）關係的觀念三種。狀態的觀念如距離形狀容量等是關於空間的，又如繼續或永恆等是關於時間的和關於數的。又因為若干性質既然常相結合則不能不有他們的支持者從這思考而生的，就是實體的觀念。我等所能知得的只是實體具有的性質實體自身是我等所不能知的。關係的觀念是由二物比較而生的其最重要的，就是因果的觀念，由甲而生乙時甲謂之因，乙謂之果。同一和異別的觀念也屬於關係的觀念，由吾人心中相聯結相喚起而來的，名曰「聯想」。又傳觀念於他人則有用記號的必要記號當中最便利的，就是言語言語對於複雜觀念的成立有絕大的關係。

羅克穿鑿了觀念的起原以後又論認識的價值依羅克說所謂認識，就是觀念的合不合的知覺他分認識為三種：第一，是直覺的認識，就是二個觀念的合不合一目瞭然，最確實的認識第二是論證的認識論證的認識就是二個觀念挾着其他觀念因其媒介，而定二個觀念的合不合的。例如以丙爲媒介而定甲和乙的合不合的認識在這個地方先在甲和媒介者丙的中間行直覺的認識；更在丙和乙的中間行直覺的認識和乙的合不合所以確實的論證的認識的連續論證的認識因爲有媒介者介在其間因而比直覺的認識更容易發生錯誤第三是蓋然的認識。蓋然的認識既不是直覺的認識，也不是論證的認識單不過是抱着或然的信念的認識罷了。羅克還把所謂觀念的合不合分為：（一）觀念的同一或異別，（二）觀念的關係，（三）觀念的共

在，(四)對於觀念實在的有無四點，而詳細的述說。

關係的認識是不待見其觀念之相應於其他與否，而即爲吾人所承認的數學上的命題是見觀念和觀念的關係的，所以就是論證的確實倫理學也是決定吾人爲人類所當爲的事件之關係的，所以也能確實論證在觀念之共在的地方之合不合的認識並不一概是必然的有許多吾人只可認爲一性質和其他性質的共在並不易發見必然的關係所以關於物質的經驗的研究畢竟不是學理的。故自然科學是實驗的學問而所謂給與遍通確實的知識的意味並不是學理的。對於觀念的實在的有無並不是確實論證的範圍。但有例外第一，吾人是得直覺的認識自己存在的。『我用思慮而感快苦思慮既顯明，則我的存在也顯明了縱令疑惑一切事然而我存在的乃是顯明的。』我的存在若既是顯明的，那麼不能不承認生我者的既已存在了。換句話說就是從所謂給與的存在的直覺的認識上又承認有存在於永遠者的怎麼說呢？因爲從無而生有的事是絕對沒有的，永遠存在者就是神神的存在，也是能夠論證的認識的。

道德論　羅克的道德論就是根據那爲他的認識論的根本思想的經驗哲學吾人的觀念，一切都是由經驗而生的。故道德觀念，也由經驗而生的。所以道德思想雖因時因地因人的相異而不同；然而道德卻沒有不是普遍的。例如道德思想無論怎樣不同，然而善是常被欣賞惡是常被非難的。雖在惡人中間善惡的觀念也是儼然存在的。然則所謂善是什麼惡是什麼？羅克認善惡的判斷有三個標準：第一就是上帝的命令（神律），第二就是國家的命令（法律）第三就是社會的毀譽（毀譽律）。這三個標準就是給與吾人的行爲以善惡評價的原理並給與反於此

者以峻嚴的制裁。

羅克敍述意志的不自由以爲吾人的意志依欲望而動，因悟性的判斷而不自由。然而在意志的決定之先無論什麼觀念都委於理性的判斷，無論什麼觀念都放在意志選擇之下這是自由的，然若把意志的過程分爲：（一）欲望（二）觀念的結合（三）理性的判斷（四）決定那麼因爲第二段是有自由的所以人不是全然不自由。

羅克又根據自然法說而述社會契約說以爲人是理性的動物有平等的權利和自由，自然而爲保障這權利和自由，就依契約而組織社會把自己的權利和自由委於國家之手是最好的手段契約不破壞天賦人權卻是保護天賦人權的法律是社會的一般意志，故不得不服從主權者依公衆所選者充任之主權者以公衆的利益爲目的，決不能濫用權力君主若濫用權力人民就可依革命而奪其權力革命就是人民的正當防衞。

第二節　牛頓

較羅克遲十年而大數學家牛頓（Sir Isaac Newton, 1642－1727）就生於英國的林孔夏了。他起初雖依守家業爲農夫而牧牛但好學之心甚熱逐決志入學於劍橋大學刻苦精勵，著拔羣的成績，而於二十七歲時做了該校的數學教授其後又做了劍橋的代議士。他是近世最偉大的自然科學家，在學界上所貢獻的功績不遑一枚舉就中於世界的科學和哲學上所及的重大影響，就是宇宙引力的發見。

牛頓繼承卡利里（Galilei）分析物體的運動把他部原因歸於小部分運動的結合的思想承繼下來，而把復

雜的東西為簡單的分析從結果推而至其原因這就是他研究的方針認數學的計算為唯一科學的研究方法；他依這研究法而研究重力的法則證明同一法則無論在地上或在天體中間都是存在的在古代希臘把天界和地界對比以為天界較地界更為完美這種思想雖很有勢力但至近世自然科學的發達全宇宙中都行同等法則之說，就漸次制勝。今牛頓所發見的宇宙引力的法則，就把全宇宙物質界的同質的事弄得更明白了。把宇宙物質界依引力的說明的牛頓於同時又以此宇宙全體為宇宙全體的構造和運動決不是偶然成立的，必不能不有使他成立者的存在。而牛頓並沒有把宇宙的調和看做是自然完全的。在天體中間因為彗星和遊星的關係，時時生出不規則的運動所以神有時時矯正此不規則而隄防天體破壞的必要。拉比尼都（Leibnitz）攻擊此說以為這是把造物主比成一位劣等的鐘錶師了。

第三節 巴克勒

羅克的經驗哲學依巴克勒（George Berkeley, 1685—1753）而逐成更進步的徹底的發展。羅克雖一面以為存在的是個物，一面又認抽象的概念構成的可能以為認識範圍只以觀念為限但還容許實體的存在至巴克勒把抽象的觀念和實體的存在完全放棄而使經驗論的立腳地更加鮮明。他的著書有『視覺新論』（New Theory of Vision, 1709）『人知的原理』（Principles of Human Knowledge, 1710）等

為巴克勒思想出發點的『視覺新論』無論在心理學上在認識論上都是生下不少影響的新說他的要點是：『吾人的眼睛見物體而知覺其大或遠近並非單是眼的活動乃是因由其他感覺而得的經驗，結合於視覺

而被想起的。」巴克勒以此說為根據排斥羅克第一性質第二性質的區別。羅克把感於五官的色的第二性和屬於物體而不離的廣裒和形狀等的第一性質明白分開巴克勒卻以為無論物的廣或空間上的狀態一總是吾人主觀所想起東西而使羅克的觀念論達到可以達之處。

巴克勒攻擊抽象的概念以為吾人所想起的以具有某一特殊之相為限。例如由各個之物，找出共通性質，而形成概念的事是全不可能的想起一個物，雖然可以代表其他多物是能夠的但想起事物共通的性質是很困難的。他倡的是極端的名目論。

撤去性質上的區別和否定抽象的概念的結果，遂至也排除實體的存在。羅克雖把實體放在認識的範圍以外但還承認實體的存在；巴克勒由羅克之說更進一步以為吾人所得想起的，不外乎各個性質的結合例如說一個桌子，就是形色重大等的性質所結合者已入於吾人觀念中了，在此等觀念以外承認如實體的抽象的物體的存在是不可能的，把羅克還保留着的實體存在完全放棄了。巴克勒雖排除物體的實體但他還承認知覺物體的精神的實在在以此精神為意志的作用以為吾人所思的是觀念而思的作用是意志。吾人俯仰所見的天地萬物，都是神在吾人精神中想起的原因卻存在於吾人以外乃是吾人的精神的實在（即神）吾人所知覺的天地萬物，不外是神所直接使吾人想起的觀念换句話說即是由神所與的觀念的全體（即自然）在神的活動中自然存在的秩序就叫作自然律。總而言之，巴克勒是把那稱為神的無限精神和被神所造的有限精神，看作實在的。

第四節 休謨

繼承巴克勒的批評的態度,而更進一步,使經驗論達到極頂同時又在經驗論上不能容留的事的,就是休謨(David Hume, 1711－1776)。他也是英國偉大哲學家的一人。

休謨生於愛丁堡的資產家,在其地大學學哲學他的著書在『人性論』(Treatise on Human Nature, 1739)『道德的原理』(Inquiry into the Principles of Morals, 1751)等以外還有幾卷『論文集』(Essay and Treatises on Several Subjects)。

認識論　休謨的認識論是以印象所與的為最確實的事實以此為標準判定吾等所有的觀念的認識的價值,這就是他的根本思想羅克雖把觀念從起原上分為由感覺而來的和由反省而來的兩種但休謨卻從強弱明暗上分為『印象』(impressions)和『狹義觀念』(ideas)的二類印象是在感覺感情等現在心的狀態觀念是把往昔經驗過的印象依記憶等而想起的狀態所以觀念就是印象的再現就是影像在眼前看見桌子是印象;閉起眼睛而追想那個桌子就是觀念觀念是印象的影像所以在由印象而來的以外是沒有觀念的內容的若尋求觀念思起的淵源,那就祇有往昔的印象。印象和觀念的差別,祇是強(force)和明(vividness)的差別,並沒有特別異其性質的作用因為觀念是從印象來的,所以印象就是所有一切知識的基礎。

休謨把印象看作究極的,對於印象的原因沒有說明。印象是從什麼東西生出的如何而生的?到底是不是吾人知識所能決定的。吾人雖或把某種對象看作真正實在的,但畢竟不過是印象的強度罷了印象在新鮮而活潑的

時候，就生出實在或存在的觀念。

觀念是從於一定的法則爲機械的結合的，休謨由此舉出觀念聯合的三則第一是『類同律』，就是說在類似觀念間所行的結合第二是『接近律』，就是說在空間上時間上而接近的觀念間所行的結合第三因果律歸屬於第二的接近律所以觀念聯合的法則，約而言之祇有第一第二兩律，這是休謨所自認的。

休謨把知識分爲論觀念相互關係的和關於事實的二種第一種，他舉數學爲例。數學是基於類似律，而認識數或量的關係的因而與客觀的事實無關係所以在自然界不管三角形存在與否但幾何學的命題是有效的。數學不是定實在物的關係是定觀念相互的關係的。分析一個觀念，發見出其中所含的東西所以數學上的命題是常常確實的故數學是唯一的論證的科學關於第二種事實的知識，更分爲：(一)把經驗的事實即印象照本有的樣子叙述起來；(二)以經驗的事實爲基而推論未經驗的事實二種。前者是基於接近律後者是基於因果律的。

推論雖基於因果律但因果的關係是如何認得呢吾人是不能直覺一物生他物的因果的關係吾人又是不能把因果的關係吾人所能直覺的，單是單純的異同和隣接的關係。吾人又是不能把因果的關係依純粹思惟而論證的因果的關係是不能分析的東西所以無論把那爲因的觀念怎樣分析，總不能引出那爲果的新觀念。吾人也不能依經驗而認出因果關係的經驗雖是指示事物或發生事件的相次而起但是並不是指示存於事物或發生事件中間的必然的關係。

則因果律的根據是什麼呢？吾人雖不曾經驗過那存於相次而起的事物中間的必然的關係但若接觸於一事物，

那麼必定豫期其他事物可以相次而來。休謨以此豫期爲因果律發生的原因歸於習慣他說：

「吾人屢屢經驗到兩個現象相次而起的事情時因聯想的結果若接觸一個現象，就立刻生出想起其他現象的傾向。因果律依如斯習慣故一個觀念乃是以不得不移行於其他觀念的感情爲基總而言之，因果的關係不過是依習慣而生的主觀的信念能了思惟有若在客觀的事實間有必然的關係一樣乃是迷罔的。因果律單不過是蓋然的法則，所以基於此的認識也不過是蓋然的認識罷了。卽推論旣不是論理的知識也不是事實的知識祇屬於一種信念；但此種知識於實際生活上是極爲重要的。」這就是他的有名的因果律批評的大要。

休謨用這和因果律的批評相同的方法去批評那實體的觀念實在就是對於印象的生氣勃勃的狀態所施之名字。然而我等的知覺只是個個的事物實體決不能謂爲印象的內容故實體也不是實在的東西。他常作實在的看待正因爲是印象的結合吾人若知覺到若干印象共存於空間上時那麼由聯想思其一在的看待。如此知覺屢屢反覆時印象的結合就要益加強固以致思其一自不得不聯想到他。此主觀的感情移動到這物便把實體當作存在的看待。例如吾人看見桌子使色形和其他種種印象的結合自然要想像實體的存在不但物質的實體即精神的實體子的實體把生於吾人心中的觀念的聯合移於桌子自然要想像實體的存在不但物質的實體即精神的實體和此相同所謂我所謂靈魂，所謂人格都要看作種種觀念的基本，想到統一他的實體者畢竟都不過是基於習慣的想像之所產耳。

休謨的認識論雖以經驗說爲出發點，但在種種點上，已離卻經驗說的立腳地，已依前面所述而顯明了雖有

稱休謨為懷疑論者，但他的學說，對於想論證超經驗的事實的從來的形而上學固是儼然的懷疑論，然而在以數學為論證的科學而認其絕對的確實性的一點上他又是純理論者關於由經驗的事實推論未經驗的事實的事；又是蓋然論者就經驗的事實的敍述而言尚能保持着經驗論者的地位所以在嚴密的意味上以他為懷疑論者是不當的。

宗教說　休謨的宗教說，一面完成理神論（deism）的思想同時又超越他，而把他破壞了所謂理神教，就是在反對教權而注重知識的新哲學的精神上所建設的一種宗教觀在十字軍時代基督教・猶太教・回教等三大宗教在猶太・亞剌比亞地方相接觸，而互相爭辯自局外中立的當時的哲學家眼光看來三教徒同奉一神教，而乃互爭枝葉問題其愚是很可笑的因此他們就想組織那超越宗派的理性的普遍教這就是理神教的起原。至宗教改革以後罕巴達（Herbert of Cherbury, 1581—1651）承襲這種思想極力反對天啓和靈感想建設起來脫離教會聖書歷史等而獨立的宗教他的教旨就是『真理是一個所以真宗教也不能不是一個』指示真理是理性故依從那理性所命的本務法則（卽人心中本有的善和正的觀念）就是真正的宗教凡和理性教相反的雖是天啓或靈感也不過是不值一信的迷信罷了。」這個宗教觀至十八世紀時在英國有很大的勢力當時理神論者最著名的有托蘭德（John Toland, 1670—1722），柯林士（Anthony Collins, 1676—1729），丁達爾（Mathews, Tindal, 1656—1733），秋卜（Thomas Chubb, 1676—1747），莫爾干（Thomas Morgan），波林伯羅克（Bolingbroke, 1698—1751）等尤其有普及此思想的功績的，就是托蘭德，托蘭德是以決定何者為天啓的

事歸於吾人理性範圍內的羅克說為根據以為宗教上所承認的，必定是合理的，背理或超理是不存在於真宗教中的所以真實的基督教不說那毫不可思議的對於理神論從神學上試行攻擊者，也不很少如前所述的坡托拉即其一人他的攻擊要點就是說：對於天啓宗敎所可提出的非難同時對於自然宗敎也是可以提出的理神論者，以為神單救人間之中的少數人，是不合理的，但此例在自然界中卻是常常承認的，落在地上的無數植物的種子單其一部分生育發芽人間之中也不過單是少數者十分遂成道德的發達罷了。坡托拉以上述的議論來辯護天啓宗敎的敎義。

休謨是比較坡托拉更為銳敏，看破了理神論的弱點的。理神論是以道德為本義的自然的宗敎的主倡即真宗敎是由理性而生的一神敎，而謂天啓宗敎是自然宗敎的退化之理神論者的主張在這種主張中可顯明的觀察出來含著兩種謬誤其一是以宗敎為基於理性而生出的獨斷；其二是不顧宗敎的歷史的發達。休謨着眼在這種謬想上以為宗敎是自然生的東西。然所謂生於自然並不是說由理性而生的宗敎與其說是由於理性還不如說是依恐怖、希望、驚愕等的感情而起的。且原始的宗敎，並不如理神論者所倡為高等合理的一神敎，而是下等的多神敎可是吾人思想的進步同時宗敎也就漸次進步了他在宗敎上的功績主要的就是宗敎的心理的發達史的方面的研究。

倫理說 休謨的倫理說從經驗論出發，而求道德的行為的主要素於感情，以道德的價值，為行為結果的功利主義。

休謨承認感情為道德的行為的主要素他如同依觀察和分析而研究道德的行為也用此種方法如同說知識是由觀念的聯合而成的觀念是由印象而來的一樣以為意志或行為畢竟是基於快不快的感情而生的苦樂是行為的最簡單的要素這個要素一動便生出種種的行為意志道德的判斷良心德行等都不是單純的事實而是種種感情的共同作用於此便不得不說意志是不自由。

動意志的，不是知識而是感情知識雖然選擇達到意志的目的的手段，而所謂理性制御感情不外是一個感情攻勝其他感情罷了。知識不是意志的指導者所以對於行為不能下善惡的判斷然則善惡判斷的基礎是什麼呢？休謨以為善惡的判斷，是行於直觀的。吾人接近某行為時謂適意者為善，不適意者為惡。然則所謂適其意者不適意者的區別，是依何而生的呢？休謨於此便引起功利的見解以行為的結果對於自己或他人而能與以快感與否為區別的標準。所以照他說結果與以快感的行為是善而反於此的行為是惡他這種結論，就是明瞭的功利說。

吾人讚賞或非難他人的行為是基於如何理由的呢？休謨說吾人以自己經驗的苦樂為基而聯想的得以經驗他人的苦樂換句話說就是得依同情而評價他人的行為這就是休謨的同情說。他更說因為以同情為標準而屢屢評價他人行為的結果就生出由他人的見解而判斷自己行為的習慣者就是良心。良心的起原由他弄得很明瞭。

照休謨說，所謂德畢竟是與以快愉之感或與以利益的行為或心的性質德可以分為四種類第一，是與快於

自己的（歡喜勇氣自信慈愛等）第二，是與快與他人的（謙遜禮儀恭敬機智等）第三是與利益於自己的（意志強固勤勞節儉健康悟性其他能力）第四是與利益於他人的（慈善和正義）第四之社會道德慈善是自然的正義是人為的即依契約而生的德人是有利己的感情同時也有利他的感情是由利己的感情所引起的那便錯了利己是第二次的情緒人有原始的欲望由充滿此欲望而生快樂然後想得到快樂幾發達在因愛他人而得快樂時就生出為得到快樂而愛他人的慈善的德慈善的根本的動機並不是利己心。凡社會所存在的地方必定有法律法是由所謂公共利益的感情發生的，並不是依形式的契約而起的。這也是表現休謨思想的功利的傾向的。

第五節　亞丹・史密斯

使休謨的同情說與夏富伯里之說相結合，而說那對於行為的動機感情的直接同情者，就是休謨的朋友亞丹・史密斯（Adam Smith, 1723-1790）。他生於蘇格蘭的加克耶爾幼學於格剌斯哥大學和牛津大學晚年公刊名著『富國論』稱為近世經濟學的鼻祖倫理學的著書有『良心論』（Thory of Moral Sentiments, 1759）。

亞丹・史密斯也如休謨以道德的判斷的根據為良心以良心的要素為同情；但對於同情的對象和休謨完全異其意見休謨是依行為的結果定道德的價值的。照休謨說對於他人行為而生善惡的差別就是說能得同情於其行為的結果與否亞丹・史密斯卻不然他依對於那為行為動機的感情之有無同情而定其道德的價值吾

人對於他人的行爲而與以賞讚，並非單因爲其行爲的結果爲有益，乃因爲吾人想像其人的地位，而同情於其人所感的感情然有時也有不同情於行爲動機而與以賞讚的。例如吾人賞讚慈悲的行爲並不是爲同情於行爲於慈悲人的心狀，乃是對於受慈悲的人的快樂和因其快樂所生的感謝而同情的。所以吾人接到他人的行爲，而認爲道德上的功德（merit）就是指着對於行爲者的動機所生的直接同情和受了他的行爲者的感謝的間接同情而言的。

有如吾人表同情於他人的心情，而得對於行爲下善惡的評價一樣可以把自己置於他人的位置，而同情於其心情以定行爲的道德的價值。在這個地方吾人自己分爲以第二個我（判斷者）判斷第一個我（行爲者）的此第二個我即是良心所以良心就是自己假設立於公正旁觀者的位置，而是非自己的心情是同情的命法的形式是內部的神聲他在那視同情爲人性所固有的一點上乃是繼承夏富伯里的直覺主義者；而在那承認同情的命法的形式爲內部的神聲的一點上卻又是康德無上命法的先驅者。

第六節 聯想學派

關於良心起原的說明，有先天說和後天說。先天說以良心爲吾人生而有的自然的能力，不以良心爲吾人生而有的自然的能力以爲是由經驗而生的，休謨和亞丹·史密斯之說即屬於這一類此外又有人雖把良心看作由於稱曰同情的其他能力而形成的，但由和彼等相異的立腳點上說明良心起源這是後天說的一種即是以良心的形成爲歸於觀念聯合的聯想學派依觀念聯合的法則而論認識說倫理的命法的一種即是以良心的形成爲歸於觀念聯合的法則的聯想學派

有羅克・休謨等可是在嚴密的意味上聯想學派的鼻祖，就是赫德里(David Hartley, 1704－1757)。

赫德里　赫德里把自然科學上所用的機械的說明方法用到心理上的研究以為複雜的物理現象是由機械的單一運動形成的，吾人的高等精神現象也是由單純的感覺和觀念的複合而成的。他的著書名為「人類觀察」(Observation of Man, 1749) 依他說一切精神現象都是單一的觀念的聯合。吾人精神作用中最單純的東西就是感覺這感覺就結合而生想像生欲望而成為自愛同情成為宗教心終成為良心雖是最高等的精神現象然亦不外是單純的觀念結合而成的。吾人的性質雖本是利己的但逐漸反復行其利己的行為時其動機便忘卻了，而生同情而生良心了。所以利己的感情是最劣等的感情捨此劣等感情，而服從良心就是所以得最大幸福者也。

赫德里述聯想作用的生理的根據以為腦神經的微細部分振動，而其振動便相結合。無論什麼精神現象，必有與此相對應的生理作用。所謂生理作用即是腦神經的微細部分的振動。簡單的觀念有簡單的振動複雜的觀念有複雜的振動聯想就是基於此振動結合而生的。他以醫為業所以精神現象的說明，也就自然着眼於生理的方面。他的學說還不得不稱為唯物論。

布立斯多　到了布立斯多而赫德里之說，更加進到唯物論的方向。布立斯多 (Joseph Priestley, 1733－1804) 是發見酸素的著名自然科學家同時又是反對三位一體教義而提倡酉尼太利安式思想之神學家。赫德里不過承認觀念的聯合和腦神經微細部分的振動是相隨的罷了，而布立斯多卻完全把心理的作用的原因歸

於生理的作用。他以物質為或為牽引或為反撥的勢力，而名其勢力所在物質以外就失卻承認那所謂精神的實體之必要他自稱自己的學說為唯物論（materialism）

第七節　鮑雷士

先劍橋的柏拉圖學派雖提倡道德的判斷為直覺的自明的；而鮑雷士（Richard Price, 1723—1791）因襲此直覺說的立腳地而以善惡正邪的判別，然而鮑雷士的直覺說和劍橋柏拉圖學派在內容上不能不認為顯然相異的，鮑雷士的倫理思想可約為三點：第一行為自身存有正邪善惡的性質故行為的自己，有正的有不正的，行為者的性質和行為的目的等，對於道德的判斷，是沒有何等影響的（尤其鮑雷士有些地方並不把這等事情完全疏外）第二正邪善惡觀念是單純而不可分析的，第三得依理性的直覺力而直覺正邪善惡的觀念故如想為正邪善惡的觀念和直覺力下定義不過是積累同義的異語罷了。

在以善惡判斷的根據歸於理性的直覺力一點，鮑雷士雖然類似於劍橋的柏拉圖學派和克拉克但他採取夏富伯里的思想而承認知力上的直觀作用，和感情的要素相伴的正邪善惡就是行為的客觀的性質道德的美醜的感，就是主觀的觀念。知覺正邪善惡時必然要發生美醜之感前者是根本的，後者是第二次的。

鮑雷士以為形式善較實質善為重結果雖是惡祇要動機是善那麼對於該行為，也不負何等的責任，不能像想其惡結果的知的缺乏的責任鮑雷士對於德的意見雖然不明，但他說：『最自明的直覺的原理就是求進自他的幸福』他提倡康朴蘭德等所謂仁愛的義務此外還承認如報恩誠實正義等種種的義務這等義務都是

第八節　蘇格蘭的常識哲學派

在休謨其分析的研究已達到極點的英國經驗哲學界又生出一種反動的傾向，排除觀念的分析而承認判別正邪善惡的常識（commonsense）的本有。想於其上組織哲學和倫理學稱曰蘇格蘭的常識哲學家的一派又生出來了。這學派是瓦於第十八十九兩世紀在英國思想界的一部佔有一大勢力的。在十八世紀此學派的代表的學者，就是初次創倡的黎得（Thomas Reid, 1710—1796）和彼的（James Beatti, 1735—1803）奧斯娃爾德（James Oswald, †1793），士圖華德（Dugald Stewart, 1753—1828）伯魯溫（Thomas Brown, 1778—1820）侯墨（Henry Home, 1696—1782）巴凱（Edmund Burke, 1728—1797）等此學派入於第十九世紀更有許多學者相繼而起待詳於後。

黎得是有名的常識哲學派的始祖，是亞波頓和格剌斯哥的教授著書中有名的有『知識論』（Essays on the Intellectual Power of Man, 1785）『實踐力論』（Essays on the Active Powers of Man, 1788）等

黎得以休謨之說為羅克哲學的當然的結論的誤謬就是前提的誤謬休謨之說所以達於如此誤謬的結論者，因為前提的羅克之說含有誤謬而想不離經驗說的根據以正其誤謬黎得說：『無論何事，若由論理而溯其理由便不得不達到若干自明的究竟的原理的究竟的原理是吾人心中所本有的，所以就像羅克把心看作白紙那是誤謬的』他把這究竟的原理的總稱叫做『常識』（common sense）然則所謂吾人心所本有的自明原

第三篇 近世

英國經驗學派的發達（約表）

〔要旨〕

1. 反對本有觀念論，而始終以經驗主義為高潮。
2. 使經驗哲學成為一大組織而稱為近世經驗哲學的鼻祖。

理（即常識）是什麼樣的性質呢，黎得就把他看做包括著根本的道德感情根本的悟性之三者的本有的直觀的能力。這根本的道德感情就是良心，而良心有直覺這道德公理的能力，他把良心所直覺的道德公理分為必然的公理偶然的公理二種。以（一）文法的（二）論理的（三）數學的（四）道德的（五）形而上學的五公理為必然的公理；而偶然的公理，則列舉十二項。摘記其中主要的就是：（一）吾人之意識的東西是存在的，（二）吾人的思惟是保證吾人之存在的，（三）吾人所意識的他人也如吾人一樣是有生命和理性的，（四）事物有如吾人所知是存在的，（五）吾人有支配自己行為的能力，（六）吾人所交的他人也如吾人一樣是有生命和理性的，（七）天然的現象是齊一的。黎得又述良心的性質不單把他當作判斷善惡的知的能力實是意志這個的。

他還做著坡托拉以為人性中有統御的原理（即良心）和被統御的衝動，的機械的衝動（二）如體欲欲望和對人的感情的動物的衝動二種。

在黎得以後的十八世紀常識哲學家中有士圖華德，組織並解釋其師黎得的學說；有彼的侯墨，巴凱在美學方面進行研究有奧斯娃爾德是反對懷疑論者而由常識立腳地防衛宗教的；有伯魯溫是創立愛丁堡評論而致力於康德哲學的解說的。

羅克 ┬ 認識論 ┬ 1. 以認識論為哲學研究的主眼，而最注力於決定知識的起原成立和其界限等。
　　　│　　　├ 2. 我等的心有如白紙，於此上記以觀念者就是經驗吾人並不是生來就具有特殊觀念的內容的（反對本有觀念）。
　　　│　　　├ 3. 經驗是有內的經驗（反省）和外的經驗（感覺）；反省和感覺就是引導千差萬別觀念於其心的窗口。
　　　│　　　├ 4. 依感覺和反省而映於白紙之心的原始的觀念謂之單純概念，單純概念的結合者為複雜概念。
　　　│　　　└ 5. 認識就是觀念的合不合把這個分為：（一）直覺的認識，（二）論證的認識，（三）蓋然的認識三種。
　　　│
　　　└ 道德說 ┬ 1. 吾人的觀念，是由一切經驗而生的，所以道德的觀念亦由經驗而生。
　　　　　　　├ 2. 所以道德思想是因時因地因人之異而不同的，然而在道德中普遍的東西並非不存在。例如善惡的觀念是儼然存在的。
　　　　　　　└ 3. 善惡判斷的三標準 ┬（1）上帝的命令（神律）
　　　　　　　　　　　　　　　　　├（2）國家的命令（法律）
　　　　　　　　　　　　　　　　　└（3）社會的毀譽（毀譽律）

牛頓
1. 較羅克約晚十年而生的偉大的英國自然科學家。
2. 繼承卡利里的思想把複雜的分析為簡單的以由結果推而至於原因為研究的方針承認數學的計算為唯一的科學的研究方法。
3. 發見宇宙引力的法則而與哲學觀世界觀以多大的影響。
4. 吾人的意志是依欲望而動的是依悟性的判斷而決的所以意志的決定把無論什麼觀念都委於理性的判斷把無論什麼觀念都放在意志選擇之下這是自由的。
5. 基於自然法說而述社會契約說。

巴克勒
1. 使羅克的經驗哲學為更加徹底的發展。羅克雖說認識的範圍祇以觀念為限然仍是容許實體的存在的；至於巴克勒卻把實體的存在完全放棄了。
2. 著視覺新論以為吾人的眼看見物體而知其大和遠近者並非眼之自身的活動乃是依其他感覺而得的經驗結合於視覺而想起的。
3. 否定抽象的觀念的存在以為吾人所想起的以具有某一特殊相為限因而如實體那樣抽象的觀念是不存在的。

休謨 ┤ 要旨 1. 繼承巴克勒的批判的態度而更進一步。
　　　　 2. 使經驗論達於極頂同時指示經驗論的必然歸結是不能止於經驗論的。

認識論
1. 以印象所與的為最確實的事實以此為標準判定吾等所有觀念的認識的價值這是他的根本思想。
2. 把觀念分為印象和狹義的觀念二種印象是感覺和感情之現在的狀態，觀念是把往昔經驗過的印象由記憶等而想起的狀態。
3. 觀念是印象的再現，模寫，影像因而在由印象而來的以外沒有觀念的內容印象和觀念的差別，單是強弱及明暗的差異。
4. 把印象看作窮極的東西而對於印象的原因，是不說明的。
5. 觀念是從一定的法則而機械的結合的，舉其聯合的法則為(一)類同律, (二)接近律, (三)因果律三則。

6. 知識 ┤ 關於事實的 ┤ 1. 把印象照本有的樣子敍述者……基於類似律。
　　　　　　　　　　　　2. 以印象為基而推論未經驗的事實者……基於接近律。
　　　　　　　　　　　　論觀念相互的關係者……基於因果律。

7. 因果的關係，是不能認為直覺的，不能依思惟而論證不能依經驗而知，在接一物時，豫期他

8. 所謂實在，就是指着那印象的活潑的狀態而言的。實體不是印象的內容，因而不是實在。物可相次而來，這就是因果律的基礎。

宗教說

1. 完成理神論的思想同時又把彼破壞了的。
2. 理神論是以道德爲本義的理性的自然的宗教的主倡，即眞宗教是基於理性而生的自然的一神教，而天啓宗教爲自然宗教的退化。
3. 休謨指摘理神論的謬想，以爲宗教雖是生於自然，但不是依理性而生，是依感情而生的；原始的宗教是下等的多神教和吾人的思想進步同時而至於今日的發達。

倫理說

1. 由經驗論出發求道德的行爲的主要素以感情以道德的價値爲行爲結果的功利主義。
2. 動意志的，不是知識乃是感情知識是選擇達到意識目的的手段不能爲意志的動機。
3. 行爲的主要素是感情感情最簡單的要素是快不快這要素結合起來乃生種種行爲。
4. 善惡的判斷，是行於直覺的適意的是善反於此的是惡適意不適意就因其結果能與快感與否而決（功利主義）。
5. 贊賞或非難他人是基於同情的，依同情而屢屢評價他人的結果就生出從他人的見解以判斷自己的習慣這就是良心。
6. 德畢竟不外是與愉快和利益的行爲或者是心的性質。

亞丹·史密斯

1. 使休謨的同情說與夏富伯里之說相結合,而說那對於行為的動機感情的直接同情。
2. 和休謨相同以道德的判斷根據為良心而以良心的要素為同情但對其同情的對象休謨是想依行為的結果以定道德的價值；史密斯卻是想依對於動機感情的有無同情而定道德的價值。
3. 在把自己置於他人的位置而同情於其心情以定行為的道德的價值的場合,而自我分為二個判斷第一個我的行為者為第二個我的批判者此第二個的我,就是良心。

聯想學派

要旨

1. 想把良心的起源為後天的說明(反於坡托拉等的先天說)。
2. 把良心的形成歸於觀念聯合的法則(雖同為後天說而和休謨亞丹·史密斯不同)。

學者

赫德里

1. 把心理作用為機械的說明。
2. 一切精神現象都是單一的觀念的機械的聯合。
3. 精神作用中最單純的是感覺感覺結合而生想像生欲望成為自愛同情成為宗教心成為良心。
4. 論聯想作用的生理的根據。

布立斯多

1. 使赫德里說更向唯物論的方向發展。
2. 把心理作用的原因完全歸於生理作用。

鲍雷士 ┬ 要旨……把正邪善恶的判断归于理性直观的直觉说。
         └ 学说 ┬ 1.正邪善恶的性质是存于行为自身的。
                ├ 2.正邪善恶的观念是单纯而不得分析的。
                └ 3.正邪善恶的观念是依理性的直觉而自明的。

英国常识学派（十八世纪） ┬ 要旨 ┬ 1.认判别正邪善恶的常识为本有而排斥观念的分析。
                                  └ 2.由十八世纪至十九世纪在英国思想界的一部占有很大的势力。
                          └ 学者 ┬ 黎得 ┬ 1.排斥休谟罗克的学说。
                                        ├ 2.无论任何事象，若循着论理而行，一定要达到若干自明的究竟的原理。
                                        └ 3.此究竟的原理是吾人心中所固有的，这就是常识。
                                 ├ 彼的……美学研究。
                                 ├ 奥斯娃尔德……反对怀疑论而由常识的立脚地防卫宗教。
                                 ├ 士图华德……组织并解释黎得说。
                                 ├ 伯鲁温……致力于康德哲学的解说。
                                 ├ 侯墨……美学研究。
                                 └ 巴凯……美学研究。

第六章 啓蒙時代的法國哲學

第一節 感覺論和唯物論的勃興

把近代法國思想變遷史翻開一看見自和英國的霍布士略同時代的笛卡爾出來創倡純理哲學，他的影響，忽及於隣近諸國於和蘭則出斯賓挪莎於德意志則出拉比尼都成為和經驗哲學相對抗的近世思想的一大系統。然而純理哲學在德意志無論如何顯然的進步發達，但在那為其淵源地的法國，卻不大振興與在笛卡爾生時，英國學界雖曾受他多大的刺激但從十七世紀到十八世紀所謂啓蒙時代，卻是法國容納了英國的思想，而使其經驗哲學達到極端的結論就笛卡爾的思想和影響而言前面既已述過了；在這裏只敍述啓蒙時代法國思想的大勢。

初把英國思想傳播於法國的法國學者中最有名的，就是孟德斯鳩 (Montesquieu, 1689—1755) 和福祿特爾 (Voltaire, 1694—1778)。他們讚美英國的立憲制度歸法國以羅克的思想為基礎排斥當時的專制政治和貴族僧侶等的階級的專權，而鼓吹新的政治思想的，就是羅克生後約百年卽一七三二年的事情。

孟德斯鳩 孟德斯鳩在他所著『法意』(亦譯「萬法精理」 Esprit des lois, 1748) 上論一國的制度及法律和其自然狀況有密切的關係；而制度及法律，就是基於其國的風土風俗宗教和國民氣質等的自然狀態而成立的不是人力創造的。故一國的法律及制度是那一國的特殊東西這個雖然也有適於他國人民的，但不過是

偶然的結果罷了。他承着羅克的政治思想，倡三權分立論，闡明立法，司法，行政的觀念，且以英國的立憲政治爲理想的制度。孟德斯鳩的思想雖缺乏創見但在當時的思想界是有很大的影響的。

福祿特爾，孟德斯鳩專盡力爲理想的自然科學的世界觀宣傳理神論的宗教思想。福祿特爾卻不然他不但在當時制度上加以猛烈的攻擊，而使世論沸騰，並且基於牛頓的自然科學的世界觀宣傳理神論的宗教思想。他是承認神的存在和靈魂不朽的。然而他把神看作至高至大的道德的存在者把信神看作基於道德上的要求除尊敬這個道德的存在者以外其他一切都斥爲迷信。福祿特爾雖以神爲善的東西但卻不把神看作全能的，承認有妨礙神的所爲的物質的存在而以二元論說明世界他的思想雖也缺乏獨創之見和深邃之思但他的文章有一種魔力對於世俗給與了非常的感化他以銳利的論鋒所極力攻擊的，就是貴族和僧侶的專權故他在一般民衆方面受着如神的崇拜；而反過來在貴族和僧侶社會方面就被着如惡魔的嫌惡，而不絕的蒙着嚴重地迫害。

從英國移入的羅克的觀念論誘起了認識論上的感覺論牛頓的自然科學的機械觀，就成爲生理上的唯物論；感覺論和唯物論相結合又成爲宗教上的無神論，成爲倫理上的極端的利己主義感覺論唯物論無神論利己主義就是在法國啓蒙思想的特徵這時代的代表學者有康底拉克 (Condillac, 1715—1780) 希爾維休 (Helvetius, 1715—1771) 夏爾·綱耐 (Charles Bonnet, 1720—1793) 波芬 (Buffon, 1708—1788) 羅賓奈 (Robinet, 1735—1820) 梅特里 (La Mettrie, 1709—1751) 第特羅 (Diderot, 1713—1784) 霍爾伯克 (Baron von Holbach, 1723—1789) 等。

康底拉克　康底拉克研究的是福祿特爾所不注意的心理學和認識論的方面他把羅克的經驗主義發展而為純然的感覺論他的著書可舉的有：『人知底起原』(Essai sur l'Origin de la Connaissance Humaine, 1746)『感覺論』(Traite des Sensations, 1754)『論理學』(Logique, 1780)等。

康底拉克把那為自然科學研究方法的分析法應用到精神現象的研究上而把羅克的認識論引到終局的結論羅克把觀念的起原歸為感覺和反省二要素以為此二要素是向如白紙的心導入千差萬別的觀念的窗口但康底拉克更把一切精神作用歸為更加單純的要素單從感覺上說明他當說明複雜的精神現象是從感覺上發展來的時候用下述的很巧妙的譬喻即假定有和吾人體制相同的立像此立像最初得到嗅官在此時單不過是知覺香氣罷了若在其前有一枝薔薇那麼立像的感覺僅被其香氣充滿了然而意識在集注於單一的感覺時就生了注意及其薔薇被取去後香氣的痕跡即止於記憶再次放下其他物體從這個物體所生的香氣就要和薔薇的香氣相比較而起快‧不快的感情至生出希求其一排除其他的意志其他判斷推理反省抽象等無論任何精神作用都沒有不是由感覺發展的所以感覺可說是一切精神現象的淵源。

康底拉克雖這樣明白提倡感覺論但不是唯物論者也沒有否定神的存在他保持著笛卡爾學派的二元論承認心物的相異物體決不是營精神作用的故身體的運動沒有生感覺的理由感覺的主體是在身體以外的身體的運動單不過是發生精神現象的因緣罷了然則生感覺（即精神作用）的是什麼呢？康底拉克以為這個到底不是吾人的知所可知的。可見他於形而上學是一個懷疑論者。

希爾維休 希爾維休把康底拉克的感覺論適用於倫理上，而提倡極端的自己的快樂說照他說行為的唯一動機就是得快樂的努力（即利己）利己是道德界的法則恰等於物質界的運動法則。任何道德沒有不是以此利己為基礎的。例如正義或博愛的美德也不外是利己的產物所謂道德家其愛他人正欲間接的利我所謂不道德家，就是說欲直接達利己的目的的人。

希爾維休在認識論上和康底拉克相同，感覺是一切精神作用的淵源如記憶，判斷等複雜的精神作用也是基於感覺而生的。感性和自愛心是吾人先天具有的兩個能力，而此能力，雖然無論何人都是遍有的，但因境遇的不同，而生出個人的差別。這就是他把個性的由來歸於環境的力量。

他在道德上雖大膽的倡利己主義，但他不是唯物論者也不是無神論者在宗教上設下理神論的見解。一度倡了利己主義種種的迫害就脅迫他，使他沒有方法不得不避難於外國然而他天性極富於善心把他的財產拋於公共事業，一點也不顧惜。在後出來的邊沁受他的益處很多，這是邊沁自己所說的。

夏爾·絣耐 夏爾·絣耐使經驗哲學者的心理學和認識論上的研究結合於生物學和生理學上的觀察，是和康底拉克從不同的立腳點上而倡自然科學者的一人在所謂一切精神作用都是基於感覺的一點上他的學說和康底拉克及希爾維休相同然而他述感覺發生的理由以為非物質的靈魂是對於感性的刺激而反應時而起的比希爾維休更進一步他對於靈魂的說明以為吾人的靈魂是和物體結合而存在的沒有無身體的靈魂身體也沒有無身體的靈魂身體是在吾人通常的思惟以外由精微的『以太』質的物質而成的這種物質就永遠不

死滅和靈魂相結合於肉體死後回想現世的生活，而爲構成新的來世身體的原因這就是他的靈魂不滅論。

綳耐述精神現象的生理的條件以爲一切精神現象都是基於和此相應的腦纖維的被感覺機關所喚起的興奮傳播到腦就在腦纖維中起了振動這種振動就是精神現象的起因一旦生變動的腦纖維雖在興奮去後也生痕跡，再遭遇同一的刺激時就能認這個爲往嘗經驗過的這就是記憶他在研究精神現象的生理的根據一點上使人想起赫德里。

他也像希爾維休以行爲的動機爲自愛。他以爲他是一切努力的終極的目的他的靈魂不滅論是和幸福論有密接的關係的因爲要真幸福，就不能不假定靈魂的不滅。他的學說對於德國心理學者，尤其有顯著的影響。

波芬和羅賓奈 波芬和羅賓奈把夏爾‧綳耐所試過的心理的和生埋的方面的自然科學的說明更加發展以一切的現象爲機械的觀察遂達到唯物論。

波芬在他所著的『自然史』(Histoire naturelle générale et particulière) 中，敍述了有機的分子說。以爲有機的分子是一切生物的原質。一切的有機體都是這有機的分子機械的相集而成的，——就是他的有機的分子的要旨他的學說胚胎於斯賓挪莎是很顯明的。

羅賓奈也是受着斯賓挪莎和拉比尼都的影響而提倡類似波芬的有機的分子說的臆說。他在他所著的『自然論』(De la nature, 1761) 中，述說萬物是精神和物質二要素以相異的比例混合而爲無數連續發展的等級的。這是受了拉比尼都的單子論的影響。羅賓奈以爲作此二要素中基礎的是物質而精神是由物質而出復

歸還於物質的東西。

羅賓奈的思想，在以物質爲精神的基礎一點上，可稱爲唯物論。然他並不否定神的存在，祇認神爲萬物不可知的原因。

梅特里　梅特里較羅賓奈更早，而提倡更爲明瞭的唯物論。他的性質最勇敢最高傲敢大膽發表他的所信。他起初雖以軍醫爲業但爲發表所著『精神的自然史』（Histoire naturelle de l'Âme, 1745）而失職避難於和蘭。

梅特里把笛卡爾學派的物理說應用於人類以爲一切精神作用盡爲物質的活動。人的身體因爲組織不同，故精神作用也因而發生差別。這就是物質爲精神作用的基礎的證據精神作用單依肉體纔能認知故精神也不得不和身體共同死滅。笛卡爾雖言動物爲器械的但人類也不外是器械人類和動物不過有程度上的相差罷了所謂靈魂不過是那營身體中精神作用的部分的名稱罷了腦髓依精巧的筋肉而營精神作用等於腳依粗糙的筋肉而營步行。

梅特里是先於希爾維休而倡利己主義的以爲吾人的目的，就是爲求快樂的吾人的精神是從屬於肉體的，所以畢竟除身體上快樂之外是沒有快樂的。然而在快樂中是有强而短的和穩而永續的區別前者名爲感覺的快樂後者名爲精神的快樂所謂德行，就是致社會一般幸福的行爲依社會雖依法律而禁惡依名譽而獎勵善但所謂善人所謂惡人是必然的被決定的吾人的意志是不自由的；故如懲惡獎善之類是徒勞無益的，惡人就是病人，

沒有被冷酷待遇的理由信仰無神論是最幸福的；無神論者所組織的國家是最幸福的國家唯物論是教人博愛，與人慰安使人脫卻宗教上的迷信和恐怖的。

第特羅　第特羅是詩人是哲學家而為有名的『Encyclopedie』的編輯者。這書是以普及那關於當時學術和技藝的新思潮於一般讀者為目的而成的，所以從一七五一年至一七七二年出二十八册一七七六年和其次年再出拾遺五卷至一七八〇年又出別册二部。編輯是以第特羅和達倫伯爾為主體以吉爾高（Turgot）格黎牧（Grimm）霍爾伯克（Holbach）等為後援而福祿特爾和盧梭也執過筆來。

第特羅的思想幾經變遷最初雖從理神論的立脚點上攻擊那信天啟宗教的成立和否定神的存在者；後傾於懷疑說晚年又變到自然論的萬有神教在道德方面最初也和夏富里相同以為吾人是先天的具有能判斷善惡邪正的道德心的但以後又改變其說以為道德心是微少的許多經驗結合而成的。

霍爾伯克　至霍爾伯克，而啓蒙時代的思想已盡量的發展他的著書『自然的體系』（Systeme de la Nature, 1770）是把感覺論唯物論無神論利己主義等凡當時所有的思潮都作為有系統的收集使其趨向得以盡量的發揮故稱為無神論者的聖經（Bible）。這書先用假名出版，不是成於霍爾伯克男爵一人的手筆而是集於男爵之家而談論的一團學徒的合作也有一部分是前舉的第特羅格黎牧和數學家蘭格倫紀（Lagrange, 1736 — 1813）所做的。

這書是以自然論的機械觀說明在世界上的一切事物。茲將在此書中所表現的思想略述於左：

無神論 存於宇宙的東西只有物質物質是具有運動的力量的，運動有引力和拒力基於此二力而一切運動以起依種種運動而多樣事物之相以生一切的現象都可依物質和運動而說明的實體如同精神或神不是存在的東西吾人以爲在身體之外，有所謂精神的實體的存在就是因爲在身體的變化之中只能直接知覺外部的運動而內部精微的運動就不能知覺所以把他的原由歸於精神的作用，要不外是把自己看作二重的罷了這個和那相信在世界以外有神者相同因爲吾人在世上不能發見所經驗的種種災害的作用，而把世界看作二重的神的觀念因爲災害和對於災害的恐怖之念，便由人類的無知而發生但假定神的存在是存在物的總體假定有神在其外是有害的爲什麼呢？因爲說明自然界的運動而假定非物質的主宰者是謬誤的是無用的，是自相衝突的神一面與以無限非物質等消極的形而上學的性質，而一面又以和彼不相調和的道德的屬性乃是矛盾的又神的觀念是厭離現世求快樂於彼岸而攪亂心的和平所以有害總而言之神是無用的廢物是爲御愚民由僧侶而說的迷妄吾人的幸福是從打破這樣的迷妄，而信無神論得來的。

感覺論和唯物論 所有精神作用，都是基於感覺而起的，而感覺就是腦分子的運動腦分子是純然的物質分子，而其運動和其他物質運動的性質無異這物質分子在結合時就生感覺的依物質運動而說明精神作用而欲由身體之力，引出精神之力這就是現於『自然的體系』的心理說的要旨。

利己主義 一切行爲都是基於利己主義而生的人類的自愛性可比以物理界的惰性惰性或爲引力，或爲

拒力是所有一切運動之基自愛性成為愛憎之性是所有行為的原因。無論什麼行為沒有不基於自愛的動機努力的目的在得幸福然而為得自己的幸福也不能不尊重他人的幸福所謂德行不過是以他人的幸福為自己幸福的方術罷了。因為所有行為都是以利己為目的所以善人和惡人的區別畢竟是依身體的組織而決的。要之表現於此書的倫理說是想以自愛說明道德的。

『自然的體系』的著者否定意志的自由及靈魂的不滅作為唯物論·感覺論的歸結。以為人和一切事物相同，都是受那必然的關係支配的。如所謂意志的自由不過是為不使神負那存於此世的罪惡的責任之迷妄罷了。若說意志自由而還有可行刑罰的理由就恰如止川而防止氾濫精神作用是基於物質運動而生的肉體死後靈魂存留的道理是沒有的。說靈魂不滅也是顯然的迷妄。

第二節　盧梭

到了霍爾伯克而法國的啓蒙思想已達到極點此時對於文藝復興以來曖曖進步的文化，加以徹底的批判，而一新世界思想者就是盧梭(Jean Jacques Rousseau, 1712–1778)。

盧梭生於瑞士的日內瓦，從幼時放浪諸國而為富於種種波瀾的生活三十八歲時因懸賞論文『學術技藝論』當選初露文名其後公布有名的『民約論』(Du Contrat Social on Principes du Droit Politique, 1762)和『教育論』(Emile ou sur l' Education, 1762)纔把全世震動了但因此又受政府和人民種種的迫害避難四方遂客死於法國。

盧梭的根本思想，就是自然主義和主情說。他反抗法國啓蒙思潮的主知的，無神論的感覺論的，唯物論的利己主義的傾向，而不但想把哲學組織於感情之上，並且對於文藝復興以來顯著進步的文化放開銳利批評的眼光否定學問和藝術上的價值，而以復歸自然狀態爲理想。

宗教觀　盧梭根據其根本思想而論宗教肯定神的存在，把信仰的基礎放在感情之上，以爲物質是不能自己活動的，與以活動的東西，一定是存於物質以外的世界的構成可十分證明神的存在和靈魂的不滅的，就是感情。何故神的意志是自由的呢？神如何創造世界呢？精神如何活動物質的呢？雖不能以知力了解但其事實的正確，是能以感情發明的知識之所與的結果，或終於唯物論和無神論也未可知。吾人的理性或者承認他也未可知然而我等的感情到底是不能滿足的是企求更高的東西而不止的。

基於感情的自然宗教乃是真宗教，就是基督教的真髓像那歷史的宗教，不過是無用的廢物罷了。

道德說　道德說也是成立在那爲根本思想的自然主義和主情主義之上的。他以自然狀態爲理想，而敘述從原始社會而來的人類漸次墮落的次序以爲人類最初雖是名自獨立自由生活的，但爲防猛獸之害爲得食物，就使知力發達漸次造茅屋居住開家族生活的端緒發財產所有的萌芽及至造成村落而爲集合的生活，就生出許多的不平等和惡感情但這時人情還是質樸而欲望也很少大概還爲幸福的生活後來產業發達貧富逐顯然懸隔利益的爭奪發生而猜忌和憎惡之情就逐漸激烈財產所有者因感着很大的危險，便相謀而以保持正義安寧爲口實設下一種制度作爲財產的保護。貧民被欺於彼等的奸謀，而服從制度的束縛人類自然享有的自由遂

消滅無餘了盧梭以爲像霍布士所說的人類爭關生活，並不是自然的狀態，而是文化發展的社會所有的。盧梭以爲文明的發達爲可以咀呪的認定文明不能使人類社會善良反使成爲腐敗猜忌憎惡爭鬬壓制遊惰文弱繁文縟禮，件件事都是隨文化而來的弊害。所謂『回復自然』就是盧梭所舉的理想之一。

人類的性質本來雖極清潔，但隨社會的發達，而漸次汚穢了人性生汚穢的原因，作學問和技術的進步所謂學問和技術只是基於知力的，知力雖能闡明事物的關係，而分解其性質和狀態然若不借感情的力量就不容易確認他單想理解善而行之那就不得不陷於種種的疑惑但感爲善而行之那就能成眞的善行。感情是有同情和自愛心的，基於同情和自愛心而生活常能得到幸福若偏重知力輕感情，就是盧梭所極力主張的照盧梭說所謂良心畢竟不外是感著善的感情罷了。他以爲在良心支配下面而活動一切的欲望都可說是善的。

使社會的罪惡增多所謂排斥知力會重感情，就是盧梭所極力主張的照盧梭說所謂良心畢竟不外是感著善的感情罷了。他以爲在良心支配下面而活動一切的欲望都可說是善的。

現在的社會脫離純朴的自然狀態，而達到腐敗墮落的極點雖然不能使他回復到原始的社會但不可不依教育而匡救其弊害因此便在他的大著『教育論』中詳述他的教育意見。

民約說　盧梭在其所著『民約說』中敍述理想的社會制度。他說：人類生而有平等自由，強者支配弱者的權力不是固有的。國家的成立是由人類相互契約的人類爲基於本有的同情和自愛心遂成自然的發達因相約而組織成國家所以國家乃是保護個人發達的機關國家如抑制個人，就不能不說是違反自己的目的國家的意志，

就是國民的意志。故統治權屬於國民,君主不過是行使權力的服務者罷了。人民立契約而組織國家,個人對於全體的意志便不得不服從法律是表現全體意志的,所以目的是與人民以自由和幸福的個人任其欲望而動作並不是眞的自由。眞自由是因服從法律而得的。君主是國民委任的統治權的行使者,君主若濫用權力,人民就可以解除其委任。倡民約說者在盧梭以前有霍布士羅克孟德斯鳩等,但在不把國家權力分割以行政權隸屬於立法權一點上盧梭學說是和羅克孟德斯鳩不同的;在始終不使統治權和人民分離的一點上而和霍布士說是完全相反的。

盧梭的學說,不但是法國大革命的導火線就在思想上,對於康德,非希的,哥的,侯爾德,雅各伯和其他十八九世紀的『浪漫主義』(Romanticism)等也與以偉大的影響。

啓蒙時代的法國思想(約表)

孟德斯鳩 ─ 1. 三權分立論。
          2. 讚賞英國制度。

福祿特爾 ─ 1. 攻擊當時制度。
          2. 二元論…神和物質。

康底拉克 ─ 1. 感覺論…一切精神作用,都由感覺發達。
          2. 懷疑論…生感覺的原因不明。

法國啓蒙思想 ｛
　希爾維休 ｛
　　1. 感覺論⋯⋯感覺是一切精神作用的淵源⋯⋯｝羅克感覺論終局的結論。
　　2. 利己主義⋯⋯行爲的唯一動機是利己
　夏爾・繃耐 ｛
　　1. 感覺論⋯⋯把一切精神作用歸之於感覺⋯⋯
　　2. 利己主義⋯⋯把行爲的動機歸於自愛。
　羅賓奈⋯⋯唯物論⋯⋯有機的分子說。
　波芬⋯⋯唯物論⋯⋯精神是出自物質而還原於物質的。
　梅特里 ｛
　　1. 唯物論⋯⋯人類卽器械。
　　2. 利己主義⋯⋯吾人的目的，是爲求快樂的。｝比笛卡爾更進一步。
　霍爾伯克 ｛
　　1. 無神論⋯⋯神是無用的廢物。
　　2. 感覺論⋯⋯精神能力是由感覺發達的。
　　3. 唯物論⋯⋯人類卽器械。
　　4. 利己主義⋯⋯吾人的目的，就在利益。
〔要旨〕｛
　1. 使達於極點的法國啓蒙思想一新。
　2. 以自然主義和主情說爲根本思想。

第七章 德國純理學派的發達

第一節 拉比尼都

發自倍根和霍布士的英國經驗哲學，至羅克而生個體論；發自笛卡爾的大陸純理哲學，至斯賓挪莎而生汎神論；兩者全是到達異其方向的結論的。然而這兩學派在承接近世自然科學的精神把自然界作機械的說明一點上都是一致的。較斯賓挪莎稍後而生於德意志在一方面是企圖純理學派的實體論和經驗學派的個體論的調和，在他方面是企圖自然科學的世界觀和宗教的考察的融合的，就是拉比尼都（Goottfried with Leibniz,

盧梭

宗教說
1. 肯定神的存在而疊信仰基礎於感情之上。
2. 以自然宗教為真宗教以歷史的宗教為無用的廢物。

道德說
1. 以回復自然狀態為理想。
2. 排知力而重感情。

民約說
1. 國家是依契約而成的。
2. 國家的意志就是國民的意志。
3. 統治權在國民而君主只是行使權力的機關。
4. 君主若濫用權力人民就當解除其委任。

1646－1716）拉比尼都的哲學雖所謂調和就是他的特色；但從思想的系統上說他是屬於純理學派的。

拉比尼都生於德國的來比錫（Leipzig）。父為哥丁俞（Gottingen）大學教授他從幼時在其父的書齋涉獵文學歷史哲學等書籍。長而入其本地的大學修哲學又在亞特爾大學專攻法律學其後被麻因茲侯伯奈布爾格招聘盡力法典的改正二十四歲時為該處控訴院的判事次遊倫敦・巴黎到處受歡迎而與知名的學者相交。一六七七年為漢那維爾的宮中顧問即在其地終其餘生因漢那維爾公之女嫁於巴郎丁堡公（其後為最初普魯士王）的緣故屢屢往來於伯林盡力於伯林學士院的創立而被舉為最初的會長及王妃歿後與伯林的關係自然疏遠而和維也納宮廷相親密；一七一一年被任為加爾四世的宮中顧問因封為男爵他在法學和哲學以外如史學數學物理學等是無一不精通的他的博覽強記而富於獨創之才是和古代亞里士多德可以並稱的加上他又富於實務之才或參與政治或當外交之衝會博得赫赫的名聲他受了各國宮廷的優遇得國王的寵信，而終其充滿光榮的生涯，也可以亞里士多德相擬然而相傳他在晚年不但和曾受恩寵的宮廷關係相疏遠並且被看為不信仰者而受許多宗教家的排斥歿時送葬者是很少的他沒有遺留有系統的大著述他的思想只可從他隨時公刊的小著上看出在他的著書中，『單子論』（Monadologie, 1714）『辨神論』（Theodicée, 1710），『自然和神恩的原理』（Principes de la Natur et de Grèce, fondés en raison, 1714）等是最有名的。

實體論（單子論） 拉比尼都的哲學也是從實體論出發的他的實體論一方面想避掉斯賓挪莎的汎神論，同時又想使自然界的機械的說明包含着目的觀拉比尼都認斯賓挪莎的汎神論為笛卡爾哲學的論理的結論。

然而在為避掉這樣難承認的結論就不可不直溯於笛卡爾哲學的根本思想，故他着眼於笛卡爾的實體論。笛卡爾是把實體看作不變動的單一的。到了斯賓挪莎以此為發生汎神論的結論的原因；他基於物理學的考察卻以實體為活動的力量所謂物是存在的，就是說物是活動的沒有不自己活動而存在的東西然而活動的東西就是力祇有這個力可稱為實體活動力的單元，他稱作單子(monad)

單子就是實體，就是活動力的單元。是非延長的非物質的而為獨立自存的個體因為單子不能延長所以不能分割故不似元子論者所說的元子，還是可分割的乃是眞的單一的。故單子不是自然生起，自然消滅的，他的生滅是依着一個超自然的奇蹟單子又是獨立自存的非物質的個體所以不受其他的影響只把自己的狀態為自發的開展他說：『單子沒有使任何東西都得出入的窗口』

單子本來具有雜多的狀態，而為漸次開展其狀態的渾一的活動力所以單子的活動就是自己的開展自己的開展就是自己的表現不是生全無的東西乃表現出來具有可能性的東西所以在移行於表現的一階級時要經過存於其間的所有的階級決不是隔隙而飛躍的，是順從連續律的。（這個連續律就是拉比尼都哲學的一貫的法則）單子是從連續律而活動的東西所以已然表現的狀態，也含於現在的狀態之中將要表現的狀態也可以在現在的狀態中豫想得到的若以明知去看有如樫的實是表現的樹一樣想由一階級而飛過所有一切階級是不可能的。

單子不單在一個狀態上表現全體，還可以表現其他一切單子的狀態。所以一個單子，就是表現宇宙全體的，

故他是宇宙的縮圖是宇宙的活動鏡，是小宇宙沒有窗孔的各個單子能映着宇宙，不是依各單子相互的影響，乃是各個的單子自己一致造成的，即單子是由表現自己而表現宇宙的。

一切單子，依從連續律而不能飛躍以次第表現自己。換句話說：在宇宙間兩個以上相同的東西是不存在的。故凡是存在的東西都各具有特殊之相，一物能完全和他物相同的。但完全相同的東西在宇宙間是不存在的。然而單子一切都是縮寫同一宇宙的萬物雖各具有特殊之東西但他們的差別不是絕對的，不過是程度上的差別罷了。一切反對都是相對的萬物雖是在程度上有差別但在事實上全是相類似的，所以吾人可依類推他物的狀態以類推他物的狀態。（拉比尼都的類推律是連續律的特殊的場合）

拉比尼都適用這類推律，逐達到萬物有心論吾人把在外的東西表現於內，而得明白認識多含於一，就是依我等自身的意識作用所以各個單子之表現宇宙而開展自己就是一個心的活動故外物若是真的實在那麼便一定要是和我等相同的心的存在者了。

無限的單子都是表象（他是視表象和表現同一的）同一宇宙的。然而表象有明暗的差別。無限的單子可依表象的明暗分為三階級。在最下階級的是『裸單子』(monades nus) 裸單子的表象是最不明顯的恰如在昏睡狀態中是無意識的。他把這個表象稱爲『微小表象』在第二階級的是『靈魂』(âmes) 靈魂的表象比較裸單子頗覺明顯而有感覺的意識屬於此的，就是動物的靈魂。在最上階級的是『精神』(esprits) 精神的表象是最明瞭的，

不但有自己意識之能，並且具備有分析自己所有的表象而為普遍的認識的理性。人類和天使之心都屬於此。上級的單子必具有下級的表象所以人類或天使的精神中也含有『微小表象』一切單子都有從一個表象移到其他表象的動向所謂意志不外就是存於理性的表象中間的動向。

世界觀（豫定調和論）　拉比尼都以單子論為基礎，而述樂天的世界觀照他說：宇宙萬物是由無限單子而成的。單子雖各異其明瞭之度但內容完全同一所以差別之中自有統一最大雜多之中有最大的統一這就是宇宙的真相宇宙中有這樣調和的存在，就是神所豫先附與單子的調和就是豫定調和神不是內在於自然之中的（和斯賓挪莎的神不同）是超越於自然以外而存在的；在作成單子而附與性質以後就不干涉他的活動單子是依神所附與的性質而自己活動的。現實的世界是由神選擇的最良世界在神的知力中有無數可能的世界存在而神的全能能把任何世界一一實現起來。神所以從許多可能的世界中選擇現實世界，就因為現實世界在神的知力所能實現的世界中是最良的世界現實世界不是因為由神所選擇而最良，而是因為最良所以由神選擇。

然則在這最良的現實世界中，為什麼有不善的存在呢？拉比尼都把不善分為三種：第一、是形而上學的不善；第二、是物理的不善；第三、是道德的不善所謂形而上學的不善就是說萬物的有限性而物理的不善（疾苦和災禍）和道德的不善（罪惡）一個個都是由此而生的。故形而上學的不善，就可說是一切不善的根元換句話說：可以說不善是由制限（即缺乏）而生的。為什麼神要以有制限的個體製造此最良的世界呢拉比尼都答道個體的

有限性乃是世界存在的不可缺少的制約沒有制約世界就不得存在。因為個體有有限性所以生出種種物理的道德的不善然不但不因此而妨害世界的完美並且如以少許的不調音來調和全體音曲以少許的醜色彩來增加畫面全體之美一樣倒反可以助長世界的完全凡存在於世界的事物或現象必有其存在的理由總而言之不善是消極的也是拉比尼都哲學的主要原理。不善既已存在於此世界中故也有十分存在的理由。（此理由律，東西，他的存在是不足負累神的全知的。

拉比尼都的世界觀，是把自然科學的精神的機械觀和目的觀巧為調和、照他說，自然界的諸物雖都以機械的關係而活動。但其活動的究竟原因，就是含着那所謂世界完全的目的觀的。

人性論　世界的生物一個個都是許多單子的集合，由物理學上觀察雖是個體，但從形而上學而言，就不是個體了。集合而形成一生物的多數單子中的一個握有主權者的單子名為靈魂，而從屬的單子名為身體生物必定是由此靈魂和身體而成的。而身體的靈魂是身體的主宰者然因為單子並不是相互影響的所以稱他為主宰者就是說靈魂的單子比較身體為更明瞭的表現，有靈魂的狀態而身體的狀態更容易理解靈魂和身體雖不是互相關係而活動的，但可由那存在於各單子間的豫定調和，而得向調合的方面進行恰像巧妙的工人製造兩個鐘錶雖無何等相互關係，而自然調和而常常表示同一的時刻一樣。

世界萬物都是依豫定調和而決定的，所以吾人的意志是應該不自由的。但豫定調和，並不是在單子以外支

配單子的法則，乃是在單子之中決定單子的法則使決定意志的動機存在於意志的自身之中畢竟意志的決定乃是基於意志內部的性質的自家決定所以吾人的意志是不自由的，而同時又卻是自由的決定吾人意志的表象如果明瞭，在明瞭的限度內吾人的意志是自由的。然而吾人的意志是不能絕對的自由的意志絕對的自由只有神。

依拉比尼郖說生物無論已就是無生物也是活物，而在宇宙中沒有真死的東西怎麼說呢？雖芥塵之微其實體也有單子，因爲單子一總都是精神的個體。

由單子論出發的生物觀遂使他否定生死形成生物身體的單子有時增加，有時減少到了甚減少的時候就是死。然而死並不是身體完全失卻單子又所謂生的時候，就是單子著著增加。一切生物無論是靈魂是身體都是不滅的人類尤其和其他生物不同死後也有自己意識也有道德的責任。

認識論　拉比尼郖把單子論應用到認識論上而主張本有觀念說他的本有觀念論，一方面反對羅克的經驗說，一方面又和那以爲吾人生具有明瞭的知識的笛卡爾及英國本有觀念論者之說不同他說單子是沒有窗孔的；是不受相互影響而爲自發的開展的個體。故一切的觀念都是由最初就具有於吾人心中的。然而吾人在幼時並不能意識這等觀念；在生出時祇是無意識的具有這些觀念的，隨着知力的發達纔漸次表現而爲意識的所以人心並不是像羅克所說如白紙一樣的是具有可以啓發一定觀念或原理的人心表現出來本有的觀念和原理者乃是依從單子的連續律所以由於占精神最高地位的理性的特殊之性的。人心認識的原理或概念也是最初就無

意識的含於感官的知覺中。很可以說:『感官中所未曾有的東西知力中也無有。』唯知力自身是依固有之性而開展的,所以不在此限。

倫理說　拉比尼都的倫理說是基於那所謂單子的連續的自己開展的根本思想的。以爲吾人生而無意識的具有道德的觀念所謂道德畢竟不外是此無意識的本有觀念現出於意識中罷了單子依從連續律而表現自己所以並不是一躍而從最不明瞭的表象達於最明瞭的表象的。故雖在道德上想從不德的狀態一躍而入於有德的生活也是不可能的。不外徐徐的循着向上的道路向理想方面進行耳道德不外是對於理想的向上努力他把所謂道德進步發達的思想說得最爲明瞭。

單子的表象之最明瞭的就是理性故所謂依從理性就是想從表象不明的狀態移至於表象明瞭的狀態這是吾人所常想望的所謂道德的生活就是依從理性的生活所謂有德之人就是理性活動最旺盛的人故他的道德論終不得不歸到主知說上。

理性是使人明瞭認識神和世界的調和的所以依從理性的生活一定就是順應神和世界的調和的生活順應世界調和的生活給幸福於他人卽不外親愛他人。那麼依從理性的生活就是跟隨那對於神和同胞的愛的意識的努力而來的所謂道德。愛至善畢竟就是稱此純潔的愛除愛之外沒有所謂道德。斯賓挪莎雖也從主知說出發而說愛但他是只注重親愛神聖。而拉比尼都卻不曾認對於神的愛和對於同胞的愛有所輕重的照拉比尼都的見解各個人都是縮寫宇宙的神的面影之鏡所以說愛同胞卽是愛神。

拉比尼都的思想是把種種思想爲巧妙的調和的，所以仔細吟味，在他的學說中，就不得不發見種種的缺陷。尤其是他的神的觀念可以看作是爲說單子的調和而附加的，所以有許多史家常指摘他顯然有不統一之感的地方，和單子自發的不明的地方。

和拉比尼都同時代的啓蒙哲學者　這一類的哲學者有屠馬休斯（Christian Thomasius, 1655—1728），倫侯遵（Graf Walter T'schirnhausen, 1651—1708）紇林亥謨（Hieronymus Hirnbaym）歇愛夫來爾（Johann Scheffer, †1677）溥芬道富（Samuel Pufendorf, 1632—1691）等屠馬休斯是最想把哲學試行通俗的論述的人他的學說傾於折衷主義則倫侯遵尊重經驗的事實和數學的知識和企圖經驗論和純理說的調和。紇林亥謨是以知識的渴望爲可恐的疾病，而主張懷疑說醫師而兼詩人的歇愛夫來爾提倡一種神秘說又溥芬道富想把霍布士和格羅丢調和起來以爲自然法雖然基於神的意志，而認識他的還是理性他是法理學家又是歷史家。

第二節　瓦爾夫和其學派

瓦爾夫　把拉比尼都的思想爲系統的論述，而廣爲傳播於學界的，就是他的弟子瓦爾夫（Christian Wolff 1679—1754）。他是德國北勒斯勞人在愛那和來比錫兩大學修神學哲學物理學歷任來比錫大學和哈列大學教授職瓦爾夫在德國哲學上的功績，就是開了以德國語論哲學的先例把哲學作爲系統的敍述他把吾人的精神作用分爲『知的能力』『意的能力』二種又把哲學分爲屬於知的能力的理論哲學和屬於意的能力的實踐哲

學二部。論理學作為入門的準備。更把理論哲學分為『總論』『各論』二種把各論分為宇宙學心理學神學。實踐哲學也分為『總論』『各論』二種各論更分為道德學經濟學政治學他的哲學研究法特注重以吾人的概念去推究的分析法明白主張純理派的特色。瓦爾夫的思想差不多是拉比尼都哲學的照樣繼承者不過僅在單子觀念或豫定調和之說上略改師說罷了而他在師說上所加的變更反把拉比尼都的深遠的思想變成淺薄的思想例如豫定調和之說瓦爾夫單以此為限於身心的關係，拉比尼都的思想就被他弄得不成樣子了。

他的哲學的組織井然有條用任何人都容易入門的研究法而說出所以能成為一大學派而一時握了德國思想界的霸權此學派就稱為『拉比尼都・瓦爾夫學派』屬於這學派的學者有丟遊美(Rudwigphilipp Thümmig, 1697—1728), 畢爾芬格爾 (Georg Bernhard Birfinger, 1693—1750) 美愛爾 (Georg Friedrich Meier, 1718—1777) 波麥迦頓 (Alexander Gottlieb Baumgarten, 1714—1762) 等其中最有名的就是波麥迦頓。

波麥迦頓把瓦爾夫的所組織的學說更加整頓。在他所定的哲學上用語中，被康德所用，而傳流於後世的很不少他的學說可以大書特書的，就是他的美學上的意見瓦爾夫雖設下論理學作為哲學入門的豫備學科；但波麥迦頓卻在論理學之外置 Aesthetica (審美學，) 以為論理學是論明瞭的認識的，Aesthetica 是論漠然的認識的。所謂漠然的認識就是認識感官的知覺(即美)的心的狀態故 Aesthetica 於此生出美學的意義他說美的觀念以為所謂美不外是事物的完全之相顯現於五官的情形將完全之相拿明瞭的知識了解之就是真用意欲接觸

過的,就是善把眞、美善的區別明白分開由自然是可想世界中最完全的東西的拉比尼都之說出發而把自然看作美的最高模範說藝術的職分,就是自然的模倣。

反對拉比尼都瓦爾夫學派的,有劉笛格爾(Andreas Rüdiger, 1673－1731)克魯休斯(Christian August Crusius, 1721－1776)等一些人。

第八章 啓蒙時代的德國哲學

通常稱爲「德國啓蒙時代」就是從拉比尼都至康德的期間的意思這時代的哲學可以分爲四種卽(一)拉比尼都時代的啓蒙哲學者(二)拉比尼都・瓦爾夫學派和其反對者(三)通俗哲學者(四)信仰哲學者嚴格說起來代表啓蒙思想的就是通俗哲學者。拉比尼都時代的啓蒙哲學者和拉比尼都・瓦爾夫學派已在前面述過了,所以在此只述其他學者。

通俗哲學者 所謂通俗哲學者,並不是有這樣的學派,乃是使哲學爲平易通俗化以敎導世人的一般人們的名稱。可認爲這類的代表學者有美特而索(Moses Mendelssohn, 1729－1786)尼哥勒(Nicolai, 1733－1811)亞巴弌(Abbt, 1738－1766)愛伯爾哈德(Eberhard, 1738－1808)斐德爾(Feder, 1740－1821)恩格爾(Enger, 1741－1802)加爾維愛(Garve, 1742－1789)布拉托奈爾(Platner, 1744－1810)梅奈爾斯(Meiners, 1740－1810)等以學說論似無可特別詳記的。

其他還有以神學家而振起勢力者，就是萊馬爾斯（Reimarus, 1694—1768）他一方面以瓦爾夫的哲學爲根據，大攻擊無神論；一方面對於天啓的宗教的信仰又下了毫無顧忌的批評在帝王之中也有如弗勒得里大王在哲學上造詣甚深大王立脚在瓦爾夫的哲學和羅克福祿特爾伯爾等思想調和的見地上在倫理學方面又折衷司托亞學派和愛辟克魯斯學派，而特重義務觀念；在政治學方面卻反對麻克伯利而排斥君主專權。在認識論上試爲羅克的經驗說和拉比尼都・瓦爾夫學派純理說的調和，而開拓獨得的領域者有藍謨伯托（Lambert, 1728—1777）把從來多數學者所採用的精神作用的二分法（知力意志）換而爲『知』『情』『意』的三分法，在心理學上倡一新說的，有泰丁士（Tetens, 1736—1805）泰丁士的論敵有羅休士（Lossius）結合羅克和拉比尼都之說者有諦德曼（Tiedemann, 1748—1803）以波麥迦頓說爲根據進而爲美學上的研究者有蘇魯在爾（Sulzer, 1720—1779）和毛里子（Moritz, 1757—1793）教育學者有巴塞杜（Basedow, 1723—1790）康派（Campe, 1746—1818，伯斯達羅齊（Pestalozzi, 1745—1827）等一一列舉那就有無限際的學者出來了茲把他們概括起來稱爲德國啓蒙時代的通俗哲學者在此時代在通俗哲學者中出人頭地的，有列新格（Lessing, 1729—1781）。

列新格　列新格有博學多能的天才。他是詩人是歷史家是神學家是批評家是哲學家無論在何方面都可以獨成一家的。尤其是精通美學和神學他關於詩和彫刻等的意見雖至今日還有足觀者不少。他的哲學說想把拉比尼都的個體論和斯賓挪莎的汎神論試行調和使那久已埋葬的斯賓挪莎復活於思想界的，就是他的功勢。

依他說，神是有生命的最高的統一體，萬物都包在神之中，是神的圓滿相的分支，所以萬物一個個都是神的部分，是有限的神，萬物雖一個個都有生命，有靈魂，而本質相等，但是程度不同，隨等級而發達，這是他的意思。

列新格亦受了那爲啓蒙時代的特色的理神論的影響，而以理性的宗教爲理想，但他容納歷史的發達的觀念，以爲理性的宗教是最後纔有的，達到這個極致須經過種種的階級，在這些階級上的諸宗教乃是神教育人類的方法。然則天啓決不是無用的，乃是神所行的人類教育法。

信仰哲學者 所謂信仰哲學者就是反對啓蒙時代的主知的傾向，而是認識而重信仰的人們。哈曼（Hamann, 1730—1788），黑爾德（Herder, 1744—1803）和以反對康德而著名的約可比（Jacobi, 1743—1819）都屬於這一派。黑爾德以拉比尼都哲學爲根柢而論人類歷史；以爲人類社會不是依契約而成的，也不是由神制定的，乃是依從人類天賦之性而自然成立的。人類的歷史是經過種種階級而遂成自然的發達的，由那包含於人性中的一切能力十分伸長而得到完全的調和，就是歷史發展的終局這就是有名的黑爾得歷史哲學的要旨。

德國純理學派（約表）

〔要　旨〕
1. 謀純理學派的實體論和經驗學派的個體論的調和。
2. 謀自然科學的世界觀和宗教的考察的融合。

〔單子…活動力的單元是非延長的非物質的，而爲獨立自存的個體。

拉比尼都 {
- 實體論（單子論）
  - 單子的活動
    1. 自己的開展（表現）…把那具有可能性的東西表現出來。
    2. 不但是在一個狀態上表現全體並且表現其他一切單子的狀態，故單子就是宇宙的縮圖。
  - 單子的三階級
    1. 裸單子…只有微小表象。
    2. 靈魂…有感覺的意識。
    3. 精神…有自己意識之能和理性。
- 世界觀
  - 豫定調和說
    1. 宇宙萬物是由無限單子而成的。
    2. 單子雖是異其明瞭之度但內容是同一的，所以於差別中有統一。
    3. 於差別中有統一是神所附與的預定調和。
  - 最良觀
    1. 現實世界是在神的知力中的可能世界中的最良世界。
    2. 惡是消極的東西故有惡並不傷神的全知。
- 人性論
  1. 生物是由靈魂和身體而成的，靈魂是握主權的單子，身體是從屬的單子。
  2. 世界萬物是依豫定調和而決定的，所以吾人的意志是不自由的，然而決定意志的，不是外部的法則，是存於意志的動機因而意志是不自由而同時也是自由的。
  3. 生死的否定

認識論
1. 反對羅克的經驗說而主張本有觀念論。
2. 反對笛卡爾和英國本有觀念論者而倡特殊性能的本有。
3. 人心不是如羅克所說的白紙然而也不是把一定的觀念照樣具有的,乃是具有可作為觀念而發達的特殊性的。

倫理說
1. 道德是發達的。
2. 道德的生活就是依從理性的生活(主知說)。
3. 至善就是純潔的愛在對於神和同胞的愛以外無德。

繼承者
　瓦爾夫
　　1. 雖是差不多照樣繼續師說然亦少有所更改。
　　2. 有人非難他改變師說而使深遠的思想變為淺薄。
　　3. 學說有系統而易入故一時風靡德國的哲學界。
　拉比尼部・瓦爾夫學派
　　丟遊美
　　畢爾芬格爾
　　美愛爾
　　波麥迦頓…美學者

反對者
　劉笛格爾
　克魯休斯

```
和拉比尼都同時代的啓蒙哲學者 ┬ 屠馬休斯
                              ├ 則倫侯遒
                              ├ 紀林亥謨
                              ├ 歇愛夫來爾
                              └ 溥芬道富

德國啓蒙思想 ┬ 拉比尼都・瓦爾夫學派（見前）
              └ 通俗哲學者（廣）┬ 通俗哲學者 ┬ 美特爾案
                                │              └ 尼哥勒
                                ├ 神學者…萊馬爾斯
                                ├ 認識論者…藍謨伯托
                                ├ 心理學者 ┬ 泰丁士
                                │          └ 羅休士
                                └ 美 學 者 ┬ 蘇魯在爾
                                            ├ 毛里子
                                            └ 巴塞杜
```

第九章 康德

教育學者 ─ 康派 ─ 伯斯達羅齊

列新格⋯與通俗哲學者同時而出人頭地。

信仰哲學者 ─ 哈曼／黑爾德／約可比

啓蒙時代的德國思想界產出了最偉大的哲學家，就是茵馬奴爾・康德 (Immanuel Kant, 1724—1804)。康德是近世哲學的泰斗而其學識的深遠是古今無比的，自他出現，而近世哲學不但是劃了一個新紀元並且生於其後的哲學者而不受其影響的，可以說是簡直沒有。

康德生於普魯士的哥寧斯堡其家本是從蘇格蘭移住的，他的父親，是個馬具匠。他十六歲時，入其地的大學聽哲學神學數學物理學等的課，可是他特別嗜好哲學和數學。二十二歲卒業由此九年間被聘於二三家庭爲私宅教師，一七五五年被任爲大學講師，在職十五年講授論理學純正哲學物理學數學倫理學人類學地文學等。四十六歲時始被舉爲正教授擔當論理學和純正理學的講座其後受愛那・愛爾蘭根・哈列諸大學招聘辭而不應，

一七九六年爲衰老而去職，一八〇四年以八十歲的高齡而歿。他的性質很是溫厚快活而規則嚴正淡於名利之念而富於研究之心一生中除一度赴但澤（Danzig）以外其餘未出故鄉一步著書中最有名的就是『純粹理性批判』（Kritik der reinen Vernunft, 1781）『實踐理性批判』（Kritik der praktischen Vernunft, 1788）『判斷力批判』（Kritik der Urtheilskraft, 1790）這三種書是指示着康德哲學的根本思想的。『純粹理性批判』一書是成於多年的思索至五十七歲時纔公布的其他如『布羅來高邁納』（Prolegomena, 1783）『關於計算生活力的意見』（Gedanken von der wahrer Schatzung der lebendigen Kräfte, 1746）『關於天體發生的論文』（Allgemeine Naturgeschichte und Theorie des Himmels, 1755）『關於論證神的存在的消極量的論文』（Der einzigmoglichen Beweissgrund zu einer Demonstration des Daseins Gottes, 1763）『關於論文』（Der Versuch, den Begriff der negativen Grössen in die Weltweisheit einzufuhren, 1763）『Träume eines Geistessehers, erläutert durch Träume der Metaphysik』（1766）等，

序說　康德的**哲**學以拉比尼都・瓦爾夫學派爲出發點而進行其思索他綜合牛頓的自然哲學羅克的經驗論，夏富伯里的道德哲學休謨的經驗論的懷疑說盧梭的自然主義等凡啓蒙時代所有的思想都兼收並蓄以建設批判哲學而在近世史上別開一個新生面從來的哲學者無論純理論者經驗論者都是確信認識的可能的。只對於認識的起原發生異議關於達到確實認識的手段發生異說罷了然康德以爲區別認識的起原和價值以明認識的性質必定要一方面用心理學的方法闡明其起原一方面又用批判的方法以決定認識的

價值,並不像從來的哲學者獨斷的確信其可能究竟可能不可能?若是可能,那就不可不明白果在如何條件或原理之下方纔可能。他對於從來哲學者想念所不及的認識果然是可能的麼?這就是刺激康德頭腦的第一個大問題。康德所以感觸此大問題多得自休謨哲學的暗示;他在『布羅來高邁納』序文中曾說:『休謨的教訓,是破我獨斷之夢的』的話所謂獨斷之夢,就是指經驗論而言的認識的可能上的必要條件或原理等就是先於認識卽經驗而存在的先天的要素所以於這樣先天的要素研究的意味上他就把自己的立脚地稱爲『先驗哲學』(Transcendentale Philosophie)又因爲用批評的方法故又呼爲『批判哲學』(Kritische Philosophie),以別於從來的獨斷論 (Dogmatism)

一切認識雖都以判斷的形式而表現但此判斷從主辭和賓辭的關係上得區別爲『分析的判斷』(Analytisches Urteil)和『綜合的判斷』(Synthetisches Urteil)二種所謂分析的判斷,就是在主辭之中含着賓辭的,例如說:『一切物體都是延長』是爲說明判斷;而所謂綜合的判斷,就是賓辭全表現新的意味的例如說:『一切物體都有重量』這是擴充判斷延長是物體的本質所謂物體延長不過是確言旣存的知識罷了至於重量乃是因物體相互的關係而生並不是物體自身必然具有的,所以說物體有重量的話,乃是兩個獨立概念的綜合。判斷是不待經驗而自明的卽是先天的;綜合的判斷,若不依經驗就分不得眞僞,卽是後天的,然則不依經驗而於賓辭分析的判斷是有必然的普遍的性質;後天的綜合的判斷是有偶然的特殊的性質。然則兩者相比較先天的分析的判斷是不能的麼換句話說就是先天的綜合判斷是不可能的麼若是這個不可能那科學就完全附以新的意味的事是不能的麼

不得存在了怎麼說呢？經驗只是教導各個場合任憑怎樣重複他，也是不能盡其一切的，所以由經驗而導入普遍的必然的事是不可能的，科學所求的就是普遍的必然的法則而科學就不得不存在然而即在先天的判斷中如分析的判斷只將合於主辭的概念在賓辭中確實言出這種說明判斷不得加於賓辭所以科學所求的普遍的必然的法則不依先天的綜合的判斷，就不易成立康德把超越經驗的東西稱爲『阿・普里奧里』(a priori) ；把由經驗而來的東西稱爲『阿・泡斯太里奧里』(a posteriori)『阿・普里奧里』的綜合的判斷的知的方面的研究爲『純粹理性批判』意的方面的研究爲『實踐理性批判』情的方面的研究爲『判斷力批判』『純粹理性批判』就是倫理學『實踐理性批判』就是美學康德的哲學體系可以從此三批判窺察出來。

認識論（純粹理性批判） 康德把吾人的知性名爲『純粹理性』認純粹理性有（一）直觀（Anschauung）（二）悟性（Verstand）（三）理性（Vernunft）三階級以爲直觀是綜合那感覺所供的材料悟性是綜合直觀而作經驗理性是綜合經驗的判斷而作形而上學的認識高的知性的作用是包含着低的知性的作用的，康德認數學爲直觀之學認自然科學爲悟性之學認形而上學爲理性之學所以先天的綜合判斷是否可能的問題就歸着於

（一）純粹數學是可能的麼（二）純粹自然科學是可能的麼（三）形而上學是可能的麼的三問題了他在『純粹

『理性批判』中的『先驗的感覺論』(Die Transcendentale Aesthetik)上討論第一問題，『先驗的分析論』(Die Trans. Analytik)上討論第二問題，『先驗的辯證論』(Die Trans. Dialektik)上討論第三問題後二部合稱為『先驗的論理學』(Die Trans. Logik)茲把『純粹理性批判』的體系示如左表：

純粹理性批判 ┬ 先驗的原理論 ┬ 先驗的感覺論…（如何而純粹數學是可能的呢？）
　　　　　　│　　　　　　　└ 先驗的論理學 ┬ 先驗的分析論…（如何而純粹科學是可能的呢？）
　　　　　　│　　　　　　　　　　　　　　└ 先驗的辯證論…（如何而形而上學是可能的呢？）
　　　　　　└ 先驗的方法論

先驗的感覺論（如何而純粹數學是可能的呢？）欲知先驗的感覺論，先有把感覺・感性・直觀等術語的意義弄明瞭的必要。依康德說，『凡對於對象的直接關係的認識作用名為「直觀」而由那受對象感觸而得到表象的能力叫作「感性。」依此感性而對象就給與我等從對象受感觸的時候那對象對於表象能力的結果就叫作「感覺。」』這等術語不外是把同一的心的作用從種種方面命名所謂先驗的感覺，就是在感覺當中不依經驗的東西即謂為經驗的基礎的東西所謂『純粹直觀』(Reine Anschauung)所謂『直觀形式』(Anschauungsform)都是同一東西。依康德說，所謂不依經驗而成為經驗基礎的先驗的感覺，即純粹直觀然而其結果是存在的應康德卻肯定其存在以為吾人知覺事物必定該事物在一定場所一定時間存在的此時間和空間，就是雖為事物知覺的必不可缺的形式但不

是由經驗而生的概念是當我等經驗之際必然存在的制約卽是『阿・普里奧里』的直觀形式，卽是純粹直觀然而謂時間和空間是『阿・普里奧里』的直觀並不是說我等生而具有的直觀乃是說那在我等直觀對象時必不可不從的法則也就是說那知覺的內容卽千差萬別然卻不能不依此形式以受領其內容排列其內容的制約。

數學是直觀之學數學的概念和公理的根柢並非是純論理的過程乃是直觀的活動休謨以數學的命題爲論理的分析的產物像這樣思惟是很謬的見解例如就那所謂『直線是二點間的最短距離』的幾何命題而言所謂直線的概念雖任何分析也不能發見最短距離唯在二點間引直線直觀那比此再短的距離不存在而始得理解其命題的眞義又所謂『五與七之和爲十二』的數學命題也不是表示分析主語概念的結果的是將點等直觀的計算的結果然則如此命題的所以精確者爲什麼呢這並不是從各個經驗或經驗的總和而來的是由直觀的活動的必然性和普遍妥當性而來的在直觀的最必然的而富於普遍妥當性的就是『阿・普里奧里』的直觀卽時間和空間的形式數學就是以此『阿・普里奧里』的直觀爲構成的要素的這就是數學的命題所以被認爲最必然的・普遍妥當的。

數學上的命題是有客觀性的，是絕對的確實的。然而所謂客觀性，和從來在形而上學上的客觀性，是完全異其意味的。不外是在我等的主觀上有實在的意義的意思罷了和離卻我等的主觀的絕對的實在卽物自身（Ding-an-sich）是完全相異的要之數學的絕對的確實性限於我等的主觀的範圍，故所謂客觀性畢竟也等於所謂普遍的・必然的主觀性單在現象的方面承認認識的可能，把物自身作爲範

識範圍以外,這是康德的立腳點最明瞭的地方。

先驗的分析論(如何而純粹科學是可能的呢?)時間和空間,雖是確實那數學的綜合判斷的根據的,但只有時間和空間,也不能使數學成立怎應說呢?以數學為始一切的知識都以判斷的形式而表現判斷乃是思惟的作用,是論理的認識因為單依直觀而構成判斷的事是不可能的。那麼思惟的作用(即悟性)有怎樣『阿·普里奧里』的形式存在呢?康德把此悟性的先天的形式稱為『純粹悟性概念』(Die reine Verstandesbegriffe),或『範疇』(Kategorien)。依形式論理學的判斷表而表出如次的十二範疇。

〔判斷〕　　　　　　　　〔範疇〕

分量 ｛ 全稱的　　凡甲皆是乙……全體性
　　　 特稱的　　某甲是乙……雜多性
　　　 單稱的　　此甲是乙……單一性

性質 ｛ 肯定的　　甲是乙………實在性
　　　 否定的　　甲不是乙……絕無性
　　　 無限的　　甲是非甲……制限性

〔斷言〕的　　甲是乙………實體性

以上十二範疇中康德以真範疇看待的只有關係的範疇。他所特別注重的，是因果的範疇他因休謨的刺激，最初注目在這個範疇，漸次進行思索而得十二範疇，把他做成有系統的組織。其後叔本華排斥這些範疇單單保存着因果的範疇。十二範疇一個個別為三項，最初二項示着互相反對的性質，最後一目呈有總合最初二項之觀念的範疇在概念的一點上是和時間及空間相異的，是沒有如時間和空間的直觀的悟性是用以思惟對象的。到了赫格爾途成系統的發展，而為辯證法之因。

康德所謂範疇就是思惟的先天的形式就是確實那悟性的認識的先天的要素，就是完全超越經驗的純粹

關係 ┤ 假言的　丙若是丁，那麼甲就是乙............因果性
　　　└ 選言的　甲是乙呢？是丙呢？..................相互性

模樣 ┤ 蓋然的　甲是乙罷..........................可能性
　　　├ 正然的　甲是乙............................現實性
　　　└ 成然的　甲必不可不是乙....................必然性

『阿・普里奧里』的形式。

為悟性的先天的範疇，有客觀的安當性的理由是怎麼樣呢？這問題的解答，就是康德八年間苦心思索的成果康德在純粹悟性的先驗的演繹章中討論到此他的要旨是說：我等所謂對象所謂自然以為是無關係於主觀的實在然而實是依主觀而成立的換句話說客觀世界是依悟性的先天的形式（即範疇）的制約而成立

的範疇有客觀的普遍安當性是當然的。由時間和空間的形式而直觀所與的表象是雜多而不統一的。若沒有與此表象以統一的東西那麼有聯絡有秩序的自然界的認識就是不可能的。與統一於直觀的不外是悟性所謂火生熱的客觀的事實並不單是依赤色和熱的表象而成。依因果的概念而統一然後纔得爲有秩序的事實不依悟性的先天的形式（卽範疇）而客觀世界就不得成立所以自然是純粹思惟的所產是悟性依自己的法則所創造的。若以爲範疇有客觀的安當性那麼把範疇由概念之形式改變爲關於自然界命題之形式的自然科學是客觀的眞理，就不用說了。

因爲悟性給與直觀以統一，而有秩序的自然界的認識纔可能，但悟性如何而得和直觀相結合換句話說就是範疇如何而得和認識的內容相結合呢？康德以範疇圖式論回答之所謂圖式論就是論說悟性形式所可入的直觀形式中能夠直觀的構成悟性者，就是時間。時間是屬於直觀形式的，不但關於一切直觀並且在先天點上是和悟性形式相同的。在直觀和悟性中間由直觀所供給的材料作成該當於概念的像的就是想像力。這想像力以範疇爲時間的決定使他爲具體化的時候範疇和直觀就聯絡而成經驗的法則卽所謂範疇的圖式，就是在時間形式之語上嵌以範疇的。康德所示的圖形列如左：

分量 …………… 時間系列 (Zweitrehe)

性質 …………… 時間內容 (Zweitinhalt)

關係 …………… 時間順序 (Zweitordnung)

時間總括 (Zweitinbegriff)……………模樣

依圖式表示範疇是能和直觀相結合的，因而知關於經驗世界的事實，下先天的綜合判斷是可能的。此後康德就論到自然科學的根本原理。他舉為自然科學的根本原理是(一)直觀的公理 (Axiome der Anschauung), (二)知覺的豫料 (Antizipation der Wahrnehmung)(三)經驗的類推 (Analogien der Erfahrung)(四)經驗的思惟一般的公準 (Postulate der empirischen Denkensuberhaupt) 四類這四個原理依從於範疇的四綱即第一直觀的公理是量的原理吾人的直觀是一切都有延長的。第二知覺的豫料是質的原理在所有現象的感覺的對象是有所謂強度即程度上之差的。第三經驗的類推是關係的原理經驗只是依所謂知覺必然的結合的觀念而可能的他更於此原理中承認下列的幾種原理即(一)在現象變化之際而實體是恆常不變而無增減的恆常原理；(二)所有變化都是從因果法則而起的繼續原理；(三)一切實體在併存的限內站在相制作用之下的併存原理。第四經驗的思惟的公準是模樣的原理他所舉為公準的是(一)經驗的形式的條件即直觀及悟性相一致者是可能的；(二)經驗的實質的條件即和感覺相一致者是實存的；(三)依經驗的一般的條件和實在相結合者是必然的。

康德依先驗的分析論而到達的結果，就是所謂悟性即自然的立法者。所謂自然，就是依從悟性的法則把所與的感覺排列起來的現象。故自然不外是主觀的產物那麼與吾人以感覺的，是什麼呢就是物之自身。物自身就是感覺之源是使現象發生的東西而並不是現象故不得為認識的對象就是說範疇有客觀的妥當性也祇以在

現象的範圍內為限對於非現象的實在是沒有何等權利的純粹自然科學是客觀的真理的話，也不用說，是自有制限的了。

先驗的辯證論（形而上學是果然可能的麼？）　在先驗的感覺論和先驗的分析論把認識的對象單限於經驗的事實（即現象）否定超越現象而為現象之源的實體（即物自身）的認識承認關於現象的數學和自然科學的可能的康德在先驗的辯證論上說超經驗的世界的形而上學的不可能的就把從來哲學者所陷入的迷妄一齊打破了。

吾人不是只依範疇以統一知覺，而獲得經驗的認識的，更要依理性所與的原理而統一經驗的。康德把這理性的原理名為『伊代』(Idee)，就是從柏拉圖的『伊代亞』採取來的名稱『伊代』雖也像範疇是先天的概念，但他和範疇相異之點第一，是沒有如範疇那樣對應於此的對象第二，範疇是與法則於直觀的構成的原理而此為統一悟性認識的整理的原理由判斷的形式引出範疇的康德又由推論的形式引出『伊代』了。因為悟性是判斷的力理性是推論的力作為對應於推論的三式即『定言的推論』『約結的推論』『離接的推論』舉出『靈魂』(Seele)『世界』(Welt)『神』(Gottheit)之三種，而為形而上學三分科的『合理的心理論』『合理的宇宙論』『合理的神學論』可與這三種『伊代』相當。

伊代是超經驗的統制原理是吾人的理性作為究竟的目的，所揭出的無制約者認識畢竟不外是發見存於此現象界的普遍的必然的聯絡罷了然而現象界的萬物是受相互的制約，而連屬於無窮的所以要理解其一就

要理解其二也就不得不理解其三,逐至於不知其所終局,因而達認識的目的的事也就不可能了我等的理性為得到最後的滿足而設的,就是伊代。伊代是認識的目的,形而上學把這為認識的目的的伊代誤認為認識的對象。故康德對於形而上學的三分科加以激烈的批評。

在合理的心理論中雖承認那稱為靈魂的實體之存在,作為吾人精神作用的統一者;但把他當作統一吾人精神的實體不外因他在吾人意識上有統一作用故在意識以外是沒有什麼精神作用的統一者的。依合理的心理論我等的判斷都是跟隨着『我思』的自己意識而來的。故判斷的主體就是我,我就是所謂『思』的狀態的實體。然而『我思』之『我』乃是認識的主體並不包含實體的意義從這為認識主體的『我』一直論證那為實體的『我』乃是論理上的誤謬即是把判斷的主體混同於狀態的主體,而以同一名詞,表示完全異其意義概念的合理的心理學的諸說都是基於此謬論的。而康德對於當時的形而上學者認為不滅的真理的靈魂不滅論也下攻擊雖然他並不是否定靈魂不滅因為靈魂不滅不是認識的對象所以就把那在知識範圍內論結他的謬誤喝破了。

合理的宇宙論雖以宇宙的全體為對象而想認識於先天的東西;但世界全體不表現於吾人的直觀因為缺乏經驗的條件所以不得為認識的對象若依這樣的見解立言,那麼就有種種矛盾反對的命題成立於同時。康德把這完全矛盾的判斷的肯定名為『安提撓密』(Antinomie);從範疇的種類而舉出四種『安提撓密』。

第一 世界在時間和空間上為有限的。

〔定立〕

〔反定立〕

世界在時間和空間上為無限的。

第二　世界是單純的部分的集合。

　　　世界不是單純的東西。

第三　世界有不依因果律而支配的無限約的原因。

　　　世界是依一切因果的理法而生起的。

第四　世界有絕對的必然的東西即是神。

　　　世界是沒有絕對的必然的東西的。

康德的『安提撓密』就是表示在古代哲學史上互相反對的二大思潮即定立和反定立是代表唯物論的傾向的所以生出這樣邏輯上互相矛盾的前提然康德適用這個解決者只是拿完全在經驗的範圍以外的世界全體為認識對象的虛偽的前提。康德以為這是基於『安提撓密』而對於第三和第四的『安提撓密』就取稍稍不同的態度即就此二『安提撓密』而言定立和反定立是得同時為眞的。若認定立在物自身的世界反定立在現象的世界那麼定立和反定立是得兩立的換句話說在物自身的世界定立是正的在現象的世界反定立是正的。

關於合理的神學的康德的批評是最有名的關於從來所行的關於神的存在的三個證明即（一）實體論的證明，（二）宇宙論的證明，（三）物理學的證明對之而試下嚴密的批評他說一個個都是終於失敗的。

第一實體論的證明就是分析至高實在的概念而論證其存在的因為神是至高的實在所以不能不完全具有一切屬性因而不得不把那為屬性之一的實在當然具有了但存在並不是概念的屬性所以就是分析概念也不能分出所謂存在的實際的百金和想像的百金作為概念都是同樣的單依所謂存在的屬性的有無而相異這就是康德對於實體論的證明的攻擊。

第二宇宙論的證明就是由偶然的個物的存在，論證必然的神的存在的世界的個物一個個都是偶然的存在，而受着其他所制約的。無論什麼個物都不能以為他自身是存在的。其存在的原因必存於其他事物若次循其原因而行，一定可以達到最後的原因。此最後原因乃是自有原因的**必然的存在（即神）**。雖然這論證不但是在把現象界的有效驗的因果範疇適用於超經驗的世界之點有誤謬，而在所謂因究竟原因在論理上不能不存在所以不能說不是已經假定實體論的證明，既然不能成立那麼這種證明也就不得成立。這就是康德對於宇宙論的證明的批評。

第三物理學的證明也可以說是目的論的證明。因為世界有統一有秩序有調和，而適合乎目的所以在此世界必不有具着睿智的創造者所謂神即不外是其創造者的話就是他的論證大旨。可是這論證雖能證明有附形相於世界者的存在並不能證明創造世界的資料者的存在加之這是由結果的偶然而及於原因的必然者所以不外是宇宙論的假裝這就是康德批評的要旨。

他這樣對於形而上學的三分科盡行否定其學問的性質以認識的對象為只限於現象界把超越經驗的物的世界放在認識的範圍以外這是康德的認識論當然有的結論。

康德的認識論得約說為二點即是真的認識一定是『阿・普里奥里』而為認識對象的認識論是純理說是唯象論（認識論上的唯心論）他雖是把認識可能的範圍限定於現象界但所產的所以他的認識論是純理說是唯象論（認識論上的唯心論）他雖是把認識可能的範圍限定於現象界但還承認超越經驗的物的世界是儼然存在的此物的世界為道德的舞臺並承認自由不滅和神這樣一來康德的

哲學就打破當時的淺薄的唯物論,無神論,而使道德宗教的根柢安全。

倫理學說(實踐理性批判) 康德在『實踐理性批判』之中,敍述倫理學說。康德之所謂實踐理性,就是和純粹理性同一的理性表現於意志方面的東西即同一理性活動於思惟方面的為純粹理性;實踐理性實踐理性是在人心中占最上位置的所謂道德是依從實踐理性所示的法則這就是康德的倫理學說的大綱。超越經驗的物在純粹理性上全是不可知的東西但對於實踐理性卻是不可疑的實在這實在世界即可想界(intelligible welt),乃道德的舞臺他在認識論上將那閉塞的實在世界為道德而放開。

道德律(無上命法) 依康德說所謂道德,就是依從實踐理性所命的法則(即道德律)然則這實踐理性所命的道德律有如何的特色呢?康德第一把這個和自然律分開以為自然律是以必然(Müssen)之形而表現的;而道德律卻是以當為(sollen)之形而表現的,其次康德又把道德律和他律分開以為這是意志自己給與自己的自律的法則這自律的法則不但是主觀的安當並且有客觀的普遍性而把這個由自己的主觀是認時叫做『格率』(maxime);在多數客觀的是認他時則名為普遍律或命法(imperative)。其次康德把道德律和那祇在某條件下纔有效的假言的命法(hypothetische imperative)相區別,以為這是不受何等條件拘束的無上命法(kategorische imperative)。道德律就是無上命法不拘其目的或其結果如何總是道德律所以是應當遵守的東西道德律是由超越因果的觀念的實體界而來的,這就是道德律所以為無上命法了。

善惡的區別是依道德律而生的。從道德律之所命(即本務)就是善,反於此就是惡道德律乃是不為其他條

件而受制約的無上命法並不是像那想得到幸福或快樂總盡本務的假言的命法。因而幸福或快樂和善，是完全異其性質的幸福・快樂是為某種目的而相對的存在的，至於善是不拘泥於目的結果而絕對存在的，彼的自身就是目的。由於幸福・快樂等別的動機的行為，並不是善所謂善就是尊敬那實踐理性所示的無上命法而拒絕那為目的的動機而動的意欲的要求，行那為本務的本務絕對的善只有善意。除外善意是思惟不出絕對的善的，任怎樣的東西若不基於善意，是不得稱為善的。

康德的道德律無論在主觀的客觀的都是有妥當性的自律的法則。他把這個以『汝的行為的格率須如同時為萬人行為的普遍的法則的那樣行去』的公式表出來人都是自律的依從此道德的所以人格是和所有事物相異他自有價值兌換不的所以康德更與以第二公式說：『於汝自身也罷於他人也罷須把人當作目的待遇勿把人當作方法看待』以為這公式是可從前面的公式必然的演繹出來的。而自有價值的人格所結合而成的團體康德把這社會觀念引來，而與道德律以第三公式就是說：『為依有人格者所成的團體的一員者須照着使其團體成立的樣子行去』這第三公式是從第一和第二公式自然生出的東西。

道德的三公準　道德律是實踐理性自律的所與的法則，所以道德律就是以意志自由為前提的。在意志自由所不存在的地方道德律也是難以成立的。現象界的萬物是完全依因果的關係被支配於必然的法則，沒有何等自由的所以自由是不存在於現象界的，僅在物自身的世界即可想界中方可承認道德律的可能，是以意志自

由為前提的；意志自由就是吾人被現象界的必然的·機械的法則的支配的，是說在可想界中是實在的。所以吾人在現象界不自由的我以外卽經驗的性格(enpirischer charakter)以外不得不相信還有在可想界中的本體我存在卽可想的性格(intelligibler charakter)的存在純粹理性的認識能力在可想界的自由是唯有這實踐理性熟知之實踐理性是在純粹理性之上的東西。

實踐理性所要求的至高善(卽完全的德)的實現，若不以靈魂不滅和神的存在為前提，那就是屬於不可能的。康德以為服從道德律為本務而行本務乃是善至如幸福雖是不當顧慮但在最高善的概念中也包含着幸福完全的善和適應於此的幸福相一致就可稱為最高善(bonum supremum)德在終極之點是和福一致的東西。然而在現世到底不能達到此至高善因為我等有理性同時又有感性這個感性是妨礙我等的意志的至高善的實現是要無量的精進的故靈魂不能不是永遠存續的。加之，在現世中如惡人榮昌善人終於不遇的例子是不少的德和福的一致須有全知全能的神的存在以懲惡而與善以最後的勝利始能實現。

道德的神學 這樣一來康德就從前在形而上學上所否定的神又復活起來使為道德上的公準所謂靈魂不滅所謂神之存在卻決不是認識上的問題我等不能認識神也一點不能知道神然而卻不能不相信神的存在若是否定神那最高的善和至上的目的，也都完全是幻妄這是我等所不能堪的我等是從道德上的要求而信神，永遠信自由的神學若是可能，那就祇有道德的神學。

康德把道德看作宗教的基礎卽在這個立腳點上批評歷史的宗教像那無緣於基督教的道德之歷史的制

度的要素,並不是屬於宗教本質的,眞的教會,是在神的**道德律**之下,相親相愛的目所不見的**道德的團體**。

康德的倫理學說是以服從實踐理性所命及爲本務而行本務爲道德的;因爲沒有示出道德的內容所以就被稱爲嚴肅主義或形式說他的倫理說,是全然排斥感性而傾向於嚴肅主義的,以爲只在主觀的端正吾人的意志上有效,而並沒把客觀的內容闡明,在這幾點上雖當說是短處;但反對當時的主知的傾向而主張主意說排斥卑俗的感覺說幸福說,而使知本務的尊嚴說自由主義以高其人格的權威,這些地方又是他最偉大的功績。

美學說(判斷力批判) 在純粹理性批判和實踐理性批判中把現象和物自身,可想界和自由,嚴爲區別的康德在『判斷力批判』中又求那暗示這兩者可合一的事實於自然界於茲發見的就是藝術和有機體,換句話說就是美和生物。

照康德說所謂美是對象的形式在喚起吾人認識能力的調和的活動時依其調和而生的無關心的快感(uninteressierten wohlgefallen) 美是對象的形式對於主觀的關係而生的。所以美是形式的主觀的無企圖的合目的性美。美的對象是從其自身的法則而必然的活動而與快感於吾人之精神的美的對象是必然和自由相結合的。

有如**生物**的有機體也是合目的性的。吾人的悟性,雖是想把自然物爲機械的集合而得理會其全體的寧可看作部分是依全體的觀念而規定的,**把全體當作部分的目的觀察就在生物也是機械論和目的論,自由和必然相並立的。**

康德（約表）

要旨
1. 以拉比尼都瓦爾夫學派為出發點，加以思索綜合種種思想建設批判哲學。
2. 由認識果然是可能與否的問題而出發。
3. 把『阿・普里奧里』（先天的）的綜合的判斷可能與否，從知、情、意三方面去研究。知＝純粹理性批判（認識論） 意＝實踐理性批判（倫理學） 情＝判斷力批判（美學）

認識論
　要旨……真的認識，不可不是阿・普里奧里。
　主要因
　　唯象論……超越認識而為認識之源。
　　現象（物自身表現於吾人的形姿）……是認識的對象。
　　物自身（事物的本質）……認識對象的現象界是主觀的所產。
　要素
　　直觀……通五官而來的外界刺激。
　　範疇……聚收外界刺激的心的活動……分為十二種。
　純粹理性批判的三問題
　　先驗的感覺論……純粹數學的可能。
　　先驗的分析論……純粹自然科學的可能。
　　先驗的辯證論……形而上學的不可能。

康德 ─ 倫理學
├ 要旨
│ 1. 形式說……不示客觀的道德的內容。
│ 2. 嚴肅主義……以服從道德律即把為本務而行本務的事當作道德。
│ 3. 實踐理性所命的法則，即為道德律。
├ 道德律
│ 1. 意義……意志就是自己給與自己的自律的法則。
│ 2. 特色
│   1. 以當為之形而表示。
│   2. 不拘泥何等條件的無上命法。
│   3. 善是不拘泥於目的結果絕對的存在他自身就是目的。
│ 3. 善
│   1. 所謂善，就是依從道德律所命（即本務）。
│   2. 善是不拘泥於目的結果絕對的存在他自身就是目的。
│   3. 絕對的善只有善意。
│ 4. 三公式
│   1. 汝的格率如同成為普遍律的那樣行去。
│   2. 在汝自身也罷在他人也罷須以目的看待。
│   3. 為有人格者團體的一員者須照著成立其團體的樣子行去。
└ 道德的三公準
   1. 是說道德成立的必要前提。
   2. 三公準
      自由。
      不滅。
      神。

- 道德的 { 1.對於神一點無所知然不是不相信神的存在。 2.若神學而為可能那只有道德的神學。
- 美學 { 1.美是由對象的形式生出的無關心的快感。 2.美是形式的・主觀的・無企圖的合目的性。 3.所以在美的對象上現象和物自身必然和自由的合一是被暗示着的（生物也有合目的性。

第十章　康德以後的德國哲學

康德的批判哲學聳動當時的學界他的名聲亦赫赫聞於四方負笈於哥寧斯堡者也很多反對他的學說繼承他的學說而使其發展者對於贊同者的反對者的駁擊在議論上生議論在異說上生異說不到四十年德國的哲學界就可與希臘比美而入於極盛的時代

康德學說的反對者　對於康德哲學，而由拉比尼都・瓦爾夫學派的立腳點上放攻擊之矢者，就是愛伯爾哈德（Eberhard, 1738－1809）。他為攻擊康德的哲學而創辦雜誌由經驗論的立腳點而試為反駁者有塞勒（G. Selle, 1748－1800），威士侯布托（Weishaupt, 1748－1830），笛泰爾（Tittel, 1739－1816）笛德曼（Tiedemann）等前邊列入信仰哲學者的哈曼侯爾德約可比列入通俗哲學者的美特爾索尼哥勒等也是康德哲學的反對者在他們之中最著名的就是約可比

約可比因爲康德移那只可適用於現象的因果範疇，以認物自身的存在，而以之爲感覺的原因因此便非難他不合理縱令把這個不合理看過然而因在現象範圍以外不容許數的適用所以物自身是單一的呢？還是雜多的呢？是不明白的。再若使康德的認識論爲合理的徹底那就可歸於純粹的唯心論認識物自身的只有信仰；康德的哲學沒有說到此點乃是很大的缺陷。

康德哲學的繼承者　繼承康德學說者稱爲康德學派。在康德以後的哲學者，而不受康德的影響的差不多沒有；所以康德學派的範圍是極廣的廣義的康德學派通常可分爲二種：其一是康德的祖述者這個是狹義的康德學派其二是把非康德的要素混合於康德哲學之中而使彼發展的這可稱作半康德學派至晚近尚有所謂新康德學派發生但還沒有十分嚴密的意義。

關於康德的直觀形式的創見最先注意的，就是泰丁士和赫爾兹其後美特爾索和加爾維愛等，也對着康德的學說試其批評但還沒有十分理解康德的價值。介紹和批評康德的著書而盡力於其學說的普及的，有休爾在(Johann Schulze, 1761-1833) 雷因霍爾德 (Karl Leonald Reinhold, 1758-1823) 秀米德 (Ch. E. Schmid, 1761-1812) 馬易門 (Salomon Maimon, 1757-1800) 伯克 (Jak Sigism, Beck, 1761-1842) 等在嚴密的意味上可稱爲康德學派的，就是指着這些人們發展康德哲學的最初之偉大思想家就是非希的。

康德在批判哲學中使（一）感性和悟性（二）純粹理性和實踐理性（三）可想界和經驗界（物自身和現象）等二元互相對立他雖假定在根柢上是有相一致的東西，但終於沒有發見其統一的原理，而把這個爲一元的說

明。繼承康德哲學的許多學者，第一先注目的，就在這康德所殘餘未解決的一點統一原理以發見此統一原理爲己任者爲『同一哲學者』(identitats philosophie)這就不能不數非希的，西爾來爾休勒格爾休雷爾馬赫，謝林格赫爾爾，叔本華等爲其代表者了。非希的求純粹理性和實踐理性的統一原理，而倡倫理的唯心論；西爾來爾試爲感性和道德的調和而倡倫理的美的唯心論；休勒格爾於美學上倡主觀的美的唯心論；休雷爾馬赫於宗教上倡美的宗教的唯心論；謝林和赫格爾求可想界和經驗界自由和必然等的統一原理，至於叔本華和赫脫曼卻倡主意的唯心論同一哲學後者倡論理的唯心論這些學說，一個個都是倡合理的唯心論的。一哲學者雖在其立脚點上有種種的相異但在歸到唯心論的一點上卻是個個相等的。

反對同一哲學者超越的求統一的原理，而以意識的統一爲可以經驗的認識的事實想依事實的分析，以解決康德所提出的問題的，就是非里斯和比尼克等的心理學派又海爾巴脫專心理頭於本體論的研究這些心理學派和實在論派從反對同一哲學一點上說總稱爲『非同一哲學』者茲列表於左（這種分類依據北澤定吉氏所著『哲學史綱』的爲多）。

合理的唯心論派 ┤
├ 非希的⋯倫理的唯心論主觀的唯心論。
├ 西爾來爾⋯倫理的・美的唯心論。
├ 休勒格爾⋯主觀的・美的唯心論。
├ 休雷爾⋯⋯主觀的・美的唯心論。
└ 謝林格⋯⋯物理的・美的唯心論客觀的唯心論。

第一節 唯心論派

一 非希的

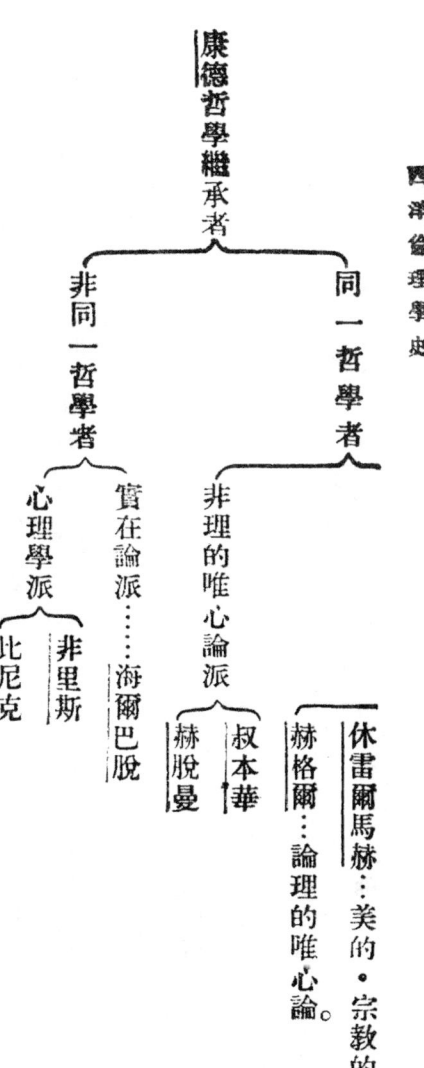

康德哲學繼承者
- 同一哲學者
  - 非理的唯心論派
    - 赫脫爾……論理的唯心論。
    - 叔本華
    - 赫脫曼
  - 實在論派……海爾巴脫
- 非同一哲學者
  - 心理學派
    - 非里斯
    - 比尼克

休雷爾馬赫……美的・宗教的唯心論。

同一哲學的名稱是起於非希的的非希的 (Johann Gottlieb Fichte, 1762-1814) 生於奧伯魯濟茲的廓曼墳。他的家境很貧寒但受助於米魯提治侯，而在愛那和來比錫大學鳴神學他讀康德的書大爲敬服因草『默示的批判』作爲介紹書以會悟康德見之大爲驚異依其斡旋於翌年以無名出版世人都以爲這是康德的著作名聲忽然喧傳於四方。他在愛那愛爾蘭根柏林諸大學教授哲學年五十二歲而歿以『知識學原理』(Grundlage der gesammten Wissenschaftslehre, 1794)『倫理學體系』(System der Sittenlehre nach principian der Wissenschaftslehre, 1798)『權利哲學』(Recht philosophie, 1796) 等爲始而公刊了很

多的著述。一八〇七年法軍侵入柏林時為愛國的熱情不易緘默實行『告德意志國民』的大演說，是很有名的逸話。

哲學說　非希的的哲學是使康德哲學的二元歸着於絕對我（純我）的一元。他以為我等所稱為外物的，畢竟也不過是我的表象罷了康德所謂範疇也不外是我的活動所稱為物自身的，也是屬於我的思想。直觀思惟意志離卻我都是不能獨立存在的，皆是我的作用，是以我為中心，而由我演繹一切的。這就是他的學說的要旨他稱自己的哲學為『知識學』（Wissenschaftslehre）他所謂我並不是個人我，是絕對我卽純我。純我的特色，就是無限的活動。而非我（卽是一切萬有）以生對於非我而個人我就被限定了我產出非我，若限定非我和我那麼兩者便相互制約了依非我之制約我的事而認識生依我之制約非我的事而實踐生總而言之非我我和個人我都不外同是絕對我的所產的罷了這樣一來就否定康德的物自身的存在而樹立那總括一切於自我的原理的哲學體系這就是他的哲學說所以被稱為主觀的唯心論或絕對的唯心論的原因。

然則絕對我又何故產出非我呢依此解答而他的哲學以道德為根底的事就很明白了所以與他的學說以倫理的唯心論的名稱就在這個地方。

倫理說　照他說絕對我而生非我，為的是使道德的活動實現道德的活動是努力向上的，是打勝障礙而前進的。所以道德的活動一定不能不有妨害我者這就是絕對我所以生非我的原因非我是對於我的東西就是反對的東西有所反對就有活動；有所活動就有勝利如此而道德的活動就漸次實現了非我就是自然界，

就是一切萬物故謂非我是為道德的活動而存在，就和謂世界萬物都是為道德的方便而生的相等。把實踐理性（即道德的意志）放在認識能力的上位的康德之說至非希的，就以道德的意志為世界根本原理的倫理的理想主義。

把努力向上看作道德的活動的非希的，就以『請活動哟』一語為本務的一般形式依他說，活動就是道德，不活動就是罪惡活動的結果雖生出快樂但活動的目的並不是快樂以欲活動和自由的道德的本能（即純粹衝動），而支配那希望靜止和快樂的衝動，就是道德律的要求單依從自己的良心為活動而活動那就好了。

康德的嚴肅主義的形跡猶殘留於此依『勿違反良心而活動』之形以示他的道德律。

非希的又把道德分為（一）本能的活動（二）快樂主義的道德（三）專制主義的道德（四）真道德四級所謂真道德就是認自己的自由同時又認他人自由而為本務而盡本務的活動非希的又把本務分為（一）有限一般的本務（二）無限一般的本務（三）有限特殊的本務（四）無限特殊的本務四種以自家保存的本務為第一種尊重他人的生命和自由的本務為第二種職業選擇為第三種對於職業的活動為第四種。

他初在愛那的當時雖把絕對我即道德的秩序和神同一看待解釋神為非人格的但移居柏林時他的思想一變任活動的絕對我以上又承認有超越的靜止的人格神。

二　西爾來爾和羅曼提克派

西爾來爾　倡那以道德的生活和美的生活為人生至高目的的倫理的美的唯心論者乃是以詩人著名

西爾來爾(Johann Christoph Friedrich Schiller, 1759—1805)他因有感於康德在『判斷力批判』上求可想界和經驗界自由和必然機械觀和目的觀的結合於美的學說而悟到美的生活為可重就以為人生至高的狀態是在乎『美魂』(der Schönen Seele)所謂美魂就是道德的衝動和感性的衝動善為調和的狀態換句話說就是感性的衝動被純化了的這樣一來他就對於以道德的衝動壓迫感性的衝動的康德和非希的的嚴肅主義表示反對而他的思想是依其友人喬太(Göthe, 1749—1832)和漢保得(Humboldt, 1767—1835)並其他人們以發展而為『美的人類主義』(der Arthetische Humanismus)與當時的思想界以不少的影響。

羅曼提克派 西爾來爾的倫理的美的唯心論由羅曼提克派的人們而遂成為主觀的美的唯心論倫理的要素完全被他除外所謂羅曼提克派就是十六七世紀時發端於伊大利和西班牙的文藝美術上的一種傾向在十八世紀後半普及於歐美各國尤其在英法德三國是特別隆盛的這文藝美術上的傾向在宗教和哲學方面也與以多大影響非希的西爾來爾謝林格休雷爾赫格爾叔本華等多少都帶有這類的色彩在哲學史家中間也有把這些學者總括起來稱為羅曼提克派的哲學者的在發展西爾來爾美魂說的羅曼提克派哲學者中特別可舉的就是謔爾智兒(Friedrich von Schlegel, 1772—1829)

謔爾智兒倡那極端的主觀主義給感情以絕對的價值以為如道德不過是無用的束縛承認徹頭徹尾的本能的活動者為理想的人物。

三 謝林格

謝林格（Friedrich Wilhelm Joseph Schelling, 1775-1854）是瓦敦堡州（Württemberg）列溫堡人。十五歲時入邱萍根大學修文獻學神話學和康德哲學其後又在來比錫大學學教育哲學自然科學和醫學等更來至愛耶而師事非希的學校終了時在瓦敦堡泥痕愛爾藍根蘭普拉忒柏林等諸大學教授哲學在柏林會和其學友赫格爾論戰甚久。他是非常早熟的人年十七時發表關於聖書中一部的論文即驚駭世人他的生平傑作主要的都是在青年時代發表的。

謝林格被稱爲哲學的詩人其說不但頗富於想像而且有直觀的比論的透入於事物底蘊之概因而他的學說，缺乏像非希的赫格爾那樣論理的徹底。他的思想是屢屢變遷的其變遷的路徑可分爲：（1）自然哲學和超越哲學時代（1797-1800）（Ⅱ）同一哲學時代（1801-1809）（Ⅲ）神智學和積極哲學時代三期舉其著述的主要者，第一期是：『自然哲學』（Ideen zu einer philosophie der Natur, 1797）『超越的唯心論體系』（System der transscendentalen Idealismus, 1800）第二期是『對話篇布爾納』（Bruno ein Gespräch, 1802）第三期是『自由的本質』（Über das Wesen der Menschlichen Freiheit, 1809）『神話和顯現哲學』（Philosophie der Mythologie und Offenbahrung, 1842）等。

自然哲學時代　此時代謝林格思想的特徵就是承認了自然的客觀的存在。他是不像非希的拿自然看作受動的所產的；以爲於其自身是有生命的活動的段階即未發展的精神以爲萬有是依此發展而來的所以他所說的自然並不是客觀對象的自然而是能產的．活動的無意識的精神即世界精神和非希的相同雖把一切看

作絕對的活動發展的但非希的是把絕對由精神而生的・物理的寫象之前者就是主觀的道德的唯心論後者就是客觀的物理的唯心論・道德的寫象之而，謝林格則是把這個由自然的・物理的對於那萬物之由能產的自然（即世界精神）而生的過程說道：『為由無限的能產的自然而生成有限個物，先一定有障害那障害就是依自然的二重性（Duplizität）或有極性（Polarität）而起的。此二原力結合而生重力依引力拒力重力，而構成物質更在物質上加光而生力學的作用對應於引力的是電氣對應於拒力的是磁力，對應於重力的就是化學作用重力和光所結合的生命加於力學的過程就生出有機現象有機現象也是對應於力學的過程三段階而分為生殖反應，感覺三段階的』以上就是謝林格所倡的自然哲學的要旨

他以和自然哲學同一的態度而討論那認識道德和藝術這個就是他的精神哲學或超越哲學他的精神哲學，就和非希的的知識哲學構想相等而關於知識，道德差不多就是因襲非希的說的但對於藝術他有獨特的說明，以為美是主觀和客觀理論和實踐自由和必然意識和無意識的結合他說藝術就是達於哲學所難達的最高尚而神聖的東西。

謝林格的自然哲學依據亞里士多德，布爾納拉比尼都侯爾德等的思想處是很不少。

同一哲學時代　在自然哲學時代，謝林格所認為絕對的自然是未發展的精神，而所謂自然和精神並不是根本的相異的單不過是異其程度罷了。而此思想進而就變為說世界的根本是同一自然和精神畢竟都是歸於

一的絕對觀就稱這時代爲同一哲學時代絕對就是精神和自然（即主觀和客觀）的同一在同一原理以外世界也沒有萬有也沒以同一爲同一認作無限的東西統一的東西就是理性的作用把這個表象爲有限的東西差別的東西者就是想像的作用萬物完全是絕對的同一的顯現所以任怎樣的東西也都不能不存著有限的性質因而沒有絕對客觀的絕對主觀的；換句話說沒有純自然的或純精神的只有分量上的差別，勢能上的差別不過依分量和勢能的孰勝而或成爲自然或成爲精神罷了他的思想是從亞里士多德斯賓挪莎拉比尼都等受著很多的暗示這是很顯明的。

神智學時代 由那絕對的同一而現象是如何生出的呢？換句話說：有限，不完全惡是由何而來的呢？這就是他在神智學時代所解決的問題因爲斯賓挪莎採取了汎神論而陷於豫定說定道論所以不能說明惡的由來。爲避免立脚於汎神論的斯賓挪莎所走之道就於絕對卽神之中認有自然卽非神的原理的根據雖在完全的全知全能的神之中而消極的自然的原理也是存在的有如此原理的存在者就是因爲神尚欲遂成更完全的全發展。神也是不絕的由不完全而完全由無意識而意識以徐徐的發展進步有如完全的神是不完全的神的可能性的實現現實的神也是包含著還可更向將來發展的可能性的那麼所謂存於神之中的自然的原理是什麼呢？就是無意識的衝動是暗的意志這暗意志是向住於知和善的，是於其處有發展的可能性的。在世界所謂完全美善是由來於神的知性所謂不完全醜惡是由來於神的暗意志的。換句話說：一切事物都是包含著由知性而來的一般意志（Universalwille）和由暗意志而來的個別意志（Partikularwille）之二重原理的吾人是有任從

何者曾可的意志的自由的從一般意志那就是善從個別意志那就是惡在這時代他的思想由於康德和波邁者很多這是一般學者所共認的。

在這時代謝林格又把存在（das Dass）和本質（das Was）分開以為本質是依理性依思惟而得認識的，存在是只能直接經驗的而倡積極哲學或實證論。

謝林格學派 在謝林格見重於德國學界的當時集於他的周圍的學徒，就稱作謝林格學派。可是這謝林格學派不只是他的弟子也含着和他一齊相互研究而受了很多感化影響的友人等。可稱為純粹謝林格學徒的就是克拉茵（Klein）司徒齋曼（Stutzmann）阿斯托（Ast）李克斯納（Rixner）等在和他同學說而協力從事研究者的當中特有名的就是自然哲學家司泰芬斯（Steffens, 1773—1845）奧鏗（Oken, 1779—1851）休伯爾（Schubert, 1780—1860）迦盧士（Carus, 1789—1869）同一哲學家瓦格耐爾（Wagner, 1775—1841）克勞茲（Krausse, 1781—1832）藻爾該（Solger, 1780—1819）宗教哲學家巴德爾（Baader, 1765—1841）愛森邁爾（Eschenmeyer），休蕾愛爾馬赫（Schleiermacher）等其中奧鏗，克勞茲休蕾愛爾馬赫等是同時代的偉大學者奧鏗把神和宇宙視為同一至說在最高等的人類神是認識自己的；克勞茲使萬有神論發展而想調和有神論（Theismus）與汎神論（Pantheismus）。對於休蕾愛爾馬赫另章詳述於次。

四　休蕾愛爾馬赫

休蕾愛爾馬赫（Friedrich Ernst Daniel Schleiermacher, 1768—1834）生於北勒斯勞，在哈列大學修

神學經過哈列大學神學教授，柏林三位一體教會的說教師等，而為柏林大學的教授服務二十餘年。他是一位熱心的宗教家他的學問範圍雖幷心理學‧教育學‧政治學‧哲學史‧倫理學‧神學等而一一研究之。但關於神學的造詣是特別精深的舉其三兩種著述有『關於宗教的論說』(Reden über die Religion, 1799)『倫理學批判原論』(Grundlinien emer Kritik der bisherigen Sittenlehre, 1803)『倫理學』(Sittenlehre, 1835)『辯證法』(Dialektik, 1839) 等書。

哲學說　休蕾愛爾馬赫從謝林格的同一哲學出發而論認識。他以為認識是由有機能力（感性），和知的能力（悟性）的協力而生的東西有機能力的認識是知覺知的能力的認識是思惟知覺和思惟並不是根本異其性質的東西故其對象也是同一的。從雜多方面看起來，就是雜多地將他認識思惟是統一地將他認識但都是同一的有。從雜多方面看起來就是宇宙混沌的外界是實在從統一方面看起來，就是宇宙理想所以混沌界和宇宙實在和理想也並不是相反的東西，而是同一的意識此同一的知。認識此同一是超越一切的矛盾衝突的神絕對的知。絕對的知只是作為理想而存在的。到底是不得以吾人的認識而達的只是依感情而得感知的這樣一來彼就排斥神的認識而為宗教開了信仰之道。

神的認識是不可能的。附神以種種的屬性或視神為有人格，皆是使無限的神性成為有限的。然惟神的活動是不得不承認的因為若是不認神的活動就難免為無神論了神的活動是和自然的因果相等的所以神不是先

於世界而存在，他不是存在於世界之外的；在世界上所有一切的事物，都完全是神的活動而生的，所以這世界就是最完全的世界這樣一來他的世界觀就成為汎神論最良觀樂天觀。

確認神之存在的是感情而直接知覺神性的是直觀宗教是發於感情依感情和直觀的合一而成的宗教的起源和本質不是知不是意志而是感情感情是精神生活的中心而宗教的感情就是感情的根本這樣一來將宗教看作精神活動的極致這就是他的宗教哲學的大要。

倫理學說　他的倫理學說的特色第一可舉出的，就是反對像康德那樣把道德律和自然律嚴為區別的一事。他是從必然論者的立足地上排斥兩者的區別，而以為道德律也是一種自然律就是理性的意志的法則。

其次他的倫理說是顯然尊重個性的他說人是有平等如一的理性而同時有個性的所以道德是常隨個性而被特殊化的他明白注意在從來倫理學所等閑的道德的個人的方面然而他的個人說和完全不顧社會關係的抽象的個人說是全不相同的。

其次他的倫理說把近世學者比較的付諸等閑的問題看待在他的倫理學中把至善當作重大的問題看待。德本務三者合併討論以為至善是成果（目的），德是力（出發點）本務是活動（中間的行程）所謂至善就是在理性活動而和自然相結合時所生的善的總和他把善分為（一）普遍的組織的善的東西（二）特殊的組織的善即關於宗教的東西（三）普遍的標號的善即關於知識的東西（四）特殊的標號的善即關於財產的東西四種。所謂德就是稱那理性所以支配感情的方法舉出知愛謹慎忍耐為四主德又把本務分為社會的本務和個人

的本務更分成（一）關於權利的，（二）關於愛的，（三）關於職業的，（四）關於良心的四種。

五　赫格爾

　　使康德哲學的唯心的方面達於頂點的，就是赫格爾（Georg Wilhelm Friedrich Hegel, 1770－1831）。他十八歲時爲研究神學而入了邱萍根大學可是他在學生時代或因爲其才學未發達的緣故倒被那比他小五歲的年少同學謝林格的穎才壓倒了。卒業後在瑞士其他各地任私宅教師暇輒戀讀哲學書不輟一八〇一年爲愛那大學講師經五年而進爲正教授但爲拿破崙戰爭而學校被封閉所以去愛那而到邦堡爲新聞記者在諾爾痕堡（Nurnberg）爲額誤那計溫校長等經了種種的境遇；而一八一八年轉柏林大學繼非希的之後一八二九年進爲大學校長；但經二年後即染虎疫而歿他的著述中特著名的有『精神現象論』（Phänomenologie des Geistes, 1807）『論理學』（Wissenschaft der Logik, 1812）『哲學體系概論』（Encyklopädie der philosophischen Wissenschaften im Grundriss, 1817）等書就中『哲學序說』是把他的學說作爲最有組織的敍述的。

　　赫格爾的哲學，就是把理性卽論理的進行認爲絕對想把世界爲合理的解釋的唯心論繼承康德思想的哲學家都專心於發見那統一康德所遺的物自身和現象的二元對立的原理非希的先舉出自我作其原理把非我歸於自我的產出；而謝林格又以自然爲絕對把自我認爲自然之所產的之說是很偏於主觀的而謝林格之說又太過走入客觀。謝林格雖在後又倡同一哲學而說那統一兩者的絕對但他的絕對是

除去那對於世界的反對之抽象的產物,並沒有說明他的反對的具體的實在。

赫格爾排斥以絕對看作抽象的謝林格的思想,而把他當作潛在於差別界之底的具體的實在不是超越差別界的東西,是內在於差別界而繼續的發展的東西,在世界之外絕對是不存在的,世界自身就是絕對世界萬物,不外是絕對的繼續發展的段階。然則所謂絕對是什麼東西呢?就是存在於個物之中的普遍。他依柏拉圖把這個稱爲觀念而做希臘思想呼爲『羅高斯』(理性)。理性是論理的進行,是思想的開展自然和精神都完全看作是此理性的顯現。這就是他的立脚地被稱爲論理的唯心論及汎理性論的原因。

赫格爾認爲在絕對即理性的繼續的發展上有一定法則的存在的法則,就是說:『一種思想必生反對的思想;其矛盾合爲更進一層的高等的思想如此而進行於無限。』換句話說那正(These)——反(Antithese)——合(Synthese)的形式,就是所謂思想的開展即絕對進行的法則,赫格爾依此法則以思維思想的進行當作哲學的研究法有名的赫格爾的辯證法就是這個。

以理性(絕對)爲研究對象的赫格爾哲學徹頭徹尾是精神哲學然其理性是發而爲自然界和精神界的所以赫格爾把他的哲學體系分爲三部論純粹理性的稱爲論理學論發而爲自然界的理性的稱爲自然哲學論發而爲精神界的理性的稱爲精神哲學(狹義)。最鮮明的指示出來赫格爾的哲學體系的,就是『哲學體系概論』。

哲學體系概論分爲論理學自然哲學精神哲學的三部;而論理學是由有論,概念論,本質論的三章而成的;自然哲學是由機械學物理學有機學的三章而成的;精神哲學是由主觀的精神客觀的精神絕對的精神的三章而成的。

精神哲學中的主觀的精神是論心理學的,客觀的精神是論倫理學的,絕對的精神是論藝術宗教哲學的。若想表示他的哲學體系可列表如左:

哲學體系概論
- 論理學
  - 有論……(1.質,2.量,3.單位)
  - 本質論……(1.為存在的根據的本質,2.現象,3.現實態)
  - 概念論……(1.主觀的概念,2.客觀,3.觀念)
- 自然哲學
  - 機械學……(1.空間和時間,2.物質和運動,3.絕對的機械論)
  - 物理學……(1.普遍的個體的物理學,2.特殊的個體的物理學,3.全一的個體的物理學)
  - 有機學……(1.地質的自然,2.植物的自然,3.動物的有機體)
- 精神哲學
  - 主觀的精神…(1.人類學,2.精神現象論,3.心理學)
  - 客觀的精神…(1.權利,2.道德,3.人倫)
  - 絕對的精神…(1.藝術,2.宗教,3.哲學)

論理學　赫格爾的論理學是研究純粹精神的範疇的學問所謂純粹精神就是世界的根本原理即理性之尚未能實現化者他就說這個是『先於世界創造的神』說這是『在神之心中的現實世界的模型』所以赫格爾的所謂範疇並非如康德範疇為悟性的形式乃是世界思想的開展形式故赫格爾的論理學是範疇之學,而同時

又是形而上學。

赫格爾的論理學是由所謂「有」的最普遍的，抽象的，及貧弱的概念出發依辯證法而漸次進行於其體的而且豐富的概念以開展範疇全體的體系。他作為第一範疇的有只是「有」而無何等規程的自觀的概念只是有什麼也沒有所以是任什麼都不是的「無」有就是無，即於此生出第二範疇的無然而無決不是止於無的，無即是被思索的，無就是有有成為無無成為有第三範疇的「成」就於此發生到了成那有和無的矛盾雖然消滅而他又成為更高的有之形了這就是「定有」。「定有」是一定之有，就是「是什麼是什麼」之謂是對於其他物的有是對於他的質若總括那以正反合的辯證而使次第開展的多數的範疇，就以有 (Sein) 本質 (Wessen) 概念 (Begriff) 三者為基本有之下有質量單位的三種；在本質之下，有現象現實三種；在概念之下，有主觀的概念客觀的概念觀念三種，在這等各範疇之下更附屬有多數的範疇將其複雜的範疇一一詳述於此，是很困難的事所以就省略了。

自然哲學 自然哲學是以顯現於純粹精神的外界的自然為對象。成為意識的精神，為何就表現為無意識的自然呢？赫格爾答道『因為在那為自然的最高段階的人類發現意識的自己故』何故意識的必定要成為無意識的自然必定要再回復到意識的狀態呢？這是不明瞭的。因為自然是純粹精神的顯現所以自然的發展進化和那在論理學上的範疇的發展進化相等他把自然哲學分為機械學・物理學・有機學的三章機械學是對於有論的物理學是對於本質論的有機學是對於概念的東西機械學就是空間和時間的綜合，即位置和運動的研

究在機械學中還不能當作個性看待的物質在物理學中討論有一定的形體（即個性）以明其形式和其相互關係若認他為質的變化就是化學的過程而此形式和質的綜合的東西即為有機界有機界是可分為（一）地質的，（二）植物的（三）動物的三種地質界是如生命消失的死骸的東西植物界是以類化和生殖為特性的，而動物界是以有植物界以上的自由運動和感覺為特性的動物界到了人類達到發展的極度在人類而理性本來的自由始行表現成為完全的個體這就是自然哲學的要旨。

精神哲學 精神哲學的對象就是為純粹精神的發現在那逐行了最高發展的有機體（即人類）上純粹精神（理性）的本質的自由的發現第一步就是主觀（個人）的精神故精神哲學先從那以主觀的精神為對象的心理學上開始。

主觀的精神 理性的本質是自由的，所以人類元來也是自由的然人類並不是生出就自由的起初被束縛於氣候・風土・人種・生活方法並其他種種境遇和他動物同樣在不自由的狀態稱作靈魂或自然精神把論此靈魂的學問稱作人類學可是他在此所稱的人類學和現今所說的意味很不相同。靈魂發展而生感覺生感情生自己感覺意識更成為自意識自意識逐進而成精神（理性）由靈魂而至於理性的過程就是『精神現象論』的對照精神是先現而為理論的精神（即知）；知是經直觀・表象・思考的順序而成實踐的精神（即意志）的意志是經衝動・欲望・偏向等的順序而到達自由精神（即理性的意志）。精神的對象就是心理學（狹義）。

客觀的精神 把自由精神即理性的意志的客觀化者，就叫作客觀（社會）的精神客觀的精神，先作爲法律（權利）而發現。法律是人類過協同生活所不可缺少的制約由法律所承認的個人稱爲人格法律就是發見於所有・契約・刑罰的三形式人格必在其支配之下所有某種財產相互的人格有爲交換所有物而自由使用的契約對於破契約者加以制裁爲期正義的實現，而製造刑罰刑罰的目的，不是矯正此也不是威嚇而是正義的實現刑罰是破壞正義者當然要受的報應，所以如死刑等本來也是正義不必是和正義相一致的。

個人的意志，也並不是說不反對刑罰的強制的爲解決這樣的法律的矛盾，把客觀的正義移於主觀的內部的，就是揭出於下的道德。

道德(Moralität) 道德就是客觀的精神的第二階段。道德是從良心之命的。良心是想一致於正義的主觀的意志。法律是客觀的制約，而道德卻是主觀的制約。在道德是有決意・目的・善之三要素的。任何人只要有良心，那就沒有不希望正義的實現的；對於正義的侵害不得不是認當然的報應（即刑罰）故法律上的正義和個人的意志的衝突，在此就消滅的。然而元來良心是完全主觀的所以雖認這個爲善也不限定是現於行爲之上而爲善的所以單把良心作根據的道德决不能說是最高的道德。

與道德就是爲客觀的精神開展之第三階段的人倫(Sittlichkeit)。所謂人倫，並非只服從良心的命令，而又服從社會一般的精神的換句話說就是服從良心與一致於社會安寧秩序的道德在人倫的發現，也有家族，社會，

國家的三階級家族是由於結婚而生的結婚成立的必要條件，就是男女的性別契約愛之三要素結婚的結果生家族家族集而成社會社會的各員為謀身體和財產的安全就組織國家社會是承認個人獨立的但國家卻不承認孤立的個人在社會的個人他自身就是目的但在國家的個人卻不過是手段罷了。國家是人倫發現的最高階段祇有依靠國家，總能達到至善國家的理想組織是君主政體如共和政體就很難稱為完全的政治組織道德的觀念的強盛的國家，併吞其他國家這決不是不當的處置世界的歷史不外是優秀的國家常為實現其理想而併合劣等國家的優勝劣敗之跡。赫格爾的思想是由不甚重特殊而祇是重全體的普遍主義出發而達到全然使個人隷屬於國家的國家至上主義赫格爾的關於國家說和柏拉圖及亞里士多德等古代學者的見解相一致這是很明白的。

絕對的精神 若精神到了認識自家是絕對者的時候主觀的精神便更開展而成為絕對的精神，現於藝術・宗教・哲學之三形式藝術就是絕對的精神為直觀的表現的在藝術之中也有建築・彫刻・繪畫和音樂・詩等的段階建築只是暗示着觀念至於彫刻而觀念就有十分的表現及進為繪畫和音樂・詩那就更成為觀念了在詩也有敍事詩・敍情詩・戲曲的三段階戲曲就是位於最高的段階而為一切藝術的綜合戲曲是任怎樣也要把完全絕對的精神為直觀之形表出的這就不能使人感知其為何物了。把他表見於感情和表象之形就是宗教但宗教也還是不能表出絕對的完全的絕對就是論理的進行把這個開展放概念之形的哲學就是最適合本質的哲學是絕對的精神開展的最高段階而為最完全的真理所謂哲學是什麼就是以上

所述的東西的全體表出哲學的問題和解釋所必然開展下來之跡的，就是哲學史所以哲學史是位於赫格爾哲學的頂上的東西。

赫格爾的哲學雖一時成爲普魯士的官學而出了許多繼承者，但對於這些赫格爾學徒，當在第十九世紀哲學中述說之。

六 叔本華

反對赫格爾的論理的唯心論者也很多。抱着相同的唯心論而由主意說的立脚地上試行反對的，就是叔本華（Arthur Schopenhauer, 1788－1860）他生於德國的但澤他的父親是銀行家母親是小說家。十七歲依其父意受商業教育但以不適於自己的性格而廢學二十一歲時入學於哥丁京大學修醫學然其後轉習哲學走柏林列於非希的的講席移威馬爾（Weimar）而和喬太相交然而偶讀印度古典優婆尼淨士思想忽一變靜居於德勒斯達凡四年而公刊『意志和表象的世界』（Die Welt als Wille und Vorstellung, 1819）的第一卷。其後爲柏林大學講師而講哲學可是終於不成功纔退而專心從事於著述著書是很多的，除前揭以外有名的就是：『充足原理的四根』（Über die vierfache Wurzel des Satzes vonzureichenden Grunde, 1813）。

叔本華說　非希的、謝林格和赫格爾等任誰都是排斥康德的二元論而以理性爲根本原理試爲萬有的說明的，但叔本華卻固執着物自身和現象的區別，而以康德的眞正的繼承者自任。

叔本華以爲認識的對象只限於現象界所謂認識，就是感覺依知力的範疇而排列時所生的東西。康德以爲

認識上的所謂『阿・普里奧里』的形式除了直觀形式（即時間・空間）之外還認那爲悟性的形式的十二範疇。

但叔本華只承認康德十二範疇中的因果範疇，在這上頭加上直觀形式而呼爲認識的充足原理。康德把直觀形式和悟性的形式分別出來，但叔本華卻說在感官直覺中有因果法則的存在，并把吾人通常以爲只依感官而得的直觀也當作悟性的所產。

我等依知力所能認識的只是表象。然而世界並不單是我的表象，然而世界若如懸於空中的蜃樓，一切都是依我的表象而成的東西那麼我等就能容易把世界完全認識出來了。然而我等的知力不能把全世界纖麗無遺地認識出世界並非單是知力的所產是有離開知力而獨立的實在，卽物自身的那麼所謂物自身是什麼呢？康德以這個爲不可認識的實體；但叔本華卻以這個爲非理性的，無意識的盲目的意志物自身之爲盲目的意志是如何而得知的呢？叔本華從自己直覺的認識，以類推世界的本質對於自己的身體思考時只是外面表象的，可以由內面直接當作意志而意識的，我卽是意志，而一切現象悉是同於本質的東西。世界的本質是一而一切的。在空間和時間之中存在的，而在時間和空間不存在的地方，萬物就歸於一了世界的本質，也和我的本質一樣不能不是意志。水是要想岩而流的，磁石是要想吸鐵的生物是要保存生命的；人生和自然的現象，一總沒有不表示其本質之爲意志。叔本華稱他爲『生活意志』(Wille zum Leben)。此生活意志是從最下到最上，爲整然的段階表現於定相的。在無機界的自然力在有機界的動植物的種類在人類界的個人性格等，都是這志無意識的意志非理性的意志。

個。叔本華稱這個為『伊代』(Idee)，伊代是離卻時間・空間・因果的制約的生活意志的表現是客觀化的生活意志的段階是事物的本質是永恆的原型。在伊代之間是常起爭鬪。當高等的伊代征服劣等的伊代而占領其物質時就生現象劣等的伊代雖是全無意識的盲目的努力但高等的伊代卻是伴着知力的。知力是為照着意志的前途，而點燈點火的意志奴隸知力的基礎就是腦髓。

倫理學說　叔本華以其根本思想的主意說為基礎倡厭世觀，而說解脫的方法意志是盲目的努力努力就是欲求欲求是由缺乏之感而生的無缺乏之感的地方就無欲求無欲求的狀態就是意志的滅亡盲目的意志以世界的本質為限，就永久沒有充滿缺乏之感的縱令一旦得了滿足而新的欲求是更起來的，努力的車輪再開始回轉如此而永恆相繼續此缺乏之感，就是苦痛狀態所以世界實在是無限的苦痛之巷這就是印度人所說的無明世界苦痛是積極的，而帶着永續的性質；快樂單不過是消極的，生於苦痛解除時的一時現象罷了脫離這苦痛的世界最惡的世界，就是吾人所懇切渴望的怎樣繼得把那苦痛的世界脫卻呢？

現在若約說叔本華的解脫觀那麼排斥一切的欲求而達到無為出世間無情念的情態換句話說就是破棄個性否定生活意志而入於涅槃之域他把他的方法分為一時的解脫・永久的解脫的兩種所謂一時的解脫，就是去個性沒入於伊代的觀念伊代就是現於個物的生活意志的客觀化就是個物的本質所謂伊代的觀念就是生活的意志如何而得意識自己呢？這就是由於隨意志而來的知力。知力雖是意識伊代的主觀但他既是意志的所產物並且是其奴隸所以容易受意志的盲目的努力的支配故伊代的觀念是很困難

第三篇　近世

的。所以常人脫一切的欲求，而耽於伊代的觀念的事，到底是不可能的，祇有美術的・哲學的天才纔能達到這種境界。藝術和哲學是以伊代爲對象的，伊代的觀念暫時即去沒有永久性，所以藝術的・哲學的天才的解脫只不免是一時的解脫。永久的解脫法在完全否定生活的意志否定生活的意志就不得不自覺世界徹頭徹尾是苦痛，個體不外是一種本質的顯現和生活的無價值。若生出如此自覺則對於個性的執着，就完全消失同情就是一切動作的泉源所以同情是至高的道德然而同情只是個性一時被忘却了否定生活意志就不能不依着修行（Askes）把生活意志全止了的狀態叫作『知的意志』（Eikenntnisswille）達到此狀態者謂之聖徒就是宗教的・道德的大才。

叔本華基於其解脫觀而述自殺觀，以爲殺肉體乃是肯定那更有力的意志的行爲，所以不是自殺。世界的實體若是盲目的意志那麼如何能生出知力呢知力如何能一時的或永久的否定意志呢伊代發現秩序的階段是什麼緣故呢因果律存在於現象界是什麼緣故呢叔本華的學說有許多矛盾和謬誤這是多數學者所公認的；但在他應用哲學於美學而生出新學說之點等，他也是歐洲哲學史上不可忘的偉人。

叔本華學徒　舉那受叔本華影響的學者的主要者，有福勞薩斯太（Frauenstädt, 1813－1878）阪蓀（Bahsen, †1882），赫脫曼（Hartmann, 1842－1906），狄遜（Deussen, 1845－）美倫玳爾（Mailänder, 1841－1876），瓦格耐爾（Richard Wagner, 1813－1883）尼采（Nietzsche, 1844－1900）等着眼於彼汎意志論的缺點，使他和赫格爾的汎理性論相調和的，就是赫脫曼。他的學說，於第十九世紀的哲學當中述之。

第二節 實在論派(海爾巴脫)

許多同一哲學者都發展康德觀念論而倡唯心論；海爾巴脫(Johann Friedrich Herbart, 1776—1841)卻着眼於康德的實在論的方面，倡導拉比尼都的單子論和古代希臘的元子論等的思想而組織多元的實在論。

海爾巴脫生於德國蘇魯丹伯爾西市人愛那大學受非希的之教二十六歲時為哥丁拿大學講師次被聘於哥寧斯堡大學襲康德所擔任的講座後再轉回哥丁拿大學遂歿於其地他所最長的是教育學和心理學。得名聲至造一海爾巴脫學派。自『哲學概論』(Lehrbuch Einleitung in die philosophie, 1813)『心理學教科書』(Lehrbuch zur psychologie, 1816)『科學的心理學』(Psychologie als Wissenschaft, 1824)『一般實踐哲學』(Allgemeine praktische Philosophie, 1808)『自然律和道德的分析的說明』(Analytische Beleuchtung des Naturrechts und der Moral, 1836)等始有很多的著書。

海爾巴脫把哲學分為論理學・形而上學・美學的三部門。這分類就是由他對於哲學目的的解釋所生出的結果他把哲學研究的出發點放在經驗的事實之上在由經驗的事實而來的諸概念內相互矛盾的事也是不少的。他以去此矛盾為哲學的目的稱這個為『概念的修整』(Bearbeitung der Begriffe)而將其方法分為三種。第一是明概念間的區別而確定其內容的論理的修整；第二是除其存於可以理會自然界的一切概念間的矛盾的形而上學的修整；第三是修整美・善・完全等價值觀念的美學的修整這樣一來哲學就生出前揭的三部門。在他的形而上學中是含着自然哲學和心理學的在美學中是含着今日所說的美學以外的倫理問題・社會

問題等的。所以自海爾巴脫的哲學體系言,那倫理學是屬於美學的一部的。因為且於此體系的全部而述彼之說,是不可能的,所以只把哲學上的根本思想和倫理學說簡單敍述於此。

哲學說 海爾巴脫把萬有的本體名爲實在(das Reale)以爲實在是不得不認識的認識的對象只是止於現象的。但實在的存在是不得不明白把他承認的。怎麼說呢吾人相信現象只是暫時存現的東西,旣已存在那麼其存在必定有他爲根柢的實在的無根柢而能暫時實現是萬不會有的實在自身雖很難認識的,但若否定實在的存在一切認識都成爲不可能的了。

海爾巴脫以實在爲無數的實素依此實在相互的關係,而說明一切萬物的生成以實在爲多元的海爾巴脫,是如何而知的呢?他以由經驗的事實而來的概念的修整爲出發點在吾人經驗的現象界的事實是含着種種矛盾的。承認潛在於此差別界之底的統一具體的實在依實在的繼續的發展,而試爲現象界的說明的,就是赫格爾的辯證法。至於海爾巴脫,却用那說明差別界矛盾的關係法(Methode der Beziehung)。吾人認矛盾認變化畢竟不外是種種的性質相互關係而生的東西。其關係若不同,就要生差別。例如雖同爲直線因其和圓之關係異,就或成切線或成切徑,然而吾人所認的性質是對於吾人而暫時實現的,而在暫時存在之所必存有實在根柢無疑故若承認無數之性質,就不能不肯定對於這個的無數的實在。海爾巴脫因此就成爲多元的實在論。

海爾巴脫所謂實在,就如愛勒亞學派的「有」一樣有永恆不變的性質的;如拉比尼都的「毛拿多」一樣,是單

純而無分量的單純而無分量，永恆而不變的性質，雖是實在的眞相；但在這實在暫現的現象界多數的性質若附屬於一物或事物的性質若有變化者，是什麼緣故呢？又成爲有延長的物質生出主觀和客觀的合一的精神卽自我，是什麼緣故呢？存於現象界的如此矛盾如何而解決呢？海爾巴脫以此附屬(Inhärenz)變化(Veränderung)物質(Materie)自我(Ich)爲形而上學的四根本概念，就以修整此概念而解釋合於其中的矛盾爲哲學上的重要問題。依他說，一物若有許多性質附屬者並不是一實在包含多數性質乃是若干實在成爲一個關係而集合的結果。換句話說就是因使一物看作和種種他物相關係故視若存有數多屬性零是由於和光的關係生出白的屬性的和手的關係生出冷的屬性並不是零自身性質中之所固有的。所謂變化畢竟也不過是實在和實在的關係之變化而實在自身之性質是並不變化的。實在就是單一無分量而沒有延長的東西然在實和實在的關係之變化而實在自身之性質是並不變化的。實在就是單一無分量而沒有延長的東西然在實相互間隔着的空間是存在的，那麼實在和實在之區別，就沒有了。所謂無數的實在是存在的話就是在實在中間有空間存在的意味實在集合而排列於空間之上時就生延長這卽是無延長的實在成爲有延長的原因。在物質界的延長，就是精神界表象的連續所謂自我要不外是此表象的連續如以上所述，就是海爾巴脫以關係法來修整形而上學的根本的概念。

倫理學說　海爾巴脫以實踐哲學爲和純理哲學（形而上學）完全相異的價値判斷之學，總括價値判斷之學叫做美學道德的判斷也是價値判斷之一種以離却一切利害的公平無私的旁觀的態度來觀察自他行爲時，自然生出一種滿足或不滿足由如斯見地對於自他行爲感覺滿足或不滿足的行爲就是道德的判斷起了滿足

的動作就是善反於此的動作就是惡。而海爾巴脫以起此滿足·不滿足的感情的原因為意志自身的形式上的關係恰如美是不存於物之感覺的方面,而存於時間·空間上的形式的善也是不存於意志的內容卽意志的事件,而存於其形式的關係他的倫理學就是意志如何的關係能與吾人以滿足與否的研究他舉出五個型念作為滿足吾人意志之形式的關係卽道德價値的最單純的標準型念(Musterbegriffe)的第一,就是內面的自由(Innere Freiheit)所謂內面的自由是說意志和道德上的斷定相調和了的關係和的關係第四是正義(Recht)就是說兩個意志的相互不相犯的關係第五,是公正(Billigkeit)就是一個意志對於其他意志所做了的事與以報償的關係。

(Vollkommenheit)就是說意志的活動有多樣統一的關係第三是好意(Wohlwollen)就是自他意志的調

海爾巴脫由所揭的道德上根本原理的五個型念更導出五個社會的型念(Gesellschaftliche Ideen)社會的型念,就是許多人們接觸時所生出的第二次的型念以為依此型念才能實現所謂社會型念就是社會(國家)制度(Staat),教化制度(Kultursystem),行政制度(Verwaltungssystem)司法制度(Rechtsgesellschaft)賞罰制度(Lhonsystem)這種社會的型念任何都是依前揭五個型念而生的;卽社會制度是由好意的型念,教化制度是由完全的型念行政制度是由正義的型念賞罰制度是由內面的自由型念教化制度是由完全的型念司法制度是由正義的型念賞罰制度是由公正的型念而生的。

五個型念一致結合的東西就是德(Tügend)。故所謂有德之人,就是能身體這五個型念的修德所生的,就

是本務（Pflicht）的概念以本務為實踐倫理的根本觀念，是誤謬的道德的基本的原理，就是五個型念教育是以德之養成為目的，達此目的所必要的，就是喚起多方的興味養成堅固的性格教育學和政治學就是道德學之分科，這是他所承認的。

海爾巴脫求道德的判斷的標準於意志的形式的關係他不說內容即客觀的標準所以他的倫理說是流於形式的・抽象的和康德的倫理說大略同其弊病。

海爾巴脫學派 海爾巴脫學說的繼承者是很多的舉其中最著名的繼承形而上學的主要者有德羅妣休 (Drobish, 1802—1896) 哈爾廷信 (Hartenstein, 1808—1890) 拉藻爾斯 (Lazarus, 1824—) 司坦太爾 (Steinthal, 1823—1899) 提萊 (Thiele, 1813—1894) 等繼承心理學者有拿羅維斯基 (Nallovasky) 惠都 (Waitz, 1821—1884) 福爾克曼 (Volkmann, 1822—1877) 等繼承美學者有智謨墨爾曼 (Zimmermann, 1824—1898) 繼承教育學者有色爾勒 (Ziller, 1817—1882) 斯託義 (Stoy, 1815—1885) 林迪奈爾 (Lindner) 威爾蠻 (Willmann) 等。

第三節 心理學派

反對同一哲學者的思辯的研究而根據心理學試行哲學組織的一派，稱為心理學派這學派的特色，在以心理的狀態的內面的觀察為認識的出發點的地方認識的統一就是可由經驗認識之事實以為哲學是當從此事實的分析進行想由心理學和康德達到同一的結論這學派所最注重的就是心理學舉其代表的學者有富里士

富里士(Friedrich Jacob Fries, 1773—1843)和比尼克(Friedrich Eduard Beneke, 1798—1854)等。

富里士　富里士是愛那大學的哲學教授他是和其他康德學派的學者相同承認在認識上有先天的形式的存在然而他以爲先天的形式是不能由思辯而發見的只可由反省卽心理的分析而認識的他想從經驗心理學的立脚地立證康德到達的結論他又以爲若是那爲觀念認識的能力的理性也和現象認識的能力的直觀及悟性同爲確實可知那麽理性觀念的認識也和感性及悟性的自然的認識同有客觀的安當性他以爲信仰也如知識之確實脫開康德之說而左袒於約可比的信仰哲學然而除去以上二點外差不多都是因襲康德之說的所以他也數入康德學派中的一個人。

比尼克　比尼克是講哲學於柏林大學和哥丁傘大學的人他是承襲富里士的心理學而較富里士更加極端排斥思辯的認識的照他說所有一切認識的根本都是經驗如哲學也不外是一種經驗所以以實驗心理學爲基礎不但是由內官而能認識自我的現象並且也能意識自我自身可以由此自己意識的比論而認識外界由經驗起至於形而上學終就是哲學研究的順序。至如思辯哲學者由形而上出發而下至於經驗則如造屋而先起屋根的一樣在重經驗之點他的學說是接近於羅克的；在以自己意識爲外界認識的基礎之點却接近於斯賓挪莎。

作爲其心理學說的必然的結論而比尼克的倫理說就離卻康德的先天說了。道德律並不是先天的命令是基於人類本具的自然性依長久期間的經驗發展而來的東西故人類精神發達同時道德律的內容也不絕的變化然而道德律在以精神的體制爲根柢之點是恆常不變的所以道德律的權威是必然的而且是相對的。道德的

根本的要素，就是感情幸福是所有人類之所欲，而有萬人共通的安當性的倫理的判斷的標準，就是幸福。在其重感情以幸福為判斷標準之點，也是和康德的形式說顯著相隔的。然而從以善為渴望的道德上的要求和統一斷片的知識的必要上認神的存在主張神的認識是單依信仰乃可能的，在這些點上他就明明是康德學徒之一人了。

繼承他的學說者中間可注意的，就是攸伯爾維（Uberweg, 1826－1871）和弗爾脫拉克（Fortlage, 1806－1881）其他還有至近世而襲此心理學派的立腳地根據實驗心理學而論哲學者之一派生出所謂近世心理學派但對於這個俟後再述。

康德以後的德國哲學（約表）

唯心論派

非希的哲學學說 {
　要旨 {
　　1. 使現於康德哲學的二元（物自身和現象）歸着於絕對我的一元。
　　2. 名自己的哲學為知識學。
　}
　學說 {
　　1. 絕對就是我（純我）所謂外物，所謂範疇，所謂物自身也都是我的作用。
　　2. 絕對我就是無限的活動，活動的本源。
　　3. 由絕對我的活動就生出非我即一切的萬物。
　}
}

{
倫理學說
1. 絕對我而生非我，就是為使實現道德的活動。
2. 有妨我的非我而始有道德的活動（萬物都是為道德的方便而存在的）
3. 道德的活動，就是努力向上……本務的一般形式＝請活動喲。
4. 道德四等級……（一）本能的活動（二）快樂主義的活動（三）專制主義的道德（四）眞道德。
}

西爾來爾學派
{
要旨
1. 以道德的生活和美的生活為人生至高的目的（倫理的・美的唯心論）
2. 人生至高的狀態就是道德的衝動和感性的衝動的很調和的美魂。
學派
1. 喬太（友人）
2. 漢保得
}

羅曼提克派
{
要旨
1. 十六世紀時發於義大利和西班牙的文藝上的一種傾向，而在十八世紀時就普及於各國了。
2. 西爾來爾的美魂，依此派的人們，就除去倫理的要素，而成為主觀的・美的唯心論。
學者
1. 非希的謝林格休雷爾馬赫赫格爾叔本華等任誰都是多少受其影響的。
2. 特著名的就是謔爾智兒倡極端的主觀主義。
}

謝林格

要旨

1. 稱為哲學的詩人，其說頗富於想像。
2. 學說三變：（一）自然哲學時代（二）同一哲學時代（三）神智學時代。

自然哲學時代

1. 承認自然的客觀的存在。
2. 自然就是於其自身有生命的未發展的精神。
3. 萬有是由自然發展的，由自然的二重性（引力・拒力）而起障害，結果發生個物。
4. 由和自然哲學同一的態度，而論認識・道德和藝術。

同一哲學時代

1. 絕對（世界的根本）就是同一自然和精神也歸於一。
2. 萬物悉為絕對的顯現悉為同質不過只有分量上・勢能上的差別。

神智學時代

1. 欲由絕對的同一解決有限・不完全・惡的現象所生的理由
2. 在絕對卽神之中有消極的・自然的原理以為這就是不完全的原因。
3. 在神之中這消極的・自然的原理所以存在，就是因為神還想遂行更進一層完全的發展。

純粹謝林格學派

克拉茵
司徒齋曼
阿斯托
李克斯納

學派		
廣義謝林格學派（協同研究者）	自然哲學家	司泰芬斯
		奧鏗
		休伯爾
		迦盧士
		瓦格耐爾
	同一哲學家	克勞玆
		藻爾該
	宗教哲學家	巴德爾
		愛森邁爾
		休蕾爾馬赫

要旨
1. 由謝林格的同一哲學出發以論認識。
2. 於神學造詣深而被尊敬為神學者。

哲學說
1. 認識是由有機能力（感性）和知的能力（悟性）的協力而生的。
2. 知覺和思惟並不是根本異其性質的有機能力之優勢的認識是知覺，反於此的就是悟性。

第三篇 近世

休蕾爾馬赫
- 3. 知覺和思惟對象也是同一的，知覺是雜多的認識，思惟只是統一的認識。
- 4. 以同一爲意識者是自己，自我是自己意識的根柢，神是世界統一的根柢。
- 5. 神的認識是不可能的，確認這個的就是感情。

倫理學說
- 1. 以爲道德律也是一種自然律是理性的意志的法則。
- 2. 顯然注重個性，而注意於從來所閑卻着的道德的個人方面。
- 3. 把近世倫理學者所輕視的至善當作重大的問題看待。
- 4. 至善是成果（目的）德是力（出發點）本務是活動（中間的行程）。

要旨
- 1. 把理性（論理的進行）認爲絕對的，想把世界解釋爲合理的。
- 2. 在絕對繼續的發展有一定的法則存在正ㅡ反ㅡ合ㅡ辯證法。
- 3. 以絕對的研究爲哲學的對象，把哲學分爲論理學自然哲學精神哲學三部。

論理學
- 1. 是研究世界根本原理的理性這未實現化的純粹精神之學。
- 2. 論理學是範疇（思想開展形式）之學同時是形而上學。
- 3. 由所謂有的最普遍的·抽象的而貧弱的概念次第進於具體的·豐富的概念，而開展範疇全體的體系。
- 4. 以有·本質·概念三者爲範疇的基本，使許多範疇屬於其下。

三百三十五

赫格爾
- 要旨
  1. 以顯現於純粹精神之外界的自然為研究的對象。
  2. 意識的精神所以現而為無意識的自然，就是因為在自然最高段階的人類發現自己故。
- 自然哲學
  - 自然哲學的三部門
    1. 機械學。
    2. 物理學。
    3. 有機學
       1. 地質的。
       2. 植物的……類化和生殖。
       3. 動物的……自由運動和感覺。
  - 4. 人類是動物發展之極，而理性本來的自由始發現。
- 主觀的精神
  - 要旨
    1. 以純粹精神的發現的精神界為研究的對象。
    2. 分主觀的精神客觀的精神絕對的精神三部。
  - 旨
    1. 理性的本質若是自由那麼人類本來也是自由的。
    2. 但不是起初即自由的是漸次發展的。
  - 發展段階
    1. 靈魂（自然精神）被自然所左右和動物相等。
    2. 生意識感覺感情而認知自身。

```
精神哲學
├── 精神
│   1. 理論的精神（知）。
│   2. 實踐的精神（意志）。
│   3. 自由精神（理性的意志）
│
├── 客觀的精神
│   1. 要旨…理性的意志（自由精神）的客觀化的東西，有發現的段階。
│   2. 發展段階
│       1. 法律…營共同生活要緊的客觀制約。
│       2. 道德…主觀的制約…良心的命令
│          兩者的綜合…道德的最高形式。
│       3. 人倫
│          發展段階：宗教。社會。國家…國家至上主義。
│
└── 絕對的精神
    1. 要旨…精神至自意識為絕對者。
    2. 發展段階
        1. 藝術…理性是直觀的表現。
        2. 宗教…理性是表現於感情和表象之形的。
        3. 哲學…理性是表現於概念之形的…最高段階。
```

叔本華 {
　要旨 {
　　1. 由主意說的立腳地而反對赫格爾論理的唯心論。
　　2. 固執物自身和現象的區別，而以康德的繼承者自任。
　}
　哲學說 {
　　1. 認識是感覺由知力範疇而被排列時而生，範疇只限於因果。
　　2. 認識的對象只限於現象界然而世界是有由知力而獨立的物自身的領域。
　　3. 物自身是非理性的，無意識的盲目的意志。
　　4. 生活意志之作成段階而表現的定相叫做伊代，高等的伊代是伴著知力的。
　}
　倫理學說 {
　　1. 以主意說為基礎而倡厭世觀論解脫的方法。
　　2. 意志是盲目的努力（欲求）努力是由缺乏而生的，缺之就是痛苦所以世界是無限的苦痛……厭世觀。
　　3. 解脫苦痛而入於幸福的事是人類所渴望的。
　　4. 解脫方法 {
　　　一時的解脫法 {
　　　　1. 去個性沒入於伊代的觀念。
　　　　2. 在常人是困難的只是有藝術的，哲學的天才者才能夠爲此。
　　　}
　　　永久的解脫法 {
　　　　1. 完全否定生活意志。
　　　　2. 同情…個性的一時忘卻。
　　　　3. 修行…生活意志否定法。
　　　}
　　}
　}
}

一、實在論派

學派：福勞薩斯太阪葪赫脫曼狄遜。瓦格耐爾美倫玳爾尼采。

要旨：

1. 着眼於康德實在論的方面，引出古代元子論和拉比尼都的單子論等的思想而倡多元的實在論。
2. 長於教育學和心理學，就中教育學最負盛名。
3. 以哲學為論理學形而上學美學三部，以倫理學為美學之一科。

哲學說：

1. 萬有的本體是實在，實在是不得認識的認識的對象只限於現象然而實在的存在，是無可疑之餘地的。
2. 實在是無數的實素，依此實在相互的關係而生成萬有。
3. 實在是單純而無分量的，然而這實在現於現象界時便和其本質相矛盾的場合是不少的。海爾巴脫把他依關係法修整之。
4. 實踐哲學是價值判斷之學，價值判斷之學是美學，道德的價值判斷之學的倫理學也是美學之一部。
5. 道德的判斷＝以離卻利害的態度觀察自他行為時所生的滿足不滿足。（善＝滿足，

海爾巴脫 {
　倫理學說 {
　　3. 惡是以意志的形式上之關係為原因的,倫理學是意志如何的關係,可與吾人以滿足的研究。（惡＝不滿足）。
　　4. 意志的形式的關係（基本）＝型念……｛
　　　　內面的自由……社會制度
　　　　完全………………教化制度
　　　　好意………………行政制度 ｝社會的型念。
　　　　正義………………司法制度
　　　　公平………………賞罰制度
　　5. 所謂德,就是五型念一致結合的東西,本務就是在修德時生出來的東西。
　學派 {
　　形而上學的方面……德羅娍休哈爾延信。
　　心理學的方面………拿羅維斯基哈惠都福爾克曼。
　　美學的方面…………智謨墨爾曼。
　　教育學的方面………色爾勒斯託義林迪奈爾。
　}心理學派
}

第十一章 十九世紀的德國哲學和倫理學

第一節 赫格爾學派的分裂

康德的深遠的批判哲學雖引近世德國哲學入於全盛期，而使幾多偉大的學者相繼而起；但其中由十八世紀末葉至十九世紀初頭登動學界耳目的，就是赫格爾的汎理性論和叔本華的汎意志論互相對峙。赫格爾的哲學尤其成為普魯士的官學而其學說的繼承者很多從他一八三一年死後的十年間差不多風靡全歐洲的學界。

富里士 {
1. 反對同一哲學家的思辨的研究法，而試為基於心理學的哲學組織。
2. 認識的先天形式不能依思辨而發見是只依心理的分析而意識的。
3. 理性的觀念的認識也和感性及悟性的自然的認識相同是有客觀的妥當性的。
}

比尼克 {
1. 承富里士的心理學更極端的排斥思辨的認識。
2. 所有認識的根本都是經驗如哲學也不過是經驗學的一種。
3. 以實驗心理學為基礎依內官而認識自我依自己意識的比論而認識外界這是正當的哲學的研究法。
4. 道德律是依經驗發展而來的東西（雖却康德之說）。
5. 學說繼承者……攸伯爾維弗爾脫拉格
}

然而和他死後同時在其學徒間，早就伏下分裂之兆開他的分裂之端的，就是斯士勞（David Friedrich Strauss, 1808—1874）的基督傳（Leben Jesu）。

赫格爾嘗述宗教和哲學的關係以爲兩者是同其內容而只異其形式的東西就是說哲學的形式是概念，宗教的形式是表象又以宗教爲哲學的『舉揚的要素』（Aufgehobenes Moment）舉揚的要素是與其發展的劣等思想作爲優等思想的階梯他主張舉揚有保存向上，破壞三義赫格爾學徒的分裂就是由此用語的解釋而生的。有進步傾向的學徒，就說着哲學和宗教的不可調和以爲哲學就是破壞宗教上的信條而生的，所以在學問之中，是不包着信條的；有保守傾向的學徒雖把哲學當作在宗教以上的東西但因哲學而宗教也並非無用，在哲學中還可保有信條在進步派和保守派之間又生出中間派而赫格爾學派因此分而爲三斯士勞比照德國國會的席次而呼進步派爲左黨呼保守派爲右黨。

左黨的主要學者從斯士勞始而有斐爾巴（Ludwig Feuerbach, 1804—1872），波愛爾（Bruno Bauer, 1809—1882），盧格（Arnold Ruge, 1802—1880），斯提爾耐（Max Stirner, 1806—1856）等斯提爾耐就是約翰·迦斯帕爾·休米德（Johann Kasper Schmidt）的假名右黨的代表者有該懶爾（Gäschel, 1781—1861）迦普勒爾（Cabler, 1786—1853）恒里須（Hinrichs, 1794—1861）夏拉（Schaller, 1810—1868）愛爾德曼（Erdmann, 1805—1892）等又中間黨有羅孫克郞（Karl Rosenkranz, 1805—1879）米克來脫（Michelet, 1801—1893），馬爾赫奈開（Mgrheineke, 1780—1846）及伐托凱（Vatke, 1806—1882）等茲把左黨代表者

之所見述於左。

斯土勞 斯土勞著基督傳，而討論福音書中的歷史究為事實與否。福音書的紀事從來就有兩樣解釋。第一，是認他為正確的事實的正統派的解釋。第二是以為這是耶穌的弟子故意做出來的無根事實的非正統派的解釋。斯土勞排斥是等的解釋而作一新解釋以為福音書所記也非事實也非虛構，而是信仰所生的詩歌。就是信徒熱心宗教的想像於無意識中歌出的寓言所以福音書上的耶穌，並不是歷史上的耶穌是信仰上的基督。知識和信仰是不可調和的欲為哲學家就不能不完全離卻宗教的立腳地他反對正統派的教義遂傾向於唯物論。

斐爾巴 斐爾巴在他所著『基督教的本質』(Das wesen des Christentum, 1841) 上說宗教是人的想像的所產所謂神，不外是把吾人的理想吾人的要求化為人格者罷了謂神為全能，為愛是想像全能的東西和愛的東西，而附以神之名神是人類依想像而造出的，所以是不存在於人類之外的然則宗教的中心就不是神而是人類了。他說神學就是人類學，而在人類學之外是沒有所謂哲學的。他以為人是被支配於自然的影響者他的名言是：『食物變成血液血液變成心臟和腦髓思想和精神物質食物是人文和思想的基礎人是從其所食的』他的學說是最鮮明的表現出來唯物論的傾向。

右黨和中間黨所說無可紀載茲從略。

其他赫格爾學派 在屬於赫格爾哲學系統的其他學者，以美學家著名的，有維爾戴爾 (Karl Werder, 1806—1893)，維霞 (F. Th. Vischer, 1807—1887) 蘇信古 (Zweising, 1810—1876) 出名的史學家有休維格

勒爾(Schwegler, 1819—1857)徐來爾(Zeller, 1814—)，飛霞(Kuno Fischer, 1824—1907)等由斐爾巴的自然論出發提倡社會主義的拉薩爾(Lassalle, 1825—1854)馬克斯(Karl Marx, 1818—1883)，恩格爾斯(Engels, 1820—1895)等也不能不數在赫格爾學派之中。

馬克斯生於托里爾他的父親是猶太人學於奔和柏林大學當時他是熱心赫格爾和德國亡命者黑奈並恩格爾斯等相交接一八四七年在倫敦社會黨大會就和恩格爾斯一齊作成了共產黨宣言。其後會一度歸德國但晚年卻住在倫敦而注力於其主義的宣傳和完成其著述他是科學的社會主義的開創者，在近世思想史上為重要之人他的唯物史觀是由唯物論的見地而批判人類歷史的但本書在此沒有餘裕來詳述他。

其他還有在英國和法國等出來很多受了赫格爾影響的學者但對於這個俟後再述。

半赫格爾學派 在以上所舉者以外還有調和那把神看作內在的赫格爾思想和把神看作超越的基督教的思想從經驗的立腳地企圖有神論(包含汎神論在內)的建設的一派學者這一派受了赫格爾哲學的影響但不完全受他的束縛一方面又大反對他的思想所以稱作半赫格爾學派維塞(Christian Hermann Weisse, 1801—1866)，非希泰(Immanuel Hermann Fichte, 1796—1885)菲夏爾(Karl Philipp Fischer, 1807—1885)，烏里契(Hermann Ulrici, 1806—1884)等都是他的代表者這裏所舉的非希泰就是那大哲學家非希的之子，而通常稱為小非希的的。

維塞爾是反對赫格爾的汎神論的唯心論,想把謝林格的神智學和雅哥伯‧波邁的神祕說的意味加入於基督教的教義以立倫理的有神論。小非希的是由其父非希的知識論傾向於赫格爾的思想更把神為人格的解釋途歸到倫理的唯心論烏里契是以確定的事實尤其是自然科學的結果為基礎建設唯心的世界觀並人生觀,而證明神和自然信仰和知識的並非相離他也把神解釋為倫理的而和小非希的相等同歸於有神論。

此外有為休審爾馬赫學徒的布臘尼斯(Julius Braniss, 1792—1873),在謝林格影響之下的桑格勒爾(Jac Sengler, 1799—1878),休美托(Leop Schmid, 1808—1869),胡伯爾(Johanes Huber, +1879)迦里愛爾(Mor Carriere, 1817—1895),史提芬孫(Steffenson, 1816—1888),有如小非希的受了老非希的的影響一樣的卡黎伯斯(Chalybaus, +1862),哈爾孟(Friedrich Harms, +1880)等也可列入此學派之中。

第二節　唯物論的勃興

萌芽於十八世紀之終的自然科學的研究,至十九世紀而為長足的進步,學術上的大發明,大發見就繼續的出現了拉汪介(Lavoisier, 1743—1794)在化學的方面貢獻關於燃燒的新說,拉馬克(Lamarck, 1744—1820)在生物學方面發見生得習慣的遺傳的原則,拉普拉士(Laplas, 1749—1829)在天文學方面倡星雲說來伊兒(Lyell, 1797—1875)在地質學方面應用進化論而說明地質現象,美爾(Robert Mayer, +1878)貢獻勢力保存說,赫爾智(Heinrich Hertz, 1857—1894)又發表關於電氣的學說。在科學上如此成功驚動世人的觀聽,而在自然科學者中就生出把生理的現象用自然科學說明的人於是一時風靡德國學界的唯心論的思辨哲學也

就漸漸地生出衰頹的徵兆了。到了赫格爾學派間生出分裂，由從來極端唯心論的立脚地生出那如斯士勞和斐爾巴的唯物論的先驅，而想把一切現象皆依物質的機械的運動而說明的傾向，就猛然抬頭於德國學界了。一八五四年在哥丁拿開自然科學會對於瓦格耐爾（Rudorf Wagner）所發表的『離物質過程而獨立的靈魂之存在』的論文否格托（Karl Vogt, 1817－1895）就以『盲目的信仰和學問』為題而試為激烈的反駁這就是唯心論對唯物論爭論破裂的嚆矢以否格托之說為機緣而懋來蕭脫（Moleschott, 1822－1893）比酉細耐（Louis Buchner, 1824－1899）珂藻爾伯（Heinrich Czolle, 1819－）赫克爾（Häckel, 1834）等著名的唯物論者，就相繼而起了。

懋來蕭脫　懋來蕭脫在他所著『生命之循環』中以拉伏攸爾之發見為根柢，而說：『生命是物質由無機而有機更由有機移於無機而行的永遠之循環。』當時學者多攻擊那認生命為有機體的體力以外的東西而提倡最明白的唯物論以為沒有物質就沒有力沒有力就沒有物質思惟要不過是腦物質運動的結晶。

比酉細耐　比酉細耐承襲懋來蕭脫之說而加以達爾文（Darwin, 1809－1882）和來伊兒的進化論在後更容納拉馬克的生得習慣的遺傳說，就使唯物論的基礎益加鞏固依他說世界是由物質而成的，世界的秩序是因物質進化而生的；而世界也不是神也不是自由也不是不滅也不是終局的原因。萬物無論是有生命者與否全都是物質所謂生命就是在便宜境遇之下，自發的生出的物質之結合精神活動是由外界刺激而起於腦灰白質的運動和電氣磁氣及其他物質運動並不異其性質他的著述有『力和物質』（Kraft und Stoff, 1855）一

書。

珂藻爾伯　珂藻爾伯雖也如其他唯物論者否定感覺的世界，但卻不像其他唯物論者由自然科學的見地以論感覺的世界，而獨以道德的要求為理由以為事實是看的方任憑怎樣都能說明的所以把一切為自然論的說明，不必是拒絕感覺的世界的存在的理由乃是基於道德的要求。怎麼說呢滿足自然界的，是至高的幸福，承認超感覺的世界的存在是拒絕感覺的世界的因而就是不道德。因為把一切現象為機械的說明乃適合於道德上的要求。

他又以知覺和感情為最簡單的精神的要素，由此說明一切心的作用。知覺和感情，從久遠之時，就潛在於空間，這就是世界精神腦髓作用就是使這世界精神成為現實的。由此現實化的世界精神（即知覺和感情）而生一切精神作用，所以一切精神作用，都是潛在於空間中的世界精神的顯現。而世界精神是在空間有延長的，所以說吾人的精神作用也是有延長的。這是以此心理說為延長說。

彼雖亦依唯物論根本思想的萬有的機械的說明，和精神作用的感覺的解釋，但和其他唯物論者的論據不同，而能思索到唯物論的根柢。他所留下的有『新感覺論』(Neue Darstellung des Sensualismus, 1855)和其他有名的二三種著述。

赫克爾　赫克爾是以由比較解剖學古生物學發生學等的研究而發見的事實為根據，依進化論的原理而說明宇宙發生的。照他說一切萬物都是從那由根本的實體進化的根本元子而發生的。若潮天體的發生和有機

體的發生都歸於此元子例如有機物是單一細胞進化的，而此細胞的原形質，就是由無機物的炭酸鹽而生的。所謂神不外是根本的實體所具備的恆常的勢能感覺和意志是實體的屬性所以在實體進化而來的自然界無論什麼都不能不有感覺和意志即精神的存在因而並不是起原於精神的。卵和精子有細胞精神受胎的卵有胚胎精神植物有纖維精神動物有神經精神人類的精神生於受胎的卵之中由低的動物精神而次第進化。要之，赫克爾之說，就是把實體和物體看作為一，把精神認作物體的普遍的屬性的唯物論的一元論。他有一部名著叫作『宇宙之謎』(Die Welträthsel Gemeinverständliche über monistische philosophie, 1899)。

第三節　新康德學派

及赫格爾哲學風靡德國學界而康德哲學雖一時衰歇；但到了一八六〇年飛霞的『康德』出學界的注意再集中於康德所謂『歸向康德』的聲音隨地而起。其次出於一八六六年蘭格的『唯物論史』對於那在當時思想界中以不可侮的勢力而進行的唯物論下決定的斷案同時又與康德哲學復活以有力的動機這樣一來康德哲學又在思想界上生出極大的勢力而生出許多研究他的學者這等學者總稱為『新康德學派』。在新康德學派中有以祖述康德自任者和試行改正者二種後者特稱為『半康德學派』。在以祖述康德自任者中也生出流於訓詁釋義之末而只事字句穿鑿者或繼承康德哲學一部分者的種種學派。康德哲學又祗在德國在英國法國義大利荷蘭和其他各國也都大有影響。在這幾國中也出了關於新康德學派的許多學者列於北澤定吉氏『哲學大辭書』裏的新康德學派的分類有如左表：

第三篇 近世

```
                    ┌─ 愛爾德曼(Benno Erdmann, 1851—)
                    ├─ 華新格(Hans Vaihinger, 1852—)
                    ├─ 李凱巴(Rud Reicke)
         康德文獻學者 ├─ 克爾巴(Karl Kehrbach)
                    ├─ 安納爾德(E. Arnoldt)
                    ├─ 阿提克(E. Adickes)
                    ├─ 克勞茲(All. Krause)
                    └─ 哈因在(Max Heinze)

                    ┌─ 蘭格(F. All. Lange, 1822—1875)
                    ├─ 寇的·Hermann Cohen, 1842—)
                    ├─ 納陶爾浦(Paul Natorp, 1854)
         康德哲學者   ├─ 斯坦姆來爾(Stammler, 1856)
                    ├─ 烏爾倫德(Vorländer, 1860)
                    ├─ 斯陶丁格爾(Franz Standinger)
                    └─ 伯靈斯坦(Eduard Bernstein)
```

德國新康德學派 {
- 瓦爾闥曼 (Ludwig Waltmann)
- 黎布滿 (Otto Liebmann, 1840—)
- 富爾開托 (Johannes Volkelt, 1848—)
- 文덴爾邦 (Winderband, 1848—1916)
- 休爾在 (Fritz Schultze, 1846—)
- 愛爾哈德 (Franz Frhardt, 1864—)
- 實踐哲學者 {
  - 蘭笛斯曼 (Landesmann, 1821)
  - 高爾獨秀米 (Goldschmidt, 1853)
  - 朴爾孫 (Frdr. Paulsen, 1846—1900)
  - 羅門德 (Hur. Romundt, 1845—)
- 康德神學者 {
  - 李秀爾 (A. Ritschl)
  - 赫爾曼 (W. Herrmann)
  - 利普修斯 (Rich Adebert Lipsius)
  - 海侖霍爾 (Helmholtz, 1821—1894)
  - 羅克坦斯基 (C. Rokitanski)

第三篇 近世

```
┌ 附受康德影  ─┬─ 藻爾耐 (C. F. Zöllner, 1834—1882)
│  響的哲學者  ├─ 抹克 (Ernst Mach, 1838—　)
│              └─ 赫爾智 (Heinr. Hertz, 1857—1894)
│
├ 附近於康德  ┬─ 雷因霍爾德 (Ernst Reinhold, 1793—1855)
│  學派的學者 ├─ 美爾笛格 (Reichlin. Meldegg, 1801—1877)
│              └─ 美爾 (Bona. Meyer, 1829—1897)
│
└ 英國新康德學派 ┬─ 古林 (Thomas Hill Green, 1836—1882)
                 ├─ 凱爾德 (Edward Caird, 1908—　)
                 ├─ 開特 (John Caird, 1802—1898)
                 ├─ 保拉多爾 (Bradley)
                 ├─ 鮑桑球 (Bernard Bosanquet)
                 ├─ 烏爾士 (William Wallace, 1843—1897)
                 ├─ 亞達謨遜 (Robert Adamson, 1852—1902)
                 ├─ 郝第遜 (Shadwarth, H. Hodgson)
                 └─ 瓦特 (James Ward)
```

德國以外的新康德學派 ┌ 法國新康德學派 ┌ 黎納溫（Charles Renouvier, 1818—1903）
│ │ 拉西列（Jules Lachelier, 1832—）
│ └ 鮑突爾（Emile Boutreux, 1845—）
│ 義大利新康德學派 ┌ 泰斯塔（Alfonse Testa, 1784—1860）
│ │ 康托尼（Carlo Cantni, 1840—）
│ └ 陶科（Felice Tocco, 1845—）
│ 荷蘭新康德學派 ┌ 亨邁爾（Paul van Hemert）
│ │ 秦開爾（J. Kinker, 1764—1845）
│ │ 盧易（Le Roy）
│ │ 巴凱爾（J. A. Bakker）
└ 修雷德（Joh. Frd. Ludw. Schröder, 1779—1845）

蘭格　蘭格生於早牀根，是做過馬魯布爾西大學教授的人他的名著『唯物論史』（Geschichte des Materialismus, 1866），是把唯物論的價值爲正當的批判，一面承認唯物論的價值一面又把唯物論的萬能說推翻了，他說唯物論是排斥目的觀而要把世界爲機械的說明的因而也把精神現象看得和自然現象相同認爲是受必然的法則支配的。最好是把腦和神經的官能由於必然的法則說明之然而像那把神經系統的物質的進行置

於精神的進行，和因果的關係上的那樣事，就很是謬見意識並不是有機的進行之一節，乃是由他方面觀察那進行。意識的進行雖也是主觀的狀態有機的（物質的）進行是客觀的狀態自然科學者只注目於客觀的有機的進行把意識的進行雖然也可以說他不過是有機的進行，但於兩者之間，認有因果的關係是不當的唯物論者在為學問的研究法上雖然有價值但把他看作世界觀和哲學體系，就不得不陷於自相矛盾之域了運動和意識是同一物的兩方面。我等表象的現實界不過都是我等體制（Organization）之所能了。不單是外界就是吾等的感覺官，神經系和腦髓都祇是對於意識而存在的。自然科學者雖把一切看作物質的進行，然物質的進行也是我等體制之所產我等只能認識此現實界由機械的法則而說明之我等不得不認識那絕對的實在不禁要在現實世界之上建設價值和理想的世界這就是美術宗教哲學發生的原因理想的世界並不是科學的真理的世界不是道德的價值的世界認識和理想是異其根柢的，科學和哲學是不可混同的。關絡學說承認唯物論的價值可作爲科學研究的方法同時在世界唯物論的解決上加以堅銳的駁擊。

新康德學派的特色承認康德的認識論，把認識的範圍限定於經驗世界；說超越現象的實在之認識為不可能並拒絕形而上學的可能了他和唯物論者在想把世界一切為機械的說明的一點上雖異其旨趣但在汲取自然科學精神之點不能說其間沒有相似的。

第四節　實證論和意識一元論

實證論　略和新康德學派起於同時代，也如新康德學派重經驗而排斥形而上學的，就是實證論者（Posi-

實證論或稱作積極論，是對於看具體的實驗觀察較抽象的思辨為重者的命名，但其意味也未必用於一樣。柯謨托的實證論，米爾和斯賓塞的實證論各有各的意味，有如謝林格和巴德爾之說也被呼為超自然的實證論。在此所述的德國實證論是依臘斯（Ernst Laas, 1837－1885）黎耳（Alois Reihl, 1844）抹克（Ernst Mach, 1838－）愛維拿柳（Richard Avanarius, 1843－1896）等所倡的感覺的認識論。

臘斯稱根據知覺的哲學為實證論，而斷言在實證論以外沒有哲學。依他說，知覺是意識的根柢。因為一切精神作用都是知覺的變形，所以若除外知覺那就也無主觀，也無客觀，也無精神，也無物體。如不基於知覺的形而上學竟不過是一種迷信沒有什麼科學的基礎。道德也似科學是應當在感覺界中研究的，善之價值是不當求於超感覺界的。

黎耳也和臘斯相同，只承認那以感覺的事實為基礎而出發的認識論有科學的性質，而斥形而上學為非科學的哲學。

愛維拿柳以純粹經驗為認識的對象。所謂純粹經驗，就是直接得來的經驗，旣不生主觀客觀之別，也不生所謂意識或表象的名稱認識是周圍事物動於我的神經中樞，而是神經中樞把他發表的活動若究其周圍之事物和神經中樞（我）及神經中樞的發表（經驗）的關係他的性質就自然明白了。

意識一元論　由新康德學派出發而加上實證論者的意味以直接經驗為實在，而以之為認識的對象者，就稱作『意識一元論』（Bewusstseinsmonismus）或『內在哲學』（Immanente Philosophie）。他的代表者有

秀普(Schuppe, 1836—)，雷謨開(Rehmke, 1848—)，梭爾代倫(Schubert Soldern, 1852—)，考富滿(Max Kauffmann, †1896)等。

秀普說實在即為意識的內容，像那不能成為意識內容的實在，是豫想既已意識的自我從此個體意識更引出一般意識他說：一般意識就是抽象的自我，並不是脫離個體意識而具體的存在的。乃是遍滿於個體我的個人意識的本質個人意識是此一般意識的異時異地而表現的。對於一般意識的實在，就是脫離個人意識而獨立的客觀世界在**此世界上的制約結合於吾人的意識而認識對象**故秀普由唯我論出發遂至認客觀世界的實在。

雷謨開說精神和物質並不是對立的兩個實在外界和內界相同，也是精神之所產精神不存在時物質也就不可思議了若精神的存在確實那麼外界的事物也和內界的表象感情努力一樣也是確實存在的。

梭爾代倫和秀普之說，是從不同的見地而倡唯我論的以為吾人要知意識以外的任何事物都是不可能的。但既已知的東西便獨立於個人我之外而存在認識論的範圍內唯我論是難避的。然而若從形而上學和實踐的立場去考察那便唯我論就不能成立了。所謂形而上學的唯我論，就是把我的腦我的心元子在過境的事物之中而認世界的存在為現象；所謂實踐的唯我論，就是個人我**支配世界的萬物**而得自由改造他這類的唯我論到底不能成立只在認識範圍以內可以抱着這種唯我論。

意識一元論把實在和意識看作同一的，所以一個個都陷入唯我論，不得出自我範圍的一步，而生出如非希

的以自我代絕對我的結果然而在他想拿意識為基礎而說明一切之點，和蘇格蘭的哲學者和人格的唯心論者的主張頗有相契合之點。

第五節　新哲學的組織

在康德以後有壟斷德國思想界的兩個潮流：一是非希的、謝林格、赫格爾等思辨哲學者所倡的唯心論；一是以自然科學者為中心而起的唯物論。受自然科學的精神的影響而起的新康德學派實證論，內在哲學等其立論的根柢雖多少有點不同但在排斥超越現象界的實在界的認識，拒絕形而上學之可能，以哲學為只限於認識論的一點，不得不認其有點共通思想潮流。因為這種新哲學發生赫格爾派的思辨哲學雖然失墜其勢力，但在一方面又有提倡調和自然科學者的機械觀和思辨哲學者的目的觀的唯心論而認識論並行而試為形而上學的建設的新哲學體系表現出來了。屬於這系統的學者，有多蘭地侖保 (Trendelenburg, 1802–1872) 費西耐 (Fechner, 1801–1887) 羅齋 (Lotze, 1817–1881) 赫脫曼 (Hartmann, 1842–1906) 文德 (Wundt, 1832–1919) 伯爾格曼 (J. Bergmann, 1840–) 倭鏗 (Rudolf Eucken, 1846–) 黎布曼 (Liebmann, 1840–) 富爾開托 (Johannes Volkelt, 1848–) 愛爾哈德 (Fr. Erhardt, 1864–) 卜塞 (L. Busse, 1862–) 斯皮克爾 (Spicker, 1840–) 等人。

一　多蘭地侖保

多蘭地侖保生於維登，修哲學和文獻學於基爾，來比錫，柏林諸大學，其後為柏林大學的教授。他是從古典研

究入哲學，而對於赫格爾和海爾巴脫加銳利的批評。在他的學說中特可注目的，就是論理學和倫理學。

他定論理學的目的說：「論理學就是以論認識和由一切之學而立的必然爲目的的。」他排斥離內容而祇論思惟形式的形式論理學和離開知覺而論純粹思惟的赫格爾的辯證法，以爲眞論理學是在認識成立上承認有必要的實在和思惟的對立而研究這兩者是如何而結合的。然則結合實在和思惟的是什麼呢？他以運動爲其結合的原理，實在和思惟之現於外界的是實在，現於內界的是思惟，所以說實在和思惟卽認識的主體和客體是共通的。因想試行形式論理學和形而上學的論理學的調和，而由運動的概念演繹出（一）數學的範疇，（二）實在的物理的範疇，（三）有機的範疇，（四）倫理的範疇，（五）樣式的範疇的五個範疇。

他的倫理說是基於有機的世界觀的完成說，他把世界當作目的論的觀察以爲至高的目的觀念爲倫理化，就可得神的概念，依他說所謂道德的本務，就是目的的實現，換句話說就是完成人的本務，以實現眞善美爲達此本務個人就有集而組織國家的必要，國家就是倫理的有機體國家的基礎就是權力以此權力爲中心而期感情和知力鞏固的統一，就是國家的目的，他的國家雖是如柏拉圖所說，是理想的普遍的人生，不像古代國家觀念完全不認個人的價值個人權利也是不能不尊重的。國家（卽倫理的有機體）爲他其運轉和個人保存向上而設的規定，就是所謂道德律和法律合法和道德，不像康德說是可區別的，亦不像赫格爾說是可依人倫而調和的；他乃採取亞里士多德和柏拉圖的見解想依法律關係以見道德的要素，雖然人不單是政治的動物並是歷史的動物，倫理範圍只限於國家和公民，那是很狹隘的。

他的論理學和倫理學得之於亞里士多德的地方是很多的，所以被稱為十九世紀亞里士多德的復興者。

二 費西耐

費西耐生於麥斯科，修醫學於來比錫大學，後在同校教授物理學，晚年卻專從事於著述，他是物理學者，但哲學心理學等的造詣也很深，尤其在心理學上他是有名的精神物理學的主倡者，關於哲學和倫理學的著述有『Zendavesta, 1851』『精神物理學原理』（Elemente der Psychophysik, 1860）『至高善論』（Über das höchste Gut. 1848）『黑暗觀對光明觀』（Die Tagesansicht gegenüber der Nachtansicht, 1879）等書。

哲學說 費西耐的哲學就是說『神是在一切之中的（汎神論），一切都是有段階的排列的活物，而精神和物質就是同一的進行』。精神和物質是同一的進行，恰如圓由外觀之就是凸，由內觀之就是凹同一的進行，在其自身現為精神對外就現為物質。所以在物質的進行所存的地方，必伴着精神的進行，而在世界中沒有一個是無生無心的東西，任如何下等動物植物及地球天體都完全有這精神的活動。不過意識的程度相異罷了。不像物理學者和唯物學者的所想說世界是無色無音而黑暗靜寂之境，乃是由最小至最大為段階的排列的光明世界。他把前述的物理學者和唯物論者的世界觀稱為黑暗觀；把自己的立腳地稱為光明觀。他把物質和精神看作同一物的兩面，然而他是否定在其間的因果關係的。在精神的進行和物理的進行之間求函數關係是有名的精神物理學。他的汎心論的並行說不用說是得自斯賓挪莎的地方很多了。

倫理說 費西耐倡樂天的人生觀，這是由他的光明觀生出來的必然的歸結，一切都是由同本質而成的，所

以是受同法則的支配一切的物質的原理，就是安定的追求對於此的精神的原理，就是調和的追求那麼存在於宇宙的萬物雖必要具備着固有的安定和調和可是在最下等的物體，也有不意識其原理的發展的段階，愈望上升則愈明顯至神卽充分被實現在此原理十分實現的地方，就有絕對的快樂（善）存於神以下的不善在神不過是實現絕對善的手段能了所以存於現實界的不善只不過是消極的性質。

他由樂天觀進而倡着幸福說以爲世界是絕對的快樂實現的過程助成此過程所以道德律可以拿所謂幸福增進的話表現出來。所稱幸福並不是個人的幸福而是全世界的幸福是從神的意志而實現世界的目的因爲這種道德律是一致於理性法則的所以從理性而活動，卽是道德的行爲。

世界的發展有一定的理法萬物是必然的被支配於此理法的所以吾人的意志也沒有絕對的自由所以道德律是依内部的必然的關係而決定的，由外部來左右他的自由是不能夠的然而決定這個的就是自己的人格在由自己的人格決定意志而服從的地方有道德律的根據而道德的責任就由此發生。

三　羅齋

使拉比尼都海爾巴脫及物理學者的實在論，和赫格爾菲希的及謝林格等的唯心論相調和而倡目的論的唯心論的偉大哲學家，就是羅齋他在來比錫大學修醫學和哲學爲同大學的教授，更轉於哥丁弁大學和柏林大學後歿於柏林在哲學上的著述有：『哲學體系』(System der philosophie, 1874)『小宇宙』(Mikrokosmos, 1856)；倫理學上的著述有『實踐哲學講義』(Vorlesungen über die Grundzüge der praktischen Philoso phie)。他是在生理的心理學上有了不少功績的人，也有心理學上的著書。

哲學說 羅齋的形而上學說，『萬物都是有心的』（汎心論），『萬物都是關係的存在』這是他的根本思想。所謂『有』物，不單是被知覺之謂，而是有相互關係之謂所以當我不意識之時他人意識之當一切都不意識時，物自身的相互關係依然存在離卻關係的純粹的『有』是抽象的產物，就是赫格爾的所謂『非有』所謂物是什麼？就是變化狀態的支持者變化的狀態雖得知覺但為其支持者的東西是不易知覺的感到在變化狀態底下，有恒常的支持者的，只有吾人的意識所以物若是真正實在那就可以由比論而把他看作精神了在本質上雖是有無數段階但存在的東西總都是有心的關係然則物如何而得相互作用呢？物若是完全獨立的實在那相互作用就不能不終於不可能了。若相互作用行那麼物就不是獨立的實在，乃是唯一實在的狀態或部分。唯一實在的部分若是相互作用那麼他的絕對者就作用於自己之上了。這樣無限的無制約的實在的，就是宗教上之所謂神神是最高絕對的人格世界並不是神的本性的必然的開展而是依屬於神的意志的東西

羅齋於認識論上討論空間和範疇的主觀的事情依他說表象並非外界刺激的模寫而是其結果認識也是一種相互作用，和一切事物相互關係一樣，都是依吾人的精神和外界的相互關係而生的所以這兩者特殊依屬於精神的地方是很多的因而表象並不是忠實地把客觀界寫出的然而實在界雖不原樣表現但表象自身卻有價值若依外界的刺激而在精神中不生出表象的世界那麼，世界實是寂寞無意味的東西了。

倫理學說 羅齋以至高善的觀念為世界的目的和根柢。然而由此至高善如何而成立世界，到底不是吾人

的知識所容易說明的所謂至高善是什麼？就是福祉。他以為福祉不以行為為限，並把無關心的狀態也包含於其中。在以善為世界的根柢和以倫理學為形而上學出發點之處使人想起非希的思想但他不像非希的以活動自身為目的，並以他為理想實現的手段乃在至善的觀念上加上美的要素的意味，把世界解為倫理的美的。

他以善的研究為倫理學的目的，善（即福祉）若是具體的說來，就是於外得幸福於內得心的平和。使善實現的方法就是努力於世界終局目的的達成。欲達世界終局目的的，就須服從良心之所命良心命我等為何呢？幸福論者以最大的幸福答之克己論者以欲望之否定答之因為無快不快的感情，而讚賞善而非難惡的事，是不可能的，所以道德律含着幸福是顯明的事善和幸福無關係的行為是沒有道德的價值的。

行為和動作相異是發於自由意志，而有一定目的。凡附與行為以道德的評價，乃是以意志的自由為前提的。雖也有人倡道吾人意志是從精神組織而來的因果法則而必然的決定的但自由是以必然為豫想的因豫知甲的結果為乙所以為得乙的結果，而就意志甲自由和必然並不是二元的對立。

我等良心所最賞讚的行為，就是博愛所以博愛人而增進其幸福並圖社會的福祉卽是倫理的大本。

四　赫脫曼

調和权本華的汎意志說和赫格爾的汎理性說，而組織新同一哲學的，就是赫脫曼（Eduard von Hartmann, 1842—1906）。他是柏林人十七歲時入近衞騎兵隊而升進士官但五年之後因病出隊就專從事於哲學

的研究而受學位德國歷代哲學者，差不多都是大學的教授，而他卻是為民間的一私人而發表研究的。在十九世紀後期，他和文德並稱為大哲學者。在許多著述中以『無意識哲學』（Philosophie des Unbewussten, 1896）為最有名。

赫脫曼與文德相比較雖是比較的形而上學的色彩濃厚的哲學家；但還顯然受了時代思潮的影響，如之一，就是存於這一點上。

『無意識哲學』就是力圖由自然科學所得的材料以正確其立論的根據。這書從社會上博得多大賞讚的理由

哲學說 赫脫曼以宇宙的本體為無意識者（das Unbewusste），而以意志和理性為其屬性。他先述宇宙中本體的存在是以為吾人若不依表象雖不能認識外界的起原為只在於吾人的心中這是謬誤的吾人依五官而得感覺之際必感着某程度的抵抗和壓迫外界者無何等的實在，就不能說明為何生出抵抗和壓迫如斯的事實而推論萬有本體的實在，就明瞭了。認識是依外界的刺激和應於此的內容作用而成的；所以時間空間範疇是不可單看作內界形式的。內界的活動和外界的活動是有關係的。換句話說直觀形式及範疇的存在不以現象為限客觀界也是有實在的。他的認識論的立腳地是把外界事物當作毫無疑義的實在之素樸的實在論和那說外界是依吾人精神上所具的形式而組織的新康德學派的絕對的唯心論綜合起來的，這是最顯明無疑的。

宇宙的本體若為實在，那麼這本體是什麼呢？就是相連而來的問題。叔本華以宇宙本質看作盲目的意志，但

由盲目的意志，如何生出反對的辨別的表象的？這是不易說明的。赫脫曼於茲以為：『意志和理性是相對的原理，而不是根本的原理宇宙的本體也不是意志也不是理性而是以意志和理性結合為內容的具體的一元之絕對』他就名其絕對為無意識宇宙的本體是無意識的意志和理性任何也不過是其屬性罷了實體的本質為現象而顯現就是盲目的意志壓倒理性的結果然而意志是不得絕對的支配理性的須臾理性就克服意志再復於無意識的舊態。由無意識出發而歸於無意識，就是世界發展的過程。

倫理說 依赫脫曼說所謂道德的本務，不外是助成世界發展的過程。一切現象，都是意志壓倒理性的結果，而由無意識生出來理性克服意志，而復歸於無意識這就是世界發展的過程所以助成此過程即以無意識的目的為自我的目的，耐着現在的苦痛煩悶，而達於普遍的解脫，就是道德的本務現在的世界是盲目的意志壓倒理性的結果所顯現的所以並非是善美的世界寧為苦痛和充滿不幸的最惡世界然而須臾理性就離卻意志的制御而歸於無意識的舊態了即自然是向於終局的目的，而着着進行的。如個人在現世所受的苦痛，不過是世界救濟的手段現在的吾人雖不能說是幸福但在未來所可達的狀態必是幸福無疑的。

總起來說，赫脫曼的世界觀對於個人是厭世觀對於宇宙全體是樂天觀對於現在的狀態倡厭世觀，對於未來的狀態倡樂天觀他就把這立腳地稱為進化的樂天觀。

五　文德

以自然科學和實驗心理學的結果為基礎，探取許多思辨哲學者的思想想把十九世紀的知識組織在一大

體系之下的就是文德。他生於巴頓州的尼開魯學於邱萍根哈德堡和柏林諸大學，由哈德堡大學的額外教授經瑞士球黎西大學教授更轉來比錫大學教授而於一九二〇歿於其地。他是十九世紀哲學之代表者。他的學問賅博而深遠忠於經驗的事實而長於思索彷彿如古代亞里士多德和近世拉比尼都。他在學界的功績是統合自然科學和精神科學的成果作那滿足他所謂悟性和情意的要求的世界觀和人生觀，除把那依羅齋費西耐而開拓的十九世紀的理想哲學放在更加一層鞏固的地盤之上外又建設科學的心理學實驗室的嚆矢。他的著述從『哲學體系』(System der Philosophie, 1889)『心理學概論』(Einleitung in der Psychologie, 1896) 等始，是很浩瀚的。尤其他晚年著作的『民族心理學』是亙於言語藝術神話和宗教法律文化並歷史等的廣汎範圍，而以民族精神的所產爲心理學的研究的凡十一卷八千頁七十七歲時公刊第一卷直到八十八歲共費了十年間的勞作。他到老年而能完成此大事業是很值得驚歎的。敍述文德學說的全部不是一小册本書所能的。所以只把他的根本思想和倫理學說述如左。

哲學說 文德以綜合各個科學的知識而組織無矛盾的體系之學爲哲學，把哲學分爲『知學』(Erkenntnislehre) 和『原理學』(Principienlehre) 二科；更把原理學分爲『自然哲學』『精神哲學』和『本體論』三部，知學即是認識論。

認識論 文德以直接經驗(Unmittelbare Erfahrung)為認識論的出發點所謂直接經驗,是主觀和客觀即表象和對象不相對立的意識的根本的事實認識是依外界的刺激和吾人的思惟作用的協力而生的,其中任何東西都不能單獨存在或活動的所以從思想上雖得分形式和內容;但形式和內容並不能相離而存在的內容和形式所具的活動(即直接經驗)是為一切複雜的知識之源的意識的根本的事實在此直接經驗中依受着意志感情的支配與否,而分為主觀和客觀的對立的認識的必然的,普遍的要素的發展出來的概念雖不如康德所謂的了他從直接經驗出發而述直觀形式和範疇的由來而使休謨所嘗試的範疇起原的問題復活於認識論上。

形而上學 文德也如康德,把悟性和理性區別,但非如康德在兩者之間附着本質上的差別,只不過認其程度上的差別罷了。依文德說理性的對象也和悟性相同是現實界而不是超感覺界的物自身因而形而上學和科學並不是絕對的異其性質的不過科學是以現實界為部分的研究,而形而上學是綜合的考察全體的罷了。他把形而上學的考察的結果所生的觀念分為三種第一是關於時間空間物質因果的宇宙的觀念;第二是關於個體精神和團體精神的心理的觀念第三是統一宇宙的觀念和心理的觀念的本體的觀念。

文德就依本體的觀念而試為內的經驗(即精神界)和外的經驗(即物質界)的統一的說明,以內容形式所

具的活動（即直接經驗）爲認識的根本的事實的文德，更推此活動的原理爲宇宙的本體試爲萬有的解釋。宇宙的本體是包含精神上和物質上的作用的一大活動。在活動以外而認實體或本質乃是謬論宇宙的本體是活動，所以物質和精神都不是異其本質的東西。在活動以外而吾人內的本質吾人的精神作用，在爲全體而有統一的以外各要素間也是各各都有統一的。統一有疏密之差由疏的狀態移於密的狀態就是進化發展他在以活動爲根本原理的立脚地上雖屬於主意說但他的主意說，認統一原理的段階是和叔本華不同的又他的發展說和斯賓塞的機械的自然的進化說也大不相同。

文德又以神的存在難證明，說天啓之不足信以爲若神而有可信的價値也只有倫理的道德的根據。

倫理學說　文德的倫理學說，是基於他的發展說的發展說乃是他形而上學的中心思想他討論道德的起源，以爲道德的觀念並不是人類先天本有的，也不是由文明突然現出的；乃是生得的萌芽依社會的生活而發展的。他是以民族的心理學爲倫理學研究的出發點的。他的研究法是倂用經驗和思辨的兩法發見道德原理用經驗的方法說明倫理現象用思辨的方法。

關於道德的目的，是批判從來諸說而採進化的倫理說的。依文德說，關於道德的目的的從來立脚地，有權力說和目的說。在權力說之中有把道德律的由來歸於神的外的權力說和歸於實踐理性的內的權力說；但權力說是可看作目的說的變形的所以道德的目的，畢竟是歸於目的說的：在目的說中有幸福說和發展說而各各分爲個人的，普汎的二種。文德把從來諸說爲如上的分類，而先吟味幸福說：以爲普汎的幸福說（即功利說）總可還原

於個人的幸福說，個人的幸福說就是基於所謂『人是好快樂的』心理的事實，而以個人的幸福為目的，拒絕在行為上有道德的規範的。更吟味發展說以為個人的發展，若不預想其他何等原理那就成為沒有內容的純形式的概念。這都是他所排斥的，而歸到普汎的發展為吾人所當追求的道德的目的之結論，普汎的發展只是在團體的精神生活上纔能求得的外乎普遍的客觀的精神生活，那就沒有價值發展，個人也有價值發展是無限的。精神生活始得到真的幸福若求個人的主觀的精神生活，結局吾人也不得不陷於悲觀了。故個人依個人的努力使道德的理想完全實現是不可能的。向理想而進行的不斷的努力，即是道德的本質。精神生活的發展的趨向理想的努力是以感情為根源的，感情有利己的感情和同情的感情於此感情上結合知的要素，即感覺及觀念，而成為道德的動機因結合於感情的知的要素的種類而生出（一）感性的動機（二）悟性的動機（三）理性的動機的種別。

近世心理學派　如文德以心理學為根據而說認識論論理學或形而上學的近世哲學者，對於非里斯和比尼克的心理學派總稱為『近世心理學派』屬於這學派最著名的學者除文德以外不能不舉伯倫東（Franz Brentano, 1838—）李普士（Theod Lipps, 1851）霍魯茲（Ad. Horwitz）澤亨（Th. Ziehen）秋爾佩（Oswald Külpe, 1862—）敏斯撻伯爾1853—），伯倫東的弟子有斯同普（Carl Stumpf, 1848—），美農格（Alexius Meinong'（Hugo Münsterberg, 1863—）愛賓哥侯斯（Herm Ebbinghaus, 1850—1905）笛爾太（Wilhelm Dilthey, 1833—）等諸人也可列入其中。

鼐曼（Ernst Neumann, 1798—1895）

第六節 新羅曼提克派

在十九世紀的普遍主知主義實證主義之旁,不斷的流着一個反動的思潮。這反動的思潮就是依文學家,藝術家思想家等種種人們而倡出的。他的主張是極雜多的,但在標榜着個人主義主觀主義尊重天才而反抗時勢之點差不多是一致的。代表這種傾向者總稱為新羅曼提克派。新羅曼主義的主觀論個人主義的傾向,在赫格爾學派的裴爾巴和波愛爾雖已表現了;但到以斯提爾耐 (Max Stirner) 的假名而出名的迦斯帕爾·休米德 (Kasspar Schmidt, 1806—1856) 唯物論的利己主義的色彩就更加一層鮮明了。他說吾人所有的東西一總都是吾人的財產吾人之力,就是吾人的權利;如所謂道德是愚人之所為正義是幽靈的觀念,都是極端的話受新羅曼提克派的影響而起的最偉大者,就是尼采 (Friedrich Wilhelm Nietzsche, 1844—1900)。

尼采 尼采最初志在做僧侶入奔大學和來比錫大學修神學卒業後暫就僧侶職但無何去職後往瑞士巴塞爾大學中講文獻學因萌精神病的徵兆專力靜養無效遂蒙不救的精神錯亂而死於悲慘之境。他詞藻豐行文縱橫遺下很多著述其中『悲劇的由來』(Die Geburt der Tragödie, 1872)『善惡的彼岸』(Jenseits von Gut und Böse, 1886)『查爾圖斯托臟如是觀』(Alsosprach Zarathustra, 1883) 等書是最有名的。

尼采的思想是以叔本華的主意說為根柢採取柯謨托的實證論達爾文的自然淘汰論馬爾克斯的唯物史觀休米德的極端的個人主義,而以權力意志為最高至上的原則的強者本位主義他不把其學說為組織的敍述,乃以寸鐵殺人的警句,縱橫無盡熱嘲痛罵他的筆鋒嘗能刺到讀者的肺腑。

尼采根本思想的權力意志的觀念,是把叔本華的生活意志說為積極的改造的。叔本華是以世界的本體,為盲目的生活意志而說否定此意志的解脫方法的。然而尼采卻排斥叔本華的消極的解脫觀而以生活本能的滿足為人生的目的。所有生物都有生存的欲望想發揮自己的能力道德畢竟不外是以此生活本能為根源而發生的人生的目的在擴張自己的權力滿足生活的本能。如人是從猿進化而來的一樣將來就不得不超人這就是有名的尼采的『超人論』(Übermensch) 善是有力惡是力弱勉力擴大自己權力,強者勝而弱者敗乃是自然淘汰的理法人要剛健要勇敢攻呀戰呀勿怕神勿怕死卑怯是最惡最醜的。他的人生哲學是極端的自我肯定是偉人道德的高潮是絕對的個人主義,是破壞主義且是無政府主義他雖肯定本能但以作情慾奴隸者為愚所以不是純然的本能滿足主義。

尼采以如此思想為基礎而觀察現代的道德宗教制度文明等下銳利和峻酷的批評,費全力去打破和破壞他。現代是弱者占多數借神和國家的權威,迫害優者和強者,而滅真人滅超人的墮落世界。現代的道德就是奴隸的道德。基督教就是奴隸道德的普及者如原罪之說在神之前以人為平等的話就是由那不合理的虛妄的教理以使人類無氣力。他罵倒一切想全然排斥從來的道德而極力主張須出離善惡的彼岸圖謀一切價值的改變顛倒例如『犯罪可也所有進步都是犯罪成功的結果』『瀆神可也因神是已死的了』……等言詞不絕的出於其口他是以反道德家自誇的

尼采的思想是個人主義權力主義破壞主義,無神論唯物論。他是十九世紀時代生出的最偉大的病的天才。

第十二章 十九世紀的法國哲學和倫理學

第一節 啓蒙思潮的反動

由英國進來的羅克的觀念論和牛頓的自然科學的機械觀相結合而風靡啓蒙時代的法國的唯物論的感覺論的思潮雖至十九世紀還在繼續，而出了如迦巴尼斯(Cabanis, 1757－1808)戴士圖(Destutt de Tracy, 1754－1836)等的感覺論者唯物論者他們的反動又有神學派唯心派折衷論派起來於是近代法國的思想界遂呈着活氣了。

屬於神學派學者中的主要者，有鮑納德(Louis de Bonald, 1754－1821.)、眼脫勒(Josef de Maitre, 1753－1821)、臘美尼(F. R. de Lamennis, 1782－1854)等。

屬於唯心派的學者中孟·琵蘭(Main de Biran, 1766－1824)、高拉爾(P. Royer Collard, 1763－1845)等是著名的。畢蘭是注重主觀的自發性和自己意識的能動作用而反對以心意現象爲完全受動的說明的感覺論者高拉爾是認生得的觀念的存在而排斥以經驗說明一切之說高拉爾的功績，就是把蘇格蘭哲學移植於法蘭西。

折衷論派起自屬於唯心論派的寇葰(Victor Cousin, 1792－1867)又引起玖富羅(Theéd Jouffroy, 1796－1842)達米倫(Damiron, 1794－1862)卡奈(Paul Janet, 1823－1899)盧撓維(Charles Renouvier, 1818－1903)魯維蓀(Felix Ravaisson, 1813－1900)等很多學者這學派雖缺乏獨創之見但把古今哲學薈

譯至法國尊重哲學的研究，而於法國哲學發達上給與不少的貢獻。

寇孫繼承畢蘭的唯心論想把他和蘇格蘭哲學及德國哲學相調和照寇孫說研究哲學最初不可不依觀察，分解歸納而闡明意識的事實這是心理學的任務所以心理學可謂爲哲學的基礎他是以萬有的原理爲非人格的理性他述此理性的性質說若在自發的狀態就可以直接的理解絕對惟在反省的狀態始能成爲主觀的東西他又以此宇宙原理爲基礎而述倫理說以爲吾人的理性是有辨別善惡的能力的吾人的意志是有避惡就善的自由的所謂本務就是這自由的意志依從理性的辨別而避惡就善。

玖富羅也認本能感情欲望理性意志諸能爲本有，而以實現人之爲人的目的爲道德。吾人始而受欲望的支配只管尋求快樂而不已但欲望滿足並不是得眞快樂的原因所以理性就發達而制御欲望及至理性發達自覺那萬物的終局目的，就生出所謂想要達到他的眞的道德。

第二節 柯謨托

反對以宇宙的目的和精神的自由爲根本主義的折衷派，而開創依實驗和觀察以精查事實發見存於其間的自然律的實證哲學的，就是柯謨托(Isidore Auguste Marie Francois Xavier Comte, 1798—1857)柯謨托生於蒙德邦(Montpellier)經鄉里的學校而於十七歲時入巴黎諸藝學校發揮其非凡的天才但因反對教師而被開除歸故里列於蒙德邦大學學籍爲熱心傾聽講演者其後來巴黎和社會黨領袖聖西門(Saint Simon, 1760—1825)相識受他的感化很多但六年之後因不調和而絕交一八二五年實證哲學的組織完成就在自宅

裏開講。因神經過勞的結果成為神經衰弱，在晚年他的性格常帶神祕的色彩，從門下生受了非常的尊崇。他是十九世紀法國思想界所產出的大偉人實證哲學的組織社會學的建設等不但是於哲學上有不朽的功績幷且以數學家著名他的著述重要者有『實證哲學』(Cours de philosophie positive, 1840—1842)『實證政治學』(Système de politique positive, 1851—1854)等。

哲學說 實證論的要旨以認識的範圍為只限於現象，以為學問的目的，在依實驗和觀察統一精查過的事實，而發見出來自然律依他說有如宇宙的本體和事物的本質等是不可知的。吾人的認識是止於現象世界的所以學問的目的，是依實驗和觀察以精查當前的事實而認識存於現象和現象間的因果的關係。換句話說，就是統一經驗而發見自然律因而一切的認識，都是關係的認識。由此實證論的見地柯謨托，就把形而上學的思辨悉為排斥了。然而他的實證論是不可和經驗說混同的。實證論的對象並不是事實自身而是事實的法則。

實證的認識，就是認識最高的階級然而吾人的知識，並不是一直就到此階級的吾人的知識是經三段的順序而開展了的。

第一，是神學的階級。在此時期，可為自然現象說明的基礎的事實的觀察是極狹隘的所以依想像力而造出的神或靈魂的動作，就能說明了這階級更分為（一）庶物崇拜（二）多神教（三）一神教的三級。

在庶物崇拜的階級以為自然物悉如人類的有靈魂者；在多神教的階級，自然物被看作受那不可見的許多神

的支配者；到了一神教的階級創造世界的唯一的神，就被認爲保存萬物的超自然的，擬人的說明，就是神學的各階級共有的特色。

第二是形而上學的階級。在此時期是依所謂自然力的半人格的假定試行說明世界所謂自然力，要不過是抽象的概念罷了。要以如斯的抽象的概念爲實在把世界爲本體論的解釋就是形而上學的階級的特色。

第三是實證的階級。至此階級就是捨半人格的假定，而以明白那存於事實間的法則爲滿足近世的科學就是如斯發達而來的以實證的研究之結果爲體系的組織就是實證哲學的任務。

所有學問雖都是經前述三段而進步的，但達到實證的階級的時期，是有遲速的凡簡單的，可先達到這個階級，凡複雜的受他學科補助的，便要慢慢的纔能達到柯謨托從歷史的順序，把諸科學分類爲：（一）數學，（二）星學，（三）物理學（四）化學（五）生物學（六）社會學柯謨托以社會學爲實證哲學的中心而由數學至生物學都看作社會學研究的準備又他是以心理學和社會學的一部分而把倫理學放在社會學之中。

這樣偏重經驗的唯象的科學的實證論的倡導者的柯謨托他晚年的思想又顯然成爲主觀的宗教的傾向。

倫理學說　柯謨托以實證論爲基礎而說倫理學倡極端的愛他主義以爲吾人若認識現象間存在的法則，那就可以豫知現象將來的開展而不能不先爲之豫備。他這樣一來，就以倫理學爲社會學的

一部,把他作實證的研究並置重於功利,以增進人類幸福爲道德的目的。

照柯謨托說人是生而有利己的性情和社會的性情相爭後者打勝前者的結果而她生出的社會是人類捨去卑的動物的活動依高的理性的活動而進步的所謂理性的活動就是依人類行爲的指導者的理性而與感情以一定的方向所謂道德畢竟不外是去利己而爲社會爲人類盡力。

柯謨托的愛他主義就變宗敎之形,而成爲人道敎。人道敎原來柯謨托的實證哲學是重知的研究的主知說但其思想的根柢從最初就有一種宗敎的神祕的傾向。在柯謨托以爲知的研究不過是人類幸福增進的一種手段並不以爲人類幸福只是依學術研究而得的乃是認信仰的必要然而他的思想到了第二期即稱爲批評家的主觀的,感情的時期又轉換學術和信仰(即知識和感情)的地位至重感情,而以知識隷屬之他。以爲若不使感情支配思惟和行動那麼精神的統一調和,是不易希望的。從他的實證論所來的愛他主義的倫理說就感情化而成爲一種宗敎了。這就是人道敎人道敎就是排斥世界絕對的認識的實在論的變形所以是不認如通常宗敎的神乃稱人道的抽象的概念爲神所謂人道是由無數個人而成而絕對的超越個人的寧可譯爲人類或人性的概念。人道敎此外更以空間地球宇宙和歷史上的偉人爲崇拜的對象人道敎雖又說靈魂的不滅但其所稱靈魂不滅,就是被後世人們長久記憶的要之,人道敎就是『以稱爲人道的抽象的概念爲人格化的一神敎』柯謨托進而定出關於人道敎的儀式和僧侶職掌的細則一時出了很多的遵奉者。

柯謨托以後的法國哲學家 在出於柯謨托以後的法國哲學者中,列舉其最著名者有泰尼(Hippylyte

一一敘述出來的。

第十三章 十九世紀的英國哲學和倫理學

第一節 蘇格蘭的常識哲學派

起於十八世紀的蘇格蘭常識哲學到十九世紀，還出了很多知名的學者，在英國思想界稱為一方之霸。十八世紀的常識哲學者反對經驗哲學的分析的研究認判別正邪善惡的常識是本有的，並以這個常識為基礎，而試行哲學和倫理學的組織。但在十九世紀的這派學者引導康德哲學以改造傳統的常識哲學使其面目一新成為很深遠的學說。在十九世紀的此學派代表學者有馬肯圖秀（James Mackintosh, 1764—1832）華爾（William Whewell, 1794—1866）哈密爾敦（William Hamilton, 1788—1856）曼沙爾（Henry Longneville Mansel, 1820—1871）迴爾斗德（Calderwood, 1831—1897）維提（John Veitch, ＋1894）巴爾法（Balfour）凱士（Thomas H. Case）等就中最有名的，就是哈密爾敦。

哈密爾敦　哈密爾敦生於格拉斯哥入格拉斯哥大學和牛津大學學醫而失敗，為辯護士又失敗，遂委身於學藝，為愛丁堡大學歷史和論理學教授，後即歿於該地。

哈密爾敦受康德哲學的影響，而改造黎得之說承認知覺和思惟的直覺的自明同時又倡相對的認識說他有如德國心理學派是以意識爲最根本的事實依其分析以論外界的認識和認識的界限而倡所謂「條件說」(Doctrine of conditioned) 依哈密爾敦說意識是一切認識的根據不外是直接直覺的認識故不能下定義只得觀察或比較意識的事實而定出意識活動之所由生的一般條件他揭出知覺和思惟當作意識的根本的條件以爲：「外界的知覺和內界的思惟是必然的自明的任何人也不能疑其眞然而吾人所得知覺思惟的一切事物和吾人的感官有關係被認識於主觀和客觀對立之下存在於時間空間之間而爲具有一定的分量和一定的性質的相對的有限的東西有如無條件無制約的本體是不得認識的」他把黎得和康德的立腳地如此調和起來更因襲康德之說以爲無條件絕對的神的存在是不得認識的，祇是可信的。

哈密爾敦把形而上學（即廣義的精神哲學）分爲三科第一是研究事實卽意識的現象學之經驗心理學卽精神現象學。第二是看作支配現象的法則的法則學。第三是推斷現象之不可知的原因的本體論卽演繹心理學在第二法則學之中是含着窮究認識的論理學窮究感情的法則的美學窮究意志的法則的倫理學於以上之中，哈密爾敦有系統的論說過的只有精神現象學和論理學。

曼沙爾　曼沙爾是哈密爾敦的弟子比較哈密爾敦更接近康德，而極端發展他的不可知論。他分形而上學爲窮究意識的事實之心理學和決定其存在於事實及意識以外和實在的關係的本體論二種。在心理學上區別觀和思惟以直觀爲直接被與的個物的意識以思惟爲適用於某種事物的一般概念的意識以爲意識活動是由

的事物而止不能達到存在自身或本質自身。

本書不能把蘇格蘭哲學者的學說完全敍出來，所以祇介紹迦爾斗德的倫理學說而已。

迦爾斗德 迦爾斗德生於皮布爾士長而學於愛丁堡大學後爲同大學的道德哲學教授他在其所著「道德哲學」（Moral Philosophy, 1872）之中述道德的判斷標準爲客觀的一定的東西而提倡合理的直覺說他說：『善惡的差別是只存於吾人的行爲的善惡就是行爲的特質而行爲的善惡是由客觀而定的吾人的良心是對照於一種原理而斷定的並非是吾人所感得的故隨知識的進步而善惡的區別雖可明瞭但知識自身並不是善惡判斷的標準。』他還敍述本務論以爲吾人盡本務與否不能不由三方面考察而舉出（一）對照於良心否，（二）有那種力量否，（三）有機會否三項。

第二節　功利說的發達

和蘇格蘭哲學相並行而流行於十九世紀英國思想界的一大思潮，就是功利說。雖同站在經驗論實存論的立脚地上然蘇格蘭哲學者則想引康德的思想改造從來的常識哲學而組織思辨的唯心論反之功利論者卻吸引那啓蒙時代的英國哲學的潮流而始終不出乎經驗的實際的範圍蘇格蘭哲學者把道德的判斷標準歸於自明的原理反之功利論者卻舉出所謂最大多數的最大幸福的目的以爲善惡的標準由倫理學說上觀察起來，十九世紀的英國思想界是直覺說和快樂說的對立。

以快樂為人生目的的倫理學說，是在古代希臘發其源，哲人派的高爾哀，基來奈學派的亞里斯提溥，愛辟克魯斯學派的愛辟克魯斯等任何都是屬於此系統的。其後這種思想又屢次現於倫理學史上至近世的英國遂成為最顯然的發達成為組織的一大學派。英國功利說的鼻祖究竟是應當推舉何人呢往往因學者而異其見解細鳩維克雖以康朴蘭德為英國功利說的先驅，但其思想的萌芽是已現於霍布士羅克休謨等人了到了格塔凱，普萊等就更加顯明。格是以人類幸福為道德的標準而把此標準的由來，歸於神的意志；塔凱（Tucker）是以自家的滿足和公益為行為的動機所謂公益，就是與隣人以快樂的最大量承襲塔凱的普萊（Palay, 1743-1805），也以增進公益為道德律以道德律歸於神的命令以上的人們任何都以幸福為人生的目的在幸福上只認分量的差別；在以神的命令為道德律的由來，是有共通之點的。神是欲求人類的幸福而創造人類者故神以進人類幸福來命令吾人。所謂吾人的本務由於神的命令而來的這種功利說特稱為『神學的功利說』。改造普萊的神學的功利說，而為學術的組織的，就是邊沁。使功利說為堂堂的學說，而開其發達端緒的，就是邊沁的功績。所以在嚴密的意味上以邊沁為英國功利說的鼻祖任何人都是沒有異議的。

一 邊沁

邊沁（Jeremy Bentham, 1748－1832）生於倫敦，十二歲時就入牛津大學修法律學他的父親要使他就辯護士職務但因為不適性格乃變其志埋頭於哲學的研究且以立法之革新為其畢生目的在他的著述中最有名的就是『道德及立法原理序論』（Introduction to the Principles of Morals and Legislation, 1789）。

邊沁說『天然是把人類放在快樂和苦痛二條件之下的。對於吾人而指定其不當爲的，就是這二條件』他以此心理上的事實爲基礎而定倫理上的原理；以爲生快樂的行爲是善生苦痛的行爲是惡求善避惡就是道德以行爲善惡爲因快樂而定的這種原理他就名之爲『功利原理』(Principle of utility)。

邊沁是在快樂和苦痛的感情上不設下性質的區別只認其分量上的差等因而想以快樂的分量來作行爲的評價。他用『最大多數的最大幸福』的簡單的話來示現善惡正邪的標準生最大多數的最大幸福的行爲就是正和善反於此的行爲就是邪和惡。然而他計算快樂分量的方法是什麼呢？他舉出下列四種以爲快樂苦痛的價值的增減的四要件就是(一)強度(二)繼續(三)確否(四)遠近所謂強度就是指着感受快苦的強弱而言；所謂繼續就是指着感受快苦的時間長短而言所謂確否就是指着快樂苦痛的自身價值的要件；苦遠在未來或近在極近而言以上是考察快樂苦痛分量的方法要件但此外就快樂苦痛的發動傾向上攷察價值時就不能不併考察(一)『生產力』(二)『純潔性』的二要件。所謂生產力，就是說快樂苦痛的發動有沒有生起反對感覺的機會；沒有使同一種類的快樂苦痛發生的機會所謂純潔性就是說快樂苦痛的發動有沒有反對感覺的機會。把快樂苦痛的價值關係於多數人員而考察時又不能不把『延長性』加入一要件之中。所謂延長性就是快樂苦痛影響範圍的廣狹要之，邊沁是由強度繼續確否遠近生產力純潔性延長性等各方面以考察快樂苦痛而承認生最大多數的最大幸福的行爲是正當的。

邊沁舉出四種制裁以爲勸善避惡的動機：(一)天然的制裁(二)法律的制裁，(三)社會的制裁(四)宗教上

的制裁。他把宗教上的制裁加入行為動機之一，就是認宗教是有勸善懲惡之力的。他否定那結合個人的利益和公益的全能者的存在故不認那如來世賞罰的超經驗的事實。在此點上邊沁之說是顯明脫離神學的功利說了。然以公益為目的的道德律卻很能規律個人是什麼理由呢？他把這個歸於經驗吾人依經驗而知謀公益就是與以最大幸福反乎此事實時就是誤了利害計算的結果。

二　介姆士・米爾

補邊沁的缺陷而使功利說普及於世間的，就是邊沁的朋友介姆士・米爾 (James Mill, 1773—1836)。米爾是蘇格蘭人他的父親是以使用兩三個職工的製靴店為業的。十七歲受其隣近貴族的補助入愛丁堡大學研究希臘語和哲學卒業後雖暫為雜誌記者而活動但後為印度史的編纂經九年的歲月而始完成。他最初是以宗教家的活動為目的的，但對於神的愛發生出了懷疑遂成為不可知論者，由宗教遠離傾其全力於社會改良和法律改正的事業他的著述，有『精神現象的分析』(Analysis of the Phenomena of the Human Mind, 1929) 一書。

介姆士・米爾的功績就在由心理學上確立功利說根柢的一點。邊沁一面承認人類是依快樂苦痛而被支配的利己的生物，而舉出所謂最大多數的最大幸福的原理為道德律而利己的性質的人類，能夠有利他的行為原因在於經驗他的說明是極不明瞭的。邊沁所暗假定而還未現於表面的功利說的根柢，至米爾就把他依心理學說而說明了。

米爾的心理學說，屬於以觀念聯合的原理，來說明一切精神現象的聯想說，因襲休謨和赫德里，而使其說更為進步。米爾以為精神現象可和物理現象依同一方法為歸納的研究的，物理化學可依原子運動的法則來說明物質的究竟，故心理學也不能不依同一方法與精神現象以終極的說明。米爾舉出觀念聯合的法則作為支配精神界的普遍原理想依觀念聯合的法則來說明一切精神現象。

米爾分解精神現象的結果，就以感覺為精神現象的根本的要素，以觀念就是感覺的變化。他以為一切精神現象，都是此簡單要素的結果。在同一空間或同一時間之中兩個觀念現出來時是必於其間生結合的即思考或知覺此一方，則他一方也必定可以知覺或思考的，兩個觀念生於接近之時就不得不聯結了這就是觀念聯合的原理。

不但精神現象的知能的方面是由感覺和觀念而起的，就是活動的方面的欲求和意志，也是由感覺和觀念而起的。欲求就是快樂的觀念，暗中關係於將來事物而生的東西。快樂觀念喚起發動的觀念，而生出動機出來而達到為目的的快樂時就稱二者的聯合為意志意志是依這聯想而動的，所以說意志自由是全無意義的。

米爾依觀念聯合的作用，來解決邊沁所遺留下來的問題，以為利己性質的人類而為那以最大多數的最大幸福為目的的利他行為就是基於觀念聯合的法則以為圖他人的快樂就是自己的快樂的聯想的結果如此想益加強固同時達到把自己的快樂和他人的快樂為同一看待的狀態。

米爾除倫理學上的功利說以外還把經濟學上的價值說政治學上的自利說等，一個個都放在心理學說的基礎上去討論。

介姆士·米爾的心理學說還有很多的缺點，這是蔣·斯圖·米爾等很多學者所指摘的。

三　蔣·斯圖·米爾

至介姆士·米爾之子蔣·斯圖·米爾（John Stuart Mill, 1806—1873），而邊沁的功利說就達到絕頂了。

米爾自幼時就沒有受學校教育從他父親直接學希臘語拉丁語十二歲時已讀了很多古典一八二○年從邊沁之弟薩米愛爾·邊沁渡法國在蒙德邦大學研究了一年的科學其後任英國印度部的文書審查官公餘之暇仍從事於著述他是極博學而精通經濟學倫理學的有論理學大系經濟學原論等很多的著書而述倫理學說的就是『功利學』（Utilitarianism, 1861）。

米爾以經驗爲唯一的起源來說明認識以爲即如自然的齊一和因果律的根本原理，也不是吾人先天的本有的，乃是依過去的經驗而成的。他完成歸納法認他爲達到確實認識的方法依他說，歸納法是由發見原因以說明現象的。換句話說，就是依現象而說明現象。這樣一來他就和其他的認識論者相同以認識的範圍爲限於現象說自然本質的不可知而爲超越認識的東西他又分外物和精神以爲前者是恆常的可被知覺的可能性後者是恆常的可知覺的能力又引出自我的觀念作爲人格的統一者以爲意識自己的現實的可能的意識狀態的統系。

他又效法邊沁，以『最大多數的最大幸福』為道德判斷的標準以為幸福，是人類欲求的唯一目的。人類是欲求幸福的。他以此事實為證據，就求功利說的根據於人生對於幸福的欲求是根據於人性而來的。故個人的幸福就是個人的善一般的幸福（即公益）就是由個人集合而成的團體的善的最終目的，不是個人的善而是公益自己的善一般的幸福（即公益）就是由個人的最終目的，不是個人的善而為唯一的道德標準者列舉人在幸福之外還以德為欲求，故德亦謂為道德的標準然而欲求德畢竟就是為欲求幸福的德本來不是行為的目的，乃是作為幸福的手段，而欲求之的。然因觀念聯合的結果作為手段而欲求的德，漸次就變為目的了。吾人欲求德的事實並不能成為粉碎功利主義的根據的理由。

米爾反對邊沁，認快樂有性質上的區別以為人計量其他事物時是由許多性質和分量的二方面考察的。然而祇有快樂單由分量方面計量是不合理的人無論如何多量的人也是不能滿足於像獸類那樣的生活的。不滿足的蘇格拉底，不較優於滿足的愚人謂快樂有性質上的差別，然而以怎麼樣的快樂為大多數人若選擇其一方，然而以那是無關係於道德上的感情那麼這個快樂就為比較有望的快樂。』可見人是欲求那比劣等的快樂更要高等的快樂的然而世上往往現出反對的事實是什麼原故呢例如有明知害健康，而耽於飲酒者是什麼道理呢？米爾答道：『高尚的快樂是和軟弱的植物一樣的若不注意保護就容易失其

生命。一旦感知高等的快樂者終至選劣等的快樂的機會遂至不能感知他。」

米爾又說道德的行為的動機是由制裁而來的因此又把制裁分為「外的制裁」和「內的制裁」所謂外的制裁就是說由人類同胞或宇宙的主宰等而受的賞罰邊沁所揭出的四個制裁卽屬於此內的制裁就是隨那反於本務的行為而起於心中的一種感情所謂良心就是這感情的最純正者然而在實際上如恐怖同情愛情名譽心宗教心等其他感情依聯想而和此感情相結合的場合是很多的離卻人心而制裁就不存在了故這個制裁是一切制裁中的基礎制裁良心雖是在人性中有了萌芽而自然發生的乃是由經驗而發達的良心的根柢就是社會的感情故功利道德的究竟的制裁就很可以說是這種感情了。

米爾在快樂上設下性質上的差別雖是想把功利說變為常識的但同時又失卻論理的基礎怎麼說呢？就是為區別快樂的性質就要快樂以外的標準這就是傾覆快樂說的根據。而且米爾述說個人的快樂和公益不調和所謂由捨幸福而得幸福的話就是把克己說混同於快樂說這也可以看出他的學說的破綻。

四　細鳩維克

出於米爾之後調和功利說和直覺說，而提倡直覺的功利說的，就是和新康德學派的古林相對立在十九世紀英國倫理學界馳盛名的細鳩維克(Henry Sidgwick, 1638-1900)。他生於約克夏入劍橋大學二十一歲時以優等成績卒業卒業後爲多里尼地大學助教授教希臘語拉丁語等又入大學院研究倫理學政治學四十五歲時就爲劍橋大學的教授彼常對於許多學說執着批評的態度倡立己說的事比較很少；他是力避立學派而造門

徒的，所以今日繼承他的學說的，差不多沒有人。在他許多著述中，『倫理學方式』(Methods of Ethics, 1874)一書最爲人所喜讀。

細鳩維克也是承襲邊沁和米爾父子之說而提倡以最大多數的最大幸福，爲道德的判斷的標準的功利說的。然而他的功利說和邊沁並米爾父子之說有完全相異的特色。

邊沁倡功利說雖從各方面受了種種的非難；但其非難的主點：（一）快樂的分量是不容易比較或計量的；就是米爾父子解答殘餘的第三點者，就是細鳩維克。他對此問題以爲多數人的快樂同時是欲他人的快樂的也求自己的快樂乃是適於人類本性的合理的行爲故求自己的快樂並不是不道德只爲求自己的快樂不顧他人的快樂時才是悖德。從這一點上說來，他的學說常被稱爲『合理的功利說』。

細鳩維克想在直覺的基礎上建設功利說並想使功利說和直覺說互相調和他舉出（一）公正的原理（二）仁愛的原理（三）裁智的原理三者作爲直覺的自明的原理。而以此三原理爲可以達到最大多數的最大幸福的手段。所謂公正的原理（三）裁智的原理就是所認爲正當的行爲他人亦暗中認爲正當所謂仁愛的原理就是說除在判斷他人的善比自己的善小的場合或知之得之度比自己的善爲不確的場合以外皆應當圖他人之善如同圖自己之善所謂裁智的原理就是說把將來的善和現在的善看作同一而不可偏輕偏重之謂。由實踐上看起來就是謂現在的小善雖是確實但並不優於將來大善的形式公正仁愛裁智就是依於抽象的直覺而直接認識的自明原理。

使吾人達到最大多數的最大幸福的，就是這三種原理。他這樣一來，就使功利說和直覺說相調和，並把良心和公益結合起來了。這就是他的倫理說所以被稱爲『直覺的功利說』的原因他的學說受着坡托拉的影響是極大的自不待言。

細鴗維克雖倡導功利說和直覺說的調和，但斷言自利說和功利說的調和，是經驗上不可能的。在現存狀態之下，所有種種制裁是不足使幸福和本務一致的自利和他利到底是不相調和的他更依同情的發達而駁斥自利和利他的一致說。

第三節　進化論的倫理說

一　進化論

刺激十九世紀的思想界，而促起一大革新的，就是進化論。所謂進化論，就是反對萬物創造論，而說萬物進化的學說存於今日世界的許多生物，並非如彼宗教所言，都依造物主之手而一度創造的是由極單純而粗劣的生物漸次進化而生出如今日複雜而精細的許多種類的生物。我們所應當注意的進化論的主倡者，就是達爾文(Charles Robert Darwin, 1809─1882)拉馬克(Jean B. P. A. M. de Lamark, 1744─1829)二人在先也不是沒有發表關於生物進化說的。有達爾文的祖父愛拉士謨‧達爾文(Erasmus Darwin, 1731─1802)著『生命學』(Zoonomia)，就說到身體所享性質的遺傳和雌雄淘汰的法則等然而使進化論組織爲一種學說的，就不得不歸功於前述的達爾文和拉馬克了。

達爾文　達爾文生於英國的休柳斯伯里，學於愛丁堡和劍橋等大學。二十二歲時便乘比谷爾號軍艦而周遊世界各地努力於生物學的研究。二十三歲時卜居倫敦附近專心埋頭研究三十四五歲時始悟自然淘汰之理，爾後重以十數年的研究就發表有名的『種原論』(Origin of Species, 1859. 馬君武譯爲物種原始)依他說：『生物是依自然淘汰的作用而適者生存不適者滅亡生存者也因周圍的情況而漸次變遷的古生物就是由在地球上發生時經過可驚的長年月而至於今日的』達爾文不過述明生物變遷的理由而世間往往以爲達爾文之說是說明下等生物變遷而爲高等生物（即人類）的經過這是完全誤解的。

拉馬克　拉馬克是法國的自然科學家生於巴森廳幼年爲兵從退伍卽學植物學倡述關於植物分類法的新說，其後始爲關於無脊椎動物的新研究述進化之理的著書有『動物哲學』(Philosophie Zoologyine, 1809)。依他說：『凡存在地球上的生物，都是歸於一的，而無無機物有機物的區別一總都是得依自然的法則而說明的。故世人所稱爲生的，不過是物理的現象決不是自然以外的東西。存在地球上的動植物，是由無機體而漸次發達至於今日狀態的，並非由於自然以外的天帝所創造。更不像鳩威埃之說，是經過數次改造的』拉馬克以爲下等生物進化至高等生物的原因，惟在用與不用，及他的結果的遺傳於其子孫。這樣一來，更經世代某一器官便單獨的顯然發達了。

拉馬克發表用不用之理雖比達爾文還早但當時被位置高而學問博的鳩維埃之說所壓倒。及達爾文倡自然淘汰說而拉馬克的眞價值始爲世間所公認。

出於達爾文拉馬克之後，而使進化論更加發展的學者中，可特記的，就是威士曼(Weismann)烏爾士(Wallace)赫肯黎(Huxley)格雷(Gray)伯羅愷士(Brooks)蘭凱士塔(Lankester)乃格里(Nageli)赫克爾(Haeckel)黑爾托維(Hertwig)葛爾東(Galton)德微利斯(Hugo de Vries)等。就中葛爾東是以祖先形質的遺傳而論進化的，威士曼是說生殖質的連續的，德微利斯是以偶然超異而證明進化的，這都是學界上永不可忘的。

生物學上進化論的提倡影響到哲學心理學美學等所有一切學術，即倫理學也不得不受其影響。建設進化論的哲學把進化論的原理適用於倫理學而與快樂說以科學的根據的，就是斯賓塞。

二　斯賓塞

斯賓塞(Herbert Spencer, 1820—1903)生於塔比。他的父親，是一田舍教師。他幼時只從其父受數學的教育，差不多沒有入過正式的學校。十七歲任鐵道土木職，前後從事八年間，後又轉於文筆事業。從那時他就努力傾心於進化論哲學的研究，一八六二年始出版『綜合哲學體系』第一卷的『第一原理』(First Principles)爾後繼續出版『生物學原理』(Principles of Biology, 1864—1867)『心理學原理』(Principles of psychology, 1870—1872)『社會學原理』(Principles of Sociology, 1876—1879)『倫理學原理』(Principles of Ethics, 1879—1893)。此外還遺有很多的著述。他以八十四歲的高壽歿於不列敦。

哲學說　斯賓塞以進化論的思想為根據統括一切科學樹立一家哲學體系稱為『綜合哲學』(Synthetic

philosophy)。斯賓塞採用那認為生物學上專有的法則的達爾文的進化論以為哲學上的基礎在其尊經驗重實利而以經驗世界為哲學研究的對象之點是和法國的柯謨托並稱為「實證論的雙璧」他雖把知識的範圍限於經驗世界但於此經驗世界之外卻承認本體的存在他說本體是不可以相對的知識而說明的「不可知」(The Unknownable)。故他的哲學並不是純然的經驗論唯物論。他的綜合哲學分為第一原理生物學原理心理學原理社會學原理倫理學原理的五篇。

他在第一原理上論不可知的本體以為無論歸納的探究科學的原理或演繹的分析認識能力的性質但吾人的認識之並非絕對的乃是很顯明的事例如若追究時間空間物質運動力識源感覺意識體自我等就要承認那不易說明其本質和由來的絕對象徵又若把個個事實一般的收納下去那麼便達到那完全不可說明了解的最一般的事實了所有思維都是規定關係的所以超越關係的絕對是思維所不可及的絕對的實在是明白的然而吾人的認識是比較的相對的東西故不得知絕對的本質和由來的絕對是不可知的實在。

欲在認識的界限上總括知識以求普遍的事實者就是哲學普通的知識是不統一科學的知識是部分的統一，哲學的知識是完全的統一。在現象世界最普遍的事實就是物質和運動的進化與退化恒存於物質和運動的就是力以物質不滅的法則和運動連續的法則為始而許多法則都是依此而生的。斯賓塞就以物質和運動的根本事實為基礎而由無機的自然界論到有機界精神界社會的現象界。

在生物學原理上說明有機界進化之理依他說生物是依間接和直接作用，次第發達而生新種的。下等動物，

大概是依間接作用而發達的。即依自然淘汰，而適者生存的高等動物是有維持生活必要的幾多機能的，所以一方順應外界的間接作用一方順應內界的直接作用而發達的。在機能上生變動，在構造上起變化，就使之遺傳下去。

在心理的原理上把心理學分為客觀的，主觀的二部。客觀的心理學是依肉體的活動的外的觀察而說精神生活；主觀的心理學是依內的分析而研究意識的。前者是生理學的一部分後者是獨立的一科學心理學的對象，只是限於意識現象的。如統一意識的精神的實體不可知的事實，就不屬於心理學的範圍了。精神生活是由極低度的反射運動和本能作用而漸次發達經感情記憶等而至於理性和意志等的。在其最低的程度的活動和生活活動只有僅少的相異。

在社會學原理上把社會看作成於自然的一個有機體社會雖是有機體，但和生物的有機體是不同的生物的意識不存於一部分，是備具於中樞機關的；社會的意識不存於全部，是各部分各有意識的。故國家是為個人而存的當保護個人的生活狀態的。不用說國家是不當犧牲個人的，是當極力尊重個人的自由而不可妄加干涉的。強迫干涉中央集權是妨礙文明進步的。要使文明進步將來或必定是軍國主義衰而產業的時代興盛的。

倫理學說　斯賓塞的倫理學是綜合哲學的一部分。他在『倫理學原理』上倡進化論的倫理說。斯賓塞所倡進化論的倫理學的特色：第一是引入進化的理法以說明道德的觀念的起原第二是提出由社會學上得到的

所謂維持保存社會的客觀的標準，而補充從來的快樂說之二點是最爲顯著的。

斯賓塞說明良心的起原，以爲良心是依聯想及其他法則由原始的感情而生的，這是左袒功利論者的經驗論；同時又承認既已成立的良心可以遺傳於其子孫，而採用直覺論者的先天說，要之良心由個人看起來是發生於先天的，由種族看起來是發生於經驗的，這是他想調和直覺說和功利說所含的根本思想。

斯賓塞以快樂爲人生目的，即道德的標準於是他的學說，就屬於功利說的系統，但並非如其他功利論者以快樂爲直接的目的，卻提出生快樂的客觀的標準，依他說所謂善行爲是適於自己保存的助長子孫發展的完全同胞生活的；換句話說贊助個人和種族的發展的是善行爲反於此的是惡行爲。人類生存的法則，圖謀個人和種族發展的結果而自然得到的求快樂而避苦痛的功利說和認道德爲先天的要素的直覺說在這一點上也有互相接觸的樣子。

斯賓塞在『倫理學原理』中的『倫理的歸納』篇上，廣集那存於文明諸國的道德事實而加以研究。在『個人生活的倫理』中由生物學的見地而說明道德以爲吾人的精神是依屬於身體的所以道德的條件也被支配於物理的必然。更於『社會生活的倫理』中把『社會學原理』中所力說的社會有機體說引出極力論爲社會而犧牲個人的善爲非理而主張個人主義而揭出正義當作爲社會生活的根本依進化論所說則人類的行爲就是動物行爲的進化正義的觀念，就是萌芽於此動物的行爲至人類而漸次發展。爲後繼者而犧牲自己的利害爲共

同生活而制約自己為種族保存而拘束個體的法則等事，就出現了。在正義的感情之中雖包含利己的、利他的兩者但最根本的，就是利己的感情、利他的感情是順應社會的生活的結果所生的。

斯賓塞又把倫理學分為『絕對的倫理學』『相對的倫理學』二種絕對的倫理學，是指示在未達到理想之域的現存社會須如何行動才是正當的。

在斯賓塞的哲學體系倫理學是占著最重要的地位的其他生理學心理學社會學等，差不多都是倫理學的準備。

斯賓塞學說的繼承者 繼承斯賓塞學說的最有名者，就是斯提朋(Stephen)。他是繼承斯賓塞之說，而倡科學的倫理學的。科學倫理學的主要任務就是研究道德的事實而歸納的發見法則如屬於認識範圍外的道德本體，並非科學的倫理學的對象。他和斯賓塞不同顯然注重社會的方面以社會的健康為道德的判斷的標準即增進社會健康的行為就是善，反於此的行為就是惡增進社會健康的行為何故是善呢？斯提朋把他歸到吾人的幸福社會若健康那麼吾人也是必然得到幸福的。在以終極目的為幸福之點他的學說，也是顯然屬於快樂說的系統的。

第四節 英國新康德學派

初把德國哲學輸入英國的，就是羅曼提克派的詩人柯來里濟(Coleridge, 1772—1834)和加立伊爾(Carlyle, 1745—1881)。柯來里濟是以介紹謝林格為主加立伊爾是以介紹非希的為主的其後德國哲學逐日輸

英國兩國的思想，就漸次接觸了蘇格蘭哲學家哈密爾敦和曼沙爾等，是依康德學說而試爲常識哲學的改造；牛津的哲學者古林、開特保拉多爾等是把康德哲學深深研究，而倡唯心論的。牛津諸學者研究康德學說是不採康德之說而由赫格爾的立腳地以希望把他改造的，所以呼爲英國新康德學派或英國新赫格爾學派。

一　古林

在英國新康德學派中超羣出衆的，就是古林（Thomas Green, 1836－1882）。他倡自我實現論和細鳩維克的直接快樂說斯賓塞的進化論的倫理說相同鼎立於十九世紀的英國倫理學界他生於約克夏州的巴金學於牛津大學巴里奧‧加爾地而爲巴里奧‧加爾地的倫理學教授他的著述中『倫理學序論』（Prolegomena to Ethics, 1883）是最出名的。

古林在『倫理學序論』第一卷中論形而上學試爲倫理說的組織。

哲學說　古林的形而上學，就是絕對的唯心論。他說宇宙有超越時間空間的唯一精神的原理存在，一切萬物都是這宇宙精神的顯現。古林欲達此宇宙精神的存在，就從經驗的事實的分析而出發倡進化論的自然論者，以爲吾人的認識是屬於自然的過程的。然而自然不外是經驗世界的一部分，所以拿自然過程說明認識的事是不可能的。認識的成立必定要承認精神的原理的存在即認識是依主體的精神統一感覺而成立的他說若認識的主體是精神那認識的對象的自然界也就不能不包含着精神的原理了。怎麼說呢認識的主觀和對象在全然

異其性質的場合那為主觀的精神，就認識不出來這為對象的自然界認識的主體，是有同一性的所以認識的內容，無論如何變化也常能保持系統的統一。在認識之中存在著雜多統一的原理，故任自然界也依樣的存著雜多統一的原理。要之宇宙是組織的體系的渾一體。果然這樣宇宙就不能不有系統的統一。古林呼此宇宙的統一者為「神的自意識」(divine self-consciousness) 吾人的自意識是統一精神界的神的自意識是統一宇宙的吾人的精神和自然界都是這神的自意識的顯現。神的自意識是超越時間空間的永久的絕對的宇宙精神此永久的精神如何而為吾人精神的顯現？這就不是有限的吾人所能答出的問題了。

倫理學說（自我實現說）古林由絕對的唯心論出發而倡自我實現說以人生的目的，就是自我的實現 (self-realization)。所謂自我的實現，就是脫物理的組織的制限而再現永久精神吾人的精神就是宇宙精神（即神的自意識）的顯現因而是具有神性的發揮此神性就是自我實現所以自我實現是可能性的實現。人有種種欲求，充此欲求時就生出自己滿足。自己滿足就是善自我實現就是永久的自己滿足因而自我實現就是道德的至高善。自我實現是藉社會而行的個人的善，即洽善實現出來的自我是怎麼樣的呢？吾人的自我，還在實現的中途而並沒有完全實現所以吾人不能敘述他。

古林論意志的自由以為吾人的行為是由動機而來的動機是依那反應於性格的境遇的方法而決定的，而吾人的性格不是依自然律而決的所以說吾人的意志是自由的。

古林的倫理學說及於我國的影響也是不少的以人格的完成為人生的目的；不把道德的活動的原據求於

人類以外以「洽善」爲至善而圖謀個人和社會的調和等有幾多可以特記的長處同時宇宙論的不備自我實現的意義稍不明混同心理的善和倫理的善哲學說（絕對的唯心論）和倫理學說（人本主義）之間含着矛盾等皆是他的短處。

二　開特和保拉多爾

英國的新康德學派除古林以外還有愛多維德·開特景·開特保拉多爾鮑桑球烏爾士亞達謨遜郝第遜瓦特等已在十九世紀的德國哲學中列舉了；但還有其他如馬爾提納（Martineau, 1805—1900），亞布屯（Upton），夫賴薩（Fraser），林德塞（James Lindsay），馬克斯·米遊立（Max Müller）等在神學者中而受着德國哲學的影響反對經驗論者也很不少。

開特（Edward）　開特是在一八七六年試行康德『純理性批判』的註釋和批評的。是從批評的唯心論的立脚地加康德哲學的批評而最成功的。其後他又公刊『宗教的進化』（Evolution of Religion, 1890—1892）一書。

依他說認識是包含主觀客觀兩要素待統一的意識的存在而始可能的。怎麼說呢？因爲主觀和客觀的對立，已經以含着反對的兩要素的存在爲豫想的這統一的意識就是認識的恆常的要素而主觀和客觀的兩要素不過是其顯現能了。他又以爲意識的一要素而含於極簡單的經驗之中以所有合理的存在爲宗教的，而論有限和無限的關係以爲『若離開有限的限定而想他生出無限那是誤謬。無限是包含

有限,而說明有限的,無限並不是有限的不定的根柢,是自己決定的原理,而在有限之形中顯現自身。」他說神不是可以標號表象的,而是可以思惟的。

保拉多爾 保拉多爾也是採用康德的批判哲學的。他在其所著『假現和實性』(Appearance and Reality, 1893)中承認在現象世界之外有絕對的實在之存在界包含着種種自相衝突吾人依事物時間空間變化因果活動等而理會宇宙但這等觀念,也不外是含着自相衝突的現象能得除去此現象界的矛盾的,就是絕對的實在的存在絕對就是無矛盾的自家正合的東西現象世界的個物,是屬於一切絕對,而全體保着註和的,所以絕對同時是個體是體系然則絕對的具體的內容是怎樣?保拉多爾以經驗答覆他說絕對是包括一切的經驗所有一切雜多都是包含於此中的。要之,在心理的存在以外就無一物之存在而實在的。

他在前著『倫理學的研究』(Ethical Studies, 1876)中叙述倫理學說依他說,自我的本質,是包括的,同時是豐富的全體所以使自我在包括的全體中調和發展(即實現自我)的事就是道德的熱望。

第十四章 十九世紀的美國哲學

第一節 美國哲學的發達

美國的建國是一六二二年因建國爲日很淺,比較其他歐洲諸國美國的思想界是不振的;但近年來顯然呈現活潑生氣繼續出了很多可注目的偉大學者。

建國後立即傳到美國的思想，就是羅克和巴克勒的哲學並錦·甲爾文的神學當時的學者有愛德華(Jonathan Edwards, 1703—1758)姜遜(Samuel Johnson, 1696—1772)富蘭克林(Benjamin Franklin, 1706—1790)等這是美國最初的學者。

其次輸入的就是蘇格蘭的常識哲學由此系統而出的學者中有馬可·柯秀(McCosh, 1811—1891)倭富安(Upham, 1798—1867)惠倫登(Wayland, 1796—1865)希考克(Hickok, 1798—1886)朴爾太(Noah Porter, 1811—1892)等。

至十八世紀後期獨斷論在美國思想界盛行於一時但對此反動在淸教徒中就發生那以精神爲唯一的實在，輕悟性而重理性與神秘的直觀以至上權的超越論(Transcendentalism)。他的重要代表者有柏勞文蓀(Brownson, 1803—1876)亞爾加特(Allcatt, 1794—1888)意馬孫(Ralph Waldo Emerson, 1803—1882)等。中可認爲此派中心人物者，就是意馬孫因此就把這派學說呼爲『意馬孫說』。

由十九世紀後之初歐洲諸國哲學就漸次普及依寇蓀等所倡的法國唯心論康德，非希的，謝林格赫格爾等的德國純理哲學達爾文斯賓塞拉馬克等的進化論，古林開特的自我實現說等任何都在美國學界上出了很多的祖述者赫黎斯(William T. Harris)，厄威脫(Everett)華斯東(John Waston)斯泰勒(Bride Sterett)立於進化論影響之下的德拉伯爾(John W. Draper, 1811—1882)肥斯克(John Fisk, 1842—1901)毛爾幹(Lewis H. Morgan, 1818—1881)華爾德(Ward)格定古斯(Giddings)在古林和開

特的唯心論上加上赫格爾叔本華非希的等的思想，而成獨立的體系的羅斯(Josiah Royce)等都是美國近時錚錚的學者。

在美國最盛的就是心理學的研究。新心理學的研究受英國經驗論和德國實驗心理學的影響極其全盛，出了很多有名的心理學家但此輩學者中發表哲學上的意見的也很不少詹姆士(William James, 1642—1910)，臘德(George T. Ladd)斯坦勒·霍爾(G. Stanley Hall, 1846—)巴德文(J. Mark Baldwin)等，等是最有名的。

第二節　實用主義

依皮爾士和詹姆士所提倡，而與世界思想界以多大的影響者就是『實用主義』(Pragmatism)。實用主義的名稱始用於皮爾士但把此用語弘布於哲學界的卻是詹姆士之功。皮爾士是數學家但於哲學為常有興味的人在一八八七年十一月發行的『通俗科學月報』上始依此用語，而叙述其自說皮爾士區別康德哲學中的Praktisch和Pragmatisch把那所謂幸福的經驗的事物為動機的法則稱為Pragmatisch的法則而不把經驗的事物混入動機之中，而發見那和由義務觀念所生的道德的法則相對立法則擴充其意，凡以行為或其效果為主的哲學說就附以『實用主義』之名。依皮爾士說實用主義以他的學說是否適於一定目的為標準而決定其學說的真偽至詹姆士把這個名詞用到自說上而實用主義漸惹美國學界的注目轉而入於英國著名學者學說一旦普及同時實用主義的用語上又加了種種的意味。西勞在美茵德雜誌上舉出七種定義又如

Lovejoy，說實用主義有十三種異說。然而反對以真理爲客觀的確定，而說是從主觀的要求，時時刻刻決定的就是通於此說的根本思想。西勞說：「真理是當有實際的效果的」這話就道破此說的要旨把真理和有用看作同一的學說決不是新的學說；說從古代蘇格拉底和亞里士多德至近世英國經驗論者羅克巴克勒休謨等，都是屬於這思想的。所以詹姆士於其所著「實用主義」上附以別名叫作「對於古思想法的新名」實用主義不過在從來的經驗論上加以新衣罷了。在對於絕對主義而倡人本主義對於主知主義而倡主情意主義且加味進化論的思想之點是和從來思想不同的。

詹姆士 詹姆士生於紐約。他父親是神學家。他少年時代從其父在歐洲，輾轉移於各地受了甚不規律的教育。他不定專攻科學在柏林大學罕巴達大學和其他大學學了化學解剖學生理學比較動物學等。在羅倫士科學校爲實驗心理學的指導在罕巴達大學教授哲學著書很多其中最有名的就是『心理學原理』(Principles of Psychology)，『到信仰的意志論』(The Will to Believe and Other Essays)，『實用主義』(Pragmatism)等。

詹姆士的哲學，是以認識問題爲中心的。依他說認識的主觀（卽個體的自我）就是意識就是以吾人身體爲中心，依情意活動而爲統一的種種經驗內容的一羣並不是在經驗背後而支持其內容的本體意識並不是固定的東西是不絕的進展而移行流走的。詹姆士名這個爲『意識之流』他所謂意識之流並非如柏格森所謂純粹持續的經驗的形而上學的性質而是流於時間和空間之間的心理學的過程統一意識的情意活動是選擇外界

の印象，而只認識適於自己的；所以我等是不能照樣認識其客觀世界的，只認識在情意活動上有利害關係的事實不單是知覺論理的思惟作用也不是超越經驗的特殊作用不過是自我的活動罷了所以觀念和概念也不能不說是情意之基於利害關係而構成的。然而學問的知識和理想就是依此觀念和概念之力而成立的即把觀念和複雜的經驗統一整理起來，而學問的知識以成使想像力活動，企圖經驗的改造，而理想以成學問或理想其自身是沒有什麼絕對價值的，他的價值是依現於經驗的結果而決定的，即越是有效的東西越有更多的價值，價值多的就是真理這樣一來有用和真理就因詹姆士而結合起來了，詹姆士更進而從此實用主義的立脚地說宗敎上的真理論科學上的真理而結論到神惡魔天國地獄等的觀念和科學上的新知識完全都是由這人間情意的要求而生的。

詹姆士以外主倡實用主義者，也很不少其中特可舉的，就是美國的杜威和英國的西勞西勞認真理有程度上的區別，而把否定絕對真理的主眼點為更加明瞭的解說，而提倡人本主義，如溥羅塔高拉所謂：「人是萬物的尺度」柏拉圖所謂超個人的絕對真理吾人是不易達到的縱令能得達到於此吾人也是不能知其為絕對的真理的所以他說，認識這樣的真理是無益而且有害的。使相對主義的主張更加明白。

本想在此章後更設一章叙述最近的倫理學說因為種種事情就擱姑在此處暫為擱筆

譯者

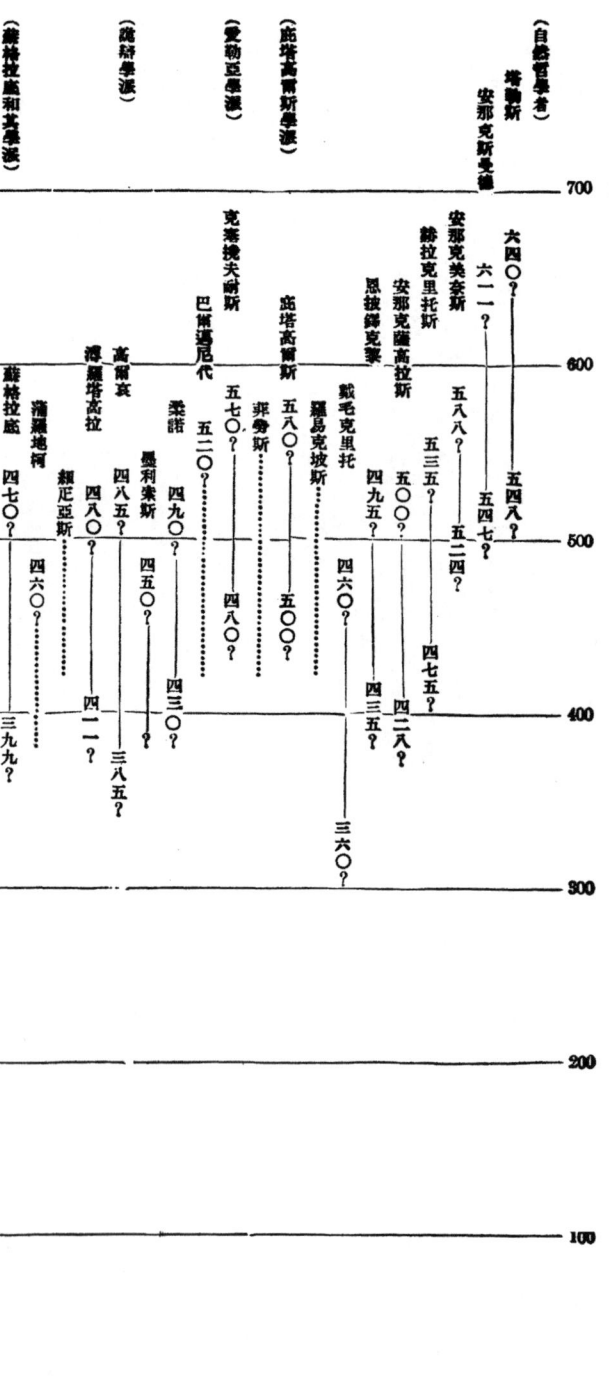

（柏拉圖和阿可德米學派）

（亞里士多德和生逍巴篙學派）

（司多亞學派）

（愛辟克得斯學派）

（伽諾學派）

維克勒義
安笛斯大耐
亞里斯提潭　四四四？
柏拉圖　　　四四？
克塞挑夫耐斯 四五五？
司坡細普斯　三五五？
克郎墨爾　　三四七？
朴来孟　　　三九六？
勝立坡　　　
克拉大斯　　三一四？
亞里士多　　三八四
維夫銳斯　　
代儀斯坷　　
笛歐青季斯　五七五？
亞里士多徳　
柔諾　　　　三三二
克来安華　　三四二？
愛脾克得斯　三三一？
卑魯倫　　　三六〇？
梅門　　　　三三〇？
亞儒凱士帶　　

翡膏象份
三一五？
二四一？
二三〇？
二七〇？
二五一？
二八一
二八〇？
二六八？
三二二
二八四
一六四？
六十歲卒
二二九

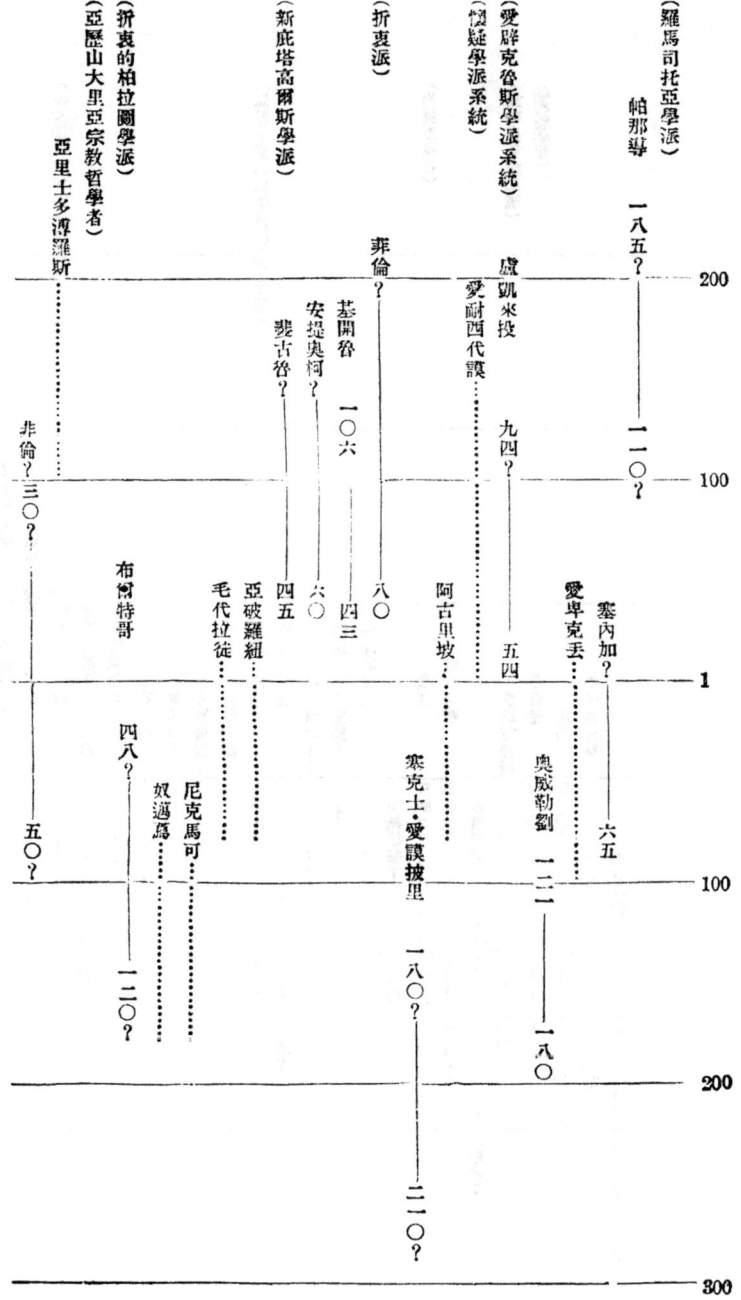

古代（第三）

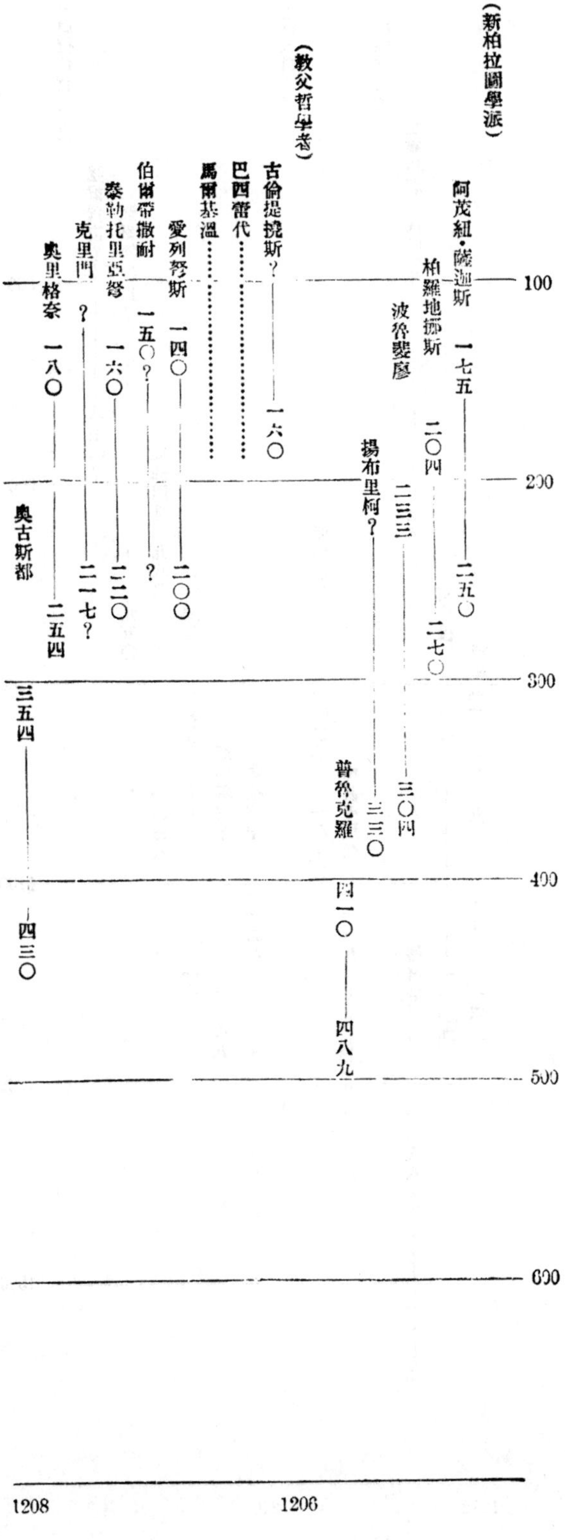

(新柏拉圖學派)

阿茂紐・薩迦斯
柏羅地挪斯 一七五―二〇四
波斐變廖 二三三―二五〇
揚布里柯？ ―二七〇
普律克羅 三〇四―三三〇
四一〇―四八九

(教父哲學者)

古倫提挑斯？―一六〇
巴四蕾代 ――一四〇
馬爾基溫 ――一五〇？
愛列努斯 一四〇―二〇〇
伯爾帶撒耐 一六〇― ？
泰勒托里亞努 ？―二二〇
克里門 ？―二一七？
奧里格奈 一八〇―二五四
奧古斯都 三五四―四三〇

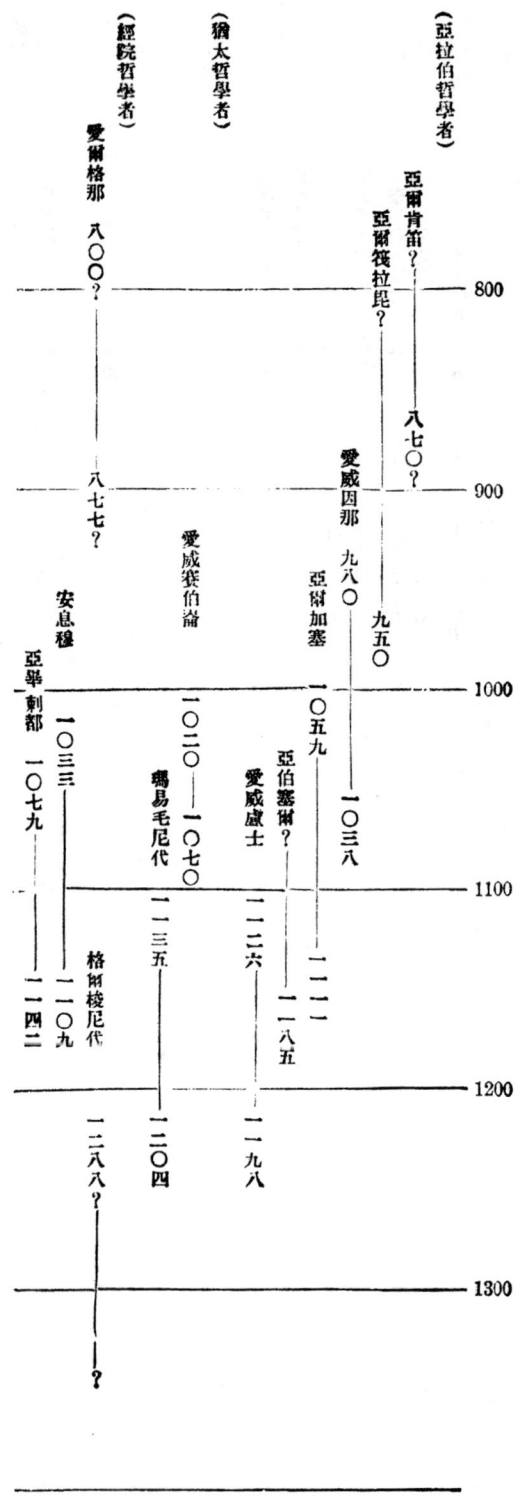

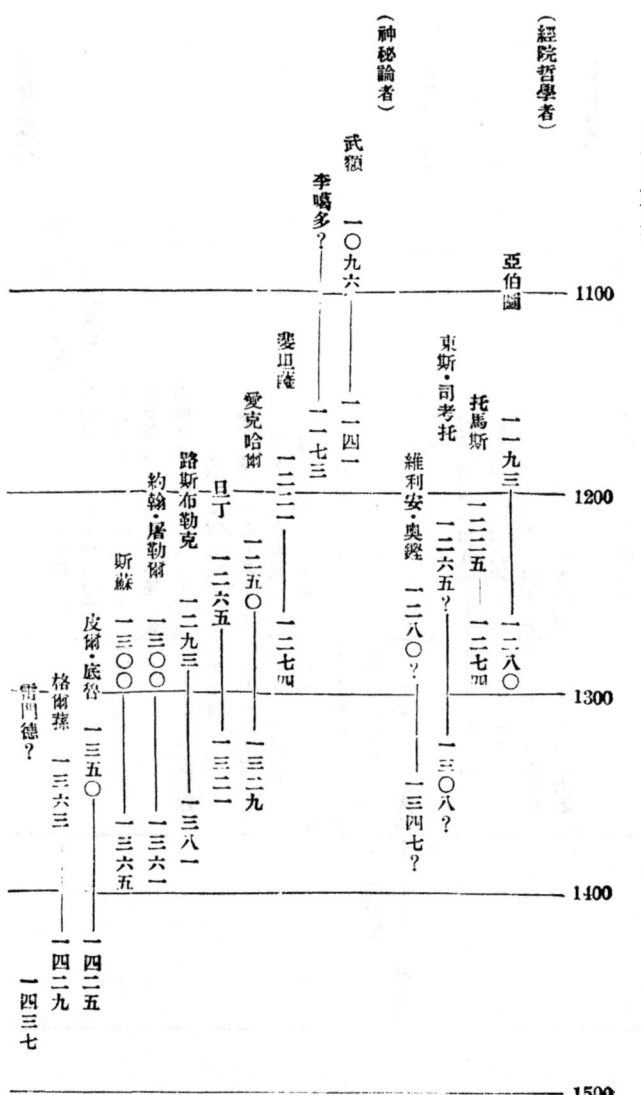

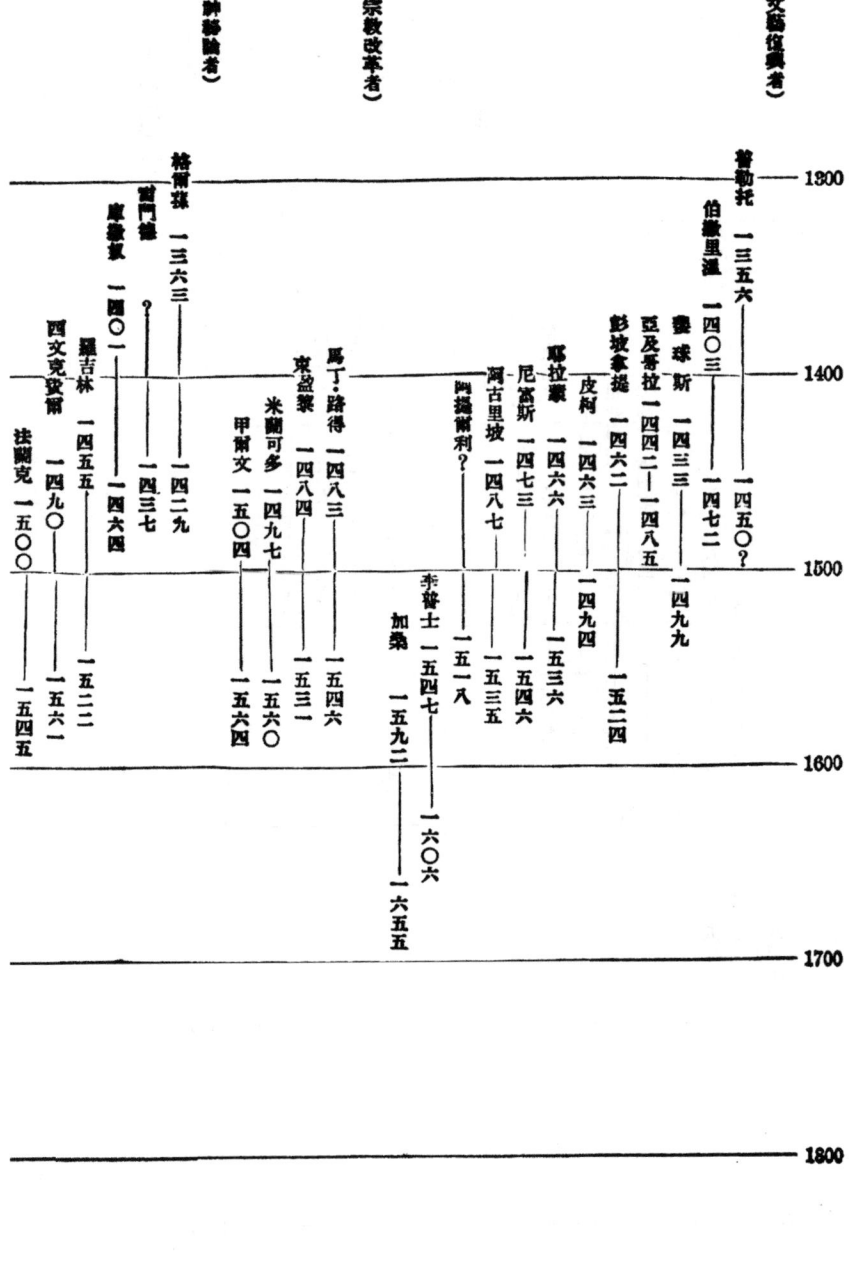

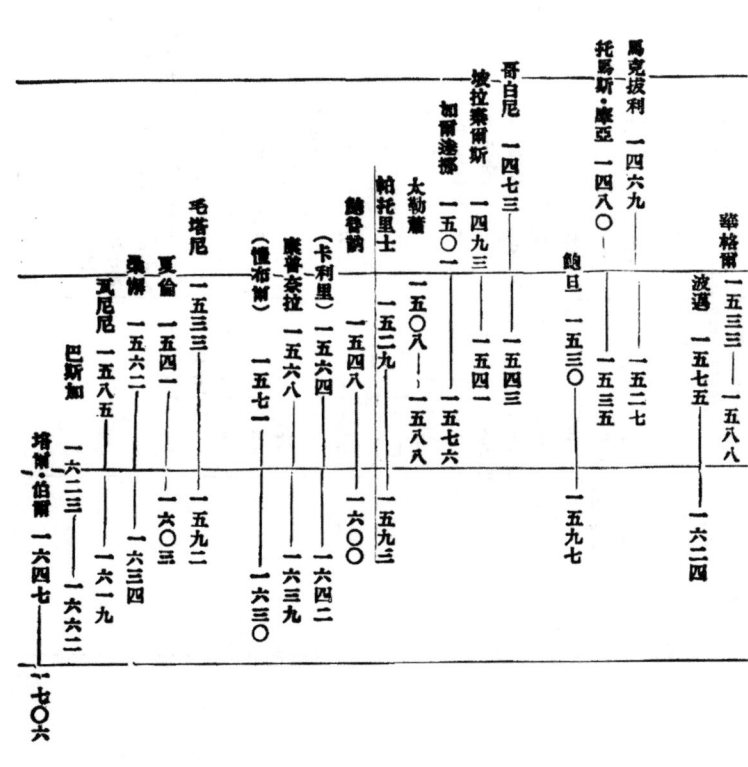

（國家學者）

（自然哲學者）

（辯證論者）

馬克拔利 一四六九
托馬斯・摩亞 一四八〇
哥白尼 一四七三
波拉案爾斯 一四九三
如爾邊挪 一五〇一
太勒蕭 一五〇八ーー五八八
帕托里士 一五二九
鮑登諾 一五四八ーー六〇〇
（卡利里） 一五六四
康普奈拉 一五六八
（惟布爾） 一五七一
毛塔尼 一五三三
夏倫 一五四一
桑傑 一五六二
瓦尼尼 一五八五
巴斯加 一六二三
塔雷・伯爾 一六四七

寧格爾 一五三三ーー五八八
波遇 一五七五ーー六二四
飽旦 一五三〇ーー五九七
一五四三
一五三五
一五四一
一五二七
一六一九
一六〇三
一六三四
一五九二
一六四二
一六三九
一六三〇
一七〇六
一六六二

西洋倫理學史 近世(第一)

(英國)

倍根 1500
　1561
霍布士 1588
　　1626
堪巴達 1651
廉樸蘭德
　1617
加道爾斯
　1632
奥拉斯頓 1659
克拉克 1675
巴克勒 1685
坡托拉 1692
夏富伯里 1671
　　1713
哈提孫 1694
　　1746
牛頓 1642
　　1727
羅克 1632
　　1704
托闌德 1670
　　1722
柯林士 1676
　　1729
侯墨 1696
　　1782
赫德里 1657
布立斯多 1704
亞丹·史密斯
巴凱
鮑雷士
繁得
哈密爾致 1710
休謨 1711
　　1776
普萊 1723
邊沁 1748
　　1832
蔣·斯圖·米爾 1806
介姆士·米爾 1773
(達爾文 1809
新竇塞 1820
　　1903

四〇

近世（第二）

（法國和荷蘭）

- 加棣底 1500
- 笛卡爾 一五九六
- 玖郎格斯 一五九二
- 巴斯加
- 麥爾伯鬪西
- 斯賓挪莎
- 一六二五―一六六九
- 一六二三―一六六二
- 一六二八―一六五〇
- 一六三二―一六七七
- 膠·梅特里 一七〇九
- 盧梭
- 第特羅
- 康底拉克
- 希爾維休
- 霍爾伯克
- 一七一二―一七七八
- 一七一三―一七八四
- 一七一五―一七八〇
- 一七一五
- 一七二三―一七七一
- 一七二三―一七八九
- 迦巴尼斯 一七五七―一八〇八
- 孟·琺·樂閣 一七六六―一八二四
- 聖西門 一七六〇―一八二五
- 玖富羅 一七九二―一八六七
- 寇蓀 一七九二―一八六七
- 柯諶托 一七九八―一八五七
- 盧挽維 一七九六―一八四二
- 盧楠 一八二三―一八九二
- 泰尼 一八二八―一八九三
- 卡奈 一八二三―一九〇三
- 鳩劾 一八一八―一九〇三
- 波安加勿 一八五四―一九一三

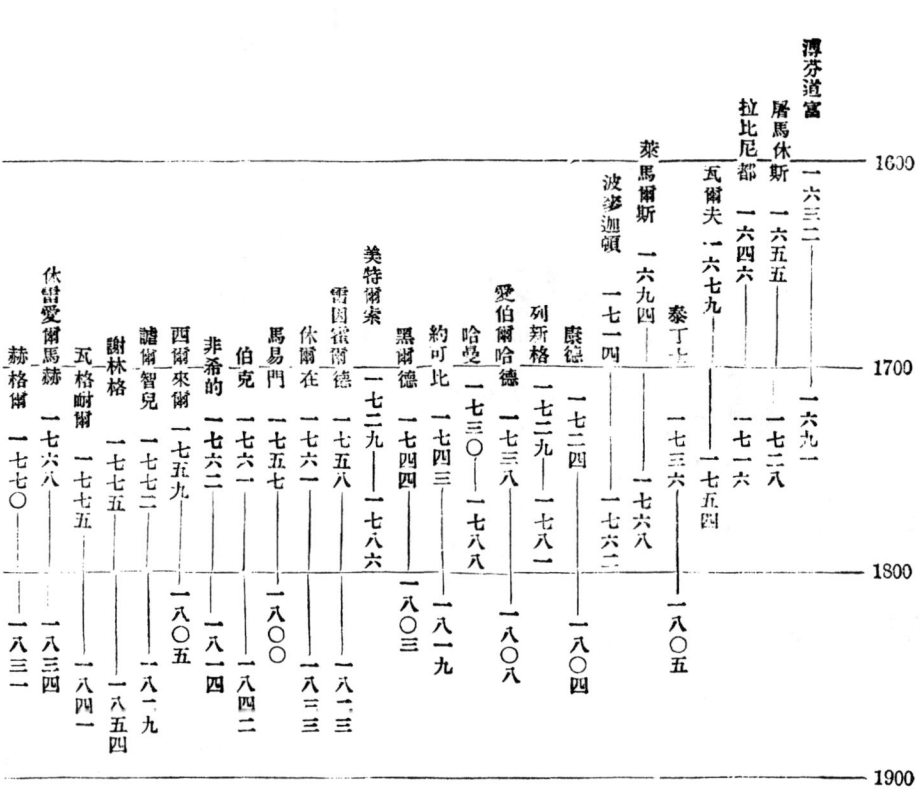

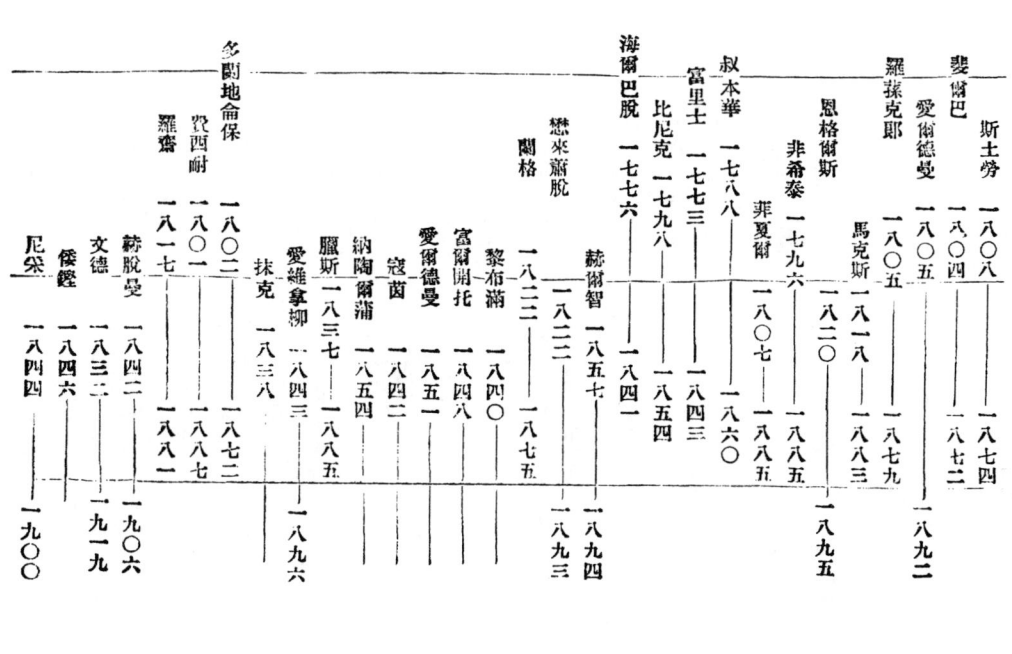

西洋倫理學史年表（乙）

年代	
前三〇〇〇	埃及建國。
一三〇〇	拉密斯二世治世（埃及文化最盛時代）
一二〇〇	德利亞族南下。
九五〇	希伯來王索羅門治世。
八二〇	李柯爾高斯立法。
六四〇－五五八	・塔勒斯。
六一一－五四七	・安那克斯曼德羅斯。
六〇六	亞西里亞帝國滅亡。
五九四	梭倫立法。
五八八－五二四	・安那克斯美奈斯。
五八〇－五〇〇	・庇塔高拉斯。
五七〇－四八〇	・克塞撓夫耐斯。

年代	
五五〇	波斯建國。
五三五－四七五	・赫拉克里托斯。
五二〇	・巴爾邁尼代生。
五〇九	羅馬行共和政治。
五〇〇－四二八	・安那克薩高拉斯。
四九五－四三五	・恩披鐸克黎。
四九〇－四三〇	・柔諾（愛勒亞學派）
四八五－三八五	・高爾哀。
四八〇－四一〇	・溥羅塔高拉。
四七七	特羅同盟。
四六九－三九九	・蘇格拉底。
	德爾摩比勒和撒拉米之戰。
四五〇	羅馬十二銅表。

年代	事項
四四九—四二九	派里克萊斯執政（亞泰奈文化之極盛）。
四六〇—三六〇	戴毛克里托。
四五五—三五五	亞里斯提薄。
四四四—三六九	維克雷代。
四三一—四〇四	伯羅奔尼撒戰役。
三九五—三八七	哥林多戰役。
四二七—三四七	柏拉圖。
三八四—三二二	亞里士多德。
三六〇—二七〇	卑魯倫。
三六七	利西紐法典確定（羅馬執政官制平等法律）。
三四七—三三九	司坡細普斯主宰阿可帶米學派。
三三九—三一四	枯塞訥克拉太主宰古阿可帶米學派。
三三八	加羅尼亞之戰。
三四一—二七〇	愛碎克魯斯。
三四二—二七〇	柔諾（司托亞學派）。
三三六—三二四	亞歷山大帝治世。
三〇一	伊布索之戰。
二八七—二六九	羅馬的義大利全土平定。
二七二	司托拉頓主宰伯里巴提克學派。
二七〇—二四一	亞爾凱士勞主宰中阿可帶米學派。
二六四—二三三	克萊安蒂主宰司托亞學派。
二六四—二四一	第一波伊尼戰役。
二三三—二一〇	克里西圃主宰司托亞學派。
一八五—一一〇	巴那愛提奧斯。

一六〇—一二九	迦爾拿岱主宰新阿可帶米學派。	二〇四—二二七〇	·柏羅地挪斯。
一四九—一四六	第三波伊尼戰役。	三二三—三三七	君士坦丁帝治世。
一三五—五〇	·坡斯道紐	三二五	尼愷亞宗教會議。
六〇	第一三頭政治	三三〇	君士坦丁堡奠都。
五八—五一	愷撒的加里亞征伐	三五四—四三〇	奧古斯都。
四八	巴薩洛斯之戰。	三九五	羅馬帝國分裂。
四三	第二三頭政治。	四一〇—四八五	普魯克羅
四—後三〇	耶穌·基利斯督	四三一	愛斐愛梭
後三〇—五〇	·菲倫(亞歷山大黎亞的)	四五一	加爾西頓之戰。
六四	尼羅帝迫害基督教	四七六	加達羅魯宗教會議。
七〇	猶太國滅亡	五二七—五六四	西羅馬帝國滅亡。
七九	波辟市(義大利港)為火山噴燒埋沒。	五二九	入斯底尼安一世治世。
一六一—一八〇	馬爾克斯·奧威勒劉治世。	五七一—六三二	亞泰奈教梭閉鎖
			謨罕默德的生涯。
		七三二	都羅之戰。

年代	事項
七八六—八〇九	哈倫・亞爾・拉西德治世（薩拉遜文化極盛時代。
八〇〇—八七七	司科托・愛爾格那。
九六二	建設神聖羅馬帝國。
九八〇—一〇三八	愛威囚那。
一〇三三—一一〇九	安息穆。
一〇九六—一二七〇	十字軍時代。
一〇七〇—一一二一	夏謨鮑的維廉。
一〇七九—一一四二	亞畢剌都。
一二二六—一一九八	愛威盧士。
一一三五—一二〇四	瑪易毛尼代。
一一九八—一二一六	伊諾森三世治世（教皇權至絕頂）。
一二〇九	富蘭提斯康教團成。
一二一四	多米尼康教團成。
一一九三—一二八〇	亞伯圖・馬格鈕。
一二一五	英國發布大憲章。
一二二一—一二七四	玻拿朋土拉。
一二二五—一二七四	托馬斯・亞基那。
一二三六—一二七三	德國大空位時代。
一二九四	路加・倍根歿。
一二六五—一三〇八	東斯・司考托。
一三〇九—一三七六	法王（教皇權全失墜）阿威尼溫幽囚
一二六五—一三二一	日丁・亞利該里。
一二五〇—一三二九	愛克哈爾。
一二八〇—一三四七	維利安・奧鏗。
一三五六	德意志帝國制定黃金文書。
一四〇一—一四六四	尼哥拉・庫撒奴。
一四一五	焚殺宗教改革者何斯。

一四二九　蔣奴·達爾谷出現。
一四二二—一四八五　路獨爾夫·亞及哥拉。
一四五〇　古廷伯爾發見活版術。
一四五三　君士坦丁堡陷落。
一四五二—一五一九　廖挪德·達·文曲
一四六二—一五二四　彭坡拿提。
一四六六—一五三六　麻克伯利。
一四六九—一五二七　耶拉蒙
一四八〇—一五三五　托馬斯·摩亞。
一四八三—一五四六　路得。
一四八四—一五三一　束盈黎。
一四九二—一五六〇　哥倫布發見亞美利加。
一四九七—一五六〇　米蘭可多
一四九三—一五四一　坡拉寨爾斯。

一四九八　威斯柯·達·加馬至印度。
一五〇八—一五八八　太勒蕭。
一五〇四—一五六四　甲爾文。
一五一七　路得唱宗教改革。
一五一八　束盈黎改革宗教。
一五一九—一五二二　麥志倫週航世界
一五二九—一五九七　巴托里茲
一五三〇—一五九三　鮑旦。
一五三三—一五九二　毛塔尼。
一五三四　英國改革宗教
一五四〇　羅約拉設立耶穌教會。
一五四一　甲爾文改革宗教。
一五四五—一五六三　德林宗教會議。
一五四八—一六〇〇　喬爾登·鮑魯訥。
一五五七—一六三八　亞爾圖秀。

年代	事項
一五五八—一六〇三	英國耶利薩伯斯治世（英國確立新教主義）。
一五六一—一六二六	法蘭西斯・倍根。
一五六四—一六一六	西愛克斯皮亞。
一五六八—一六三九	康普奈拉。
一五七五—一六二四	雅哥伯・波邁。
一五八三—一六四五	・格羅去（國際法建設者）。
一五七九	烏的利克同盟（荷蘭獨立）。
一五八八	亞爾馬達敗滅。
一五八八—一六七九	霍布士。
一五九二—一六五五	加孫底。
一五九六—一六五〇	笛卡爾。
一五九八	南托發布勒令。
一六〇〇	英國創設東印度公司。
一六一八—一六四八	三十年戰役。
一六二五—一六六九	玖郎格斯。
一六三二—一六六二	巴斯加。
一六三二—一七〇四	英國人民權利請願。斯賓挪莎。
一六三二—一七〇四	洛克。
一六三三—一七一四	康樸蘭德。
一六三八—一七一五	路易十四世治世。
一六四三—一七一五	麥爾伯蘭西。
一六四八	三十年戰役告終。
一六四九	克倫威爾的共和政治。
一六七一—一七一三	夏富伯里。
一六七五—一七二九	克拉克。
一六七九—一七五四	瓦爾夫。
一六八二—一七二五	俄羅斯彼得大帝治世。
一六八五	廢止南托勒令。

附錄

一六八五―一七五三 巴克勒。
一六九一―一七四六 哈提蓀。
一六九四―一七六八 萊馬爾斯。
一六九四―一七七八 福祿特爾。
一七〇〇―一七二一 北方戰役。
一七〇一―一七一四 西班牙繼承戰役。
一七〇一―一七一四 巴朗丁堡侯踐普魯蓀王位。
一七〇四―一七五七 赫德里。
一七〇九―一七五一 臘・梅特里。
一七〇九 波爾多瓦之戰。
一七一〇―一七九六 托馬斯・黎得。
一七一一―一七七六 休謨。
一七一二―一七七八 盧梭。
一七一三―一七八四 笛特羅。
一七一四―一七六二 波麥迦頓。

一七二三―一七八九 霍爾伯克。
一七二三―一七九〇 亞丹・史密斯。
一七二四―一八〇四 康德。
一七二九―一七八一 列新格。
一七三〇―一七八八 哈曼。
一七四〇―一七八八 奧大利繼承戰役。
一七四三―一七九四 拉汪介（法國化學家）。
一七四三―一八〇五 普萊。
一七四四―一八〇三 約可比。
一七四四―一八〇三 黑爾德。
一七四四―一八二九 拉馬克。
一七四八―一八三二 邊沁。
一七四九―一八三二 喬太。
一七四九―一八二九 拉普拉士（法國數學星學家）。
一七五六―一七六三 七年戰役。

一七五九―一八〇五	西爾來爾。
一七六〇―一八二五	聖西門。
一七六二―一八一四	非希的。
一七六八	瓦特發明蒸汽機關。
一七六八―一八三四	休蕾愛爾馬赫
一七六九―一八二一	拿破崙·波那帕爾托。
一七七〇―一八三一	赫格爾。
一七七二	第一回分割波蘭。
一七七二―一八二九	謔爾智兒。
一七七二―一八三四	柯來里濟。
一七七三―一八三六	介姆士·米爾。
一七七四―一八四三	富里士。
一七七五―一八五四	謝林格。
一七七六―	亞美利加合衆國獨立戰爭。
一七七六―一八四一	海爾巴脫。
一七八八―一八五六	哈密爾敦。
一七八八―一八六〇	叔本華。
一七八九	帕斯提酉破獄（法國大革命的烽火）
一七九二―一八六七	法國廢止帝制，建設共和政體。
一七九二	寇蓀。
一七九三	路易十六世死刑恐嚇政治。
一七九三	第二回分割波蘭。
一七九五	第三回分割波蘭。
一七九五―一八八六	蘭格（德國史學家）
一七九五―一八八一	加立伊爾。
一七九六―一八八五	非希泰（小非希的）
一七九八―一八五四	比尼克。
一七九八―一八五七	柯模托。
一七九九	列國對法同盟成（英國彼得

一七九九　拿破崙第一執政。（首倡）
一八〇一―一八八七　費西耐
一八〇四―一八七二　斐爾巴
一八〇四　拿破崙稱帝。
一八〇五―一八九二　愛爾德曼。
一八〇五　答拉哈牙海戰。
一八〇六　神聖羅馬帝國滅亡。
一八〇六　大陸封鎖令。
一八〇六―一八七三　蔣・斯圖・米爾。
一八〇七　福爾敦運轉蒸汽船。
一八〇九―一八八二　達爾文。
一八一二　拿破崙征伐俄羅斯。
一八一四　拿破崙放流愛爾巴島。
一八一五　滑鐵盧之戰。

一八一五　維茵公會。
一八一五　神聖同盟。
一八一七―一八八一　羅齋。
一八一七―一八九五　否格托。
一八一八―一八八三　馬克斯。
一八一八―一九〇三　黎訥溫。
一八一八―一九〇五　派茵
一八二〇前後　拉廷亞美利加諸國獨立。
一八二〇―一八九五　恩格爾斯。
一八二〇―一九〇三　斯賓塞。
一八二一―一八三二　希臘獨立戰爭。
一八二一―一八九四　海侖霍爾。
一八二二―一八九三　戀來蕭脫。
一八二三　大總統發布門羅教令。
一八二三―一八九一　黎抱。

一八二四——一八九九　比西細耐。
一八二四——一九〇七　飛霞。
一八二八——一九一〇　托爾斯泰。
一八二八——一九〇六　易卜生。
一八二八——一八七五　蘭格。
一八三〇　七月革命。
一八三〇　史提芬蓀運轉火車。
一八三〇　比利時獨立。
一八三三——一九一九　文德。
一八三四——一九一九　赫克爾。
一八三六——一八八二　古林。
一八四二——一九一〇　詹姆士。
一八四二　寇茵。
一八四三——一九〇四　塔爾德。
一八四四——一九〇〇　尼采。

十

一八四五　鮑突爾。
一八四六　倭鏗。
一八四六　保拉多爾。
一八四七　海侖霍爾愛耐爾格發表保存則。
一八四八　二月革命。
一八四八——一九一六　文偕爾邦。
一八五一　路易拿破崙的克代塔。
一八五四——一八八八　鳩幼。
一八五四——一九一三　朴安加勒。
一八五四——一八五六　克利謨戰爭。
一八五四　納陶爾蒲。
一八五六　巴黎公會。
一八五九　柏格森。
一八五九　義大利獨立戰爭。

一八六〇 義大利建設王國。
一八六〇—一八六五 南北美戰爭。
一八六六 普奧戰爭。
一八七〇—一八七一 德法戰爭。
一八七一 德意志帝國統一。
一八七七—一八七八 俄土戰爭。
一八七八 柏林公會。
一八八二 德奧義三國同盟。
一八九一 俄法同盟。
一九〇四 英法協約。
一九〇七 英俄協約。
一九一四 歐洲大戰。

註　表中所附黑點．係生年死年不詳明的符號。

Library of Philosophy
HISTORY OF OCCIDENTAL ETHICS
BY
MIURA
Translated by
SIEH TSIN T'SING
1st ed., Dec., 1925
Price: $2.00

THE COMMERCIAL PRESS, LIMITED
SHANGHAI, CHINA
ALL RIGHTS RESERVED

中華民國十四年十二月初版

（哲學叢書西洋倫理學史一冊）

（每册定價大洋貳元）

（外埠酌加運費匯費）

著者　日本三浦藤作

譯者　謝晉青

發行者　商務印書館

印刷所　上海北河南路北首寶山路　商務印書館

總發行所　上海棋盤街中市　商務印書館

分售處　商務印書館分館
北京 天津 保定 奉天 吉林 龍江 杭州 漢口 九江 南昌 南京 開封 西安 燕湖 安慶 關谿 濟南 太原
長沙 常德 衡州 成都 重慶 廈門 福州 廣州 潮州 香港 梧州 雲南 貴陽 張家口 新嘉坡

※此書有著作權翻印必究※

图书在版编目(CIP)数据

西洋伦理学史 /（日）三浦藤作著；谢晋青译. —北京：中央编译出版社，2021.10

ISBN 978-7-5117-3964-3

Ⅰ.①西… Ⅱ.①三… ②谢… Ⅲ.①伦理学史-西方国家 Ⅳ.①B82-091.956

中国版本图书馆 CIP 数据核字（2021）第 014040 号

西洋伦理学史

责任编辑	纪宛伯　李媛媛
责任印制	刘　慧
出版发行	中央编译出版社
地　　址	北京西城区车公庄大街乙 5 号鸿儒大厦 B 座（100044）
电　　话	（010）52612345（总编室）　　（010）52612335（编辑室）
	（010）52612316（发行）　　　（010）52612369（网站）
传　　真	（010）66515838
经　　销	全国新华书店
印　　刷	北京文昌阁彩色印刷有限责任公司
开　　本	710 毫米×1000 毫米　1/16
字　　数	320 千字
印　　张	27.75
版　　次	2021 年 10 月第 1 版
印　　次	2021 年 10 月第 1 次印刷
定　　价	125.00 元

新浪微博：@中央编译出版社　　　　　　微　信：中央编译出版社（ID：cctphome）
淘宝店铺：中央编译出版社直销店（http：//shop108367160.taobao.com）　（010）52612322

本社常年法律顾问：北京市吴栾赵阎律师事务所律师　闫军　梁勤
凡有印装质量问题，本社负责调换。电话：（010）52612322